2021

# 원자력안전법령

김기복 · 김종일 지음

도서출판 WisdomPL

## 방사성동위원소취급자일반면허시험 원자력관계법령 출제범위

(법 및 방사선장해 방호 관계법령에 한정한다)

| 주요항목 | 세부항목 | 세세항목 |
|---|---|---|
| 1. 총칙, 종합계획, 위원회 | 1. 정의 | 1. 정의 |
| | 2. 기타 | 1. 기타 |
| 2. 방사성동위원소 및 방사선 발생장치에 관한 규정 | 1. 허가, 신고 | 1. 허가기준(안전관리규정, 안전보고서 등 포함) |
| | | 2. 시설기준 |
| | | 3. 취급기준 |
| | | 4. 검사(정기, 시설, 생산) |
| | | 5. 기타 |
| | 2. 방사선기기 | 1. 설계승인 |
| | | 2. 검사(제작) |
| | 3. 업무대행 | 1. 등록기준 |
| | | 2. 업무 범위 |
| | | 3. 기타 |
| | 4. 방사선안전관리자 | 1. 선임기준 |
| | | 2. 역할, 임무 |
| 3. 판독/폐기/운반에 관한 규정 | 1.폐기, 운반 | 1. 방사성폐기물 자체처분 |
| | | 2. 운반신고 |
| | | 3. 포장 및 운반검사 |
| | | 4. 운반용기 설계승인 및 검사 |
| | | 5. 포장 및 운반에 관한 기술기준 |
| | | 6. 기타 |
| | 2. 피폭방사선량의 판독 | 1. 등록기준 |
| | | 2. 검사(정기, 시설, 성능) |
| | | 3. 기타 |
| 4. 면허/교육/규제 /보칙/ 벌칙에 관한 규정 | 1. 면허, 교육 | 1. 면허 |
| | | 2. 교육 |
| | 2. 규제, 감독 | 1. 방사선장해방어 조치 |
| | | 2. 기록, 비치, 보고 |
| | | 3. 기타 |
| | 3. 보칙, 벌칙 | 1. 보칙 |
| | | 2. 벌칙 |

# 머리말

본 교재는 방사성동위원소 등의 취급과 관련 된 면허시험 과목 중 필수 핵심 과목으로 원자력안전법을 기준으로 원자력시행령, 원자력시행규칙과 원자력안전위원회 고시를 체계적으로 학습하기 쉽게 집필한 원자력 법령교재로서 2020년 2학기 KOCW에 동영상 강좌를 제작 및 업로드함으로 대학의 방사선(학)과 강의교재 및 자기주도 학습으로 면허시험을 준비하는 수험생분들의 수험서로서 다소나마 도움이 되기를 소망하며 집필하였습니다.

이 책의 여러 부족한 부분에 대해서는 지속적으로 개정되는 원자력안전법의 수정 및 보완을 통해 보다 정확한 교재로 만날 것을 약속드립니다.

끝으로 여기까지 인도하신 주님과 함기선총장님 ·한승혜원장님 그리고 기꺼이 본 교재를 발간할 수 있게 허락해 주신 위즈덤플 송기수대표님과 편집부 임직원님에게 한없는 감사의 말씀을 드립니다.

2021년 9월

김기복, 김종일

# 목차

# 제1장 원자력안전법령의 체계

## 1. 원자력안전법의 목적

원자력안전법은 원자력의 연구 · 개발 · 생산 · 이용 등에 따른 안전관리에 관한 사항을 규정하여 방사선에 의한 재해의 방지와 공공의 안전을 도모함을 목적으로 한다.

## 2. 원자력안전법의 제정 및 개정현황

1) 원자력안전법

* 제정: 1958년 법률 제483호 원자력법 제정

* 통합: 1982년 법률 제 3549호 통합원자력법 제정

* 최근개정: [시행 2021. 10. 21.] [법률 제18145호, 2021. 4. 20., 일부개정]

2) 원자력안전법 시행령

* 최근개정: [시행 2021. 6. 23.] [대통령령 제31824호, 2021. 6. 22., 일부개정]

3) 원자력안전법 시행규칙

* 최근개정: [시행 2021. 6. 23.] [총리령 제1708호, 2021. 6. 23., 일부개정]

4) 방사선 안전관리 등의 기술기준에 관한 규칙

* 최근개정: [시행 2021. 6. 23.] [원자력안전위원회규칙 제29호, 2021. 6. 23., 일부개정]

5) 원자력위원회 고시

* 최근개정: [시행 2021. 2. 10] [원자력안전위원회고시 제2021-6호, 2021. 2. 4., 일부개정]

## 3. 원자력안전법의 목차

장(章) → 절(節) → 관(款) → 조(條) → 항(項) → 호(號) → 목(目)

## 4. 원자력안전법의 구성

| 원자력안전법 | 원자력이용 및 안전규제 기본사항 -국회(심의/의결) |
|---|---|
| 원자력안전법 시행령 | 원자력안전법의 위임사항과 그 시행에 필요한 사항<br>-대통령령(국무회의 심의/의결) |
| 원자력안전법 시행규칙 | 원자력안전법 및 동시행령의 위임사항과 그 시행에 필요한 사항<br>-총리령 |
| 방사선 안전관리 등의 기술기준에 관한 규칙 | 원자력안전법 및 동 시행령에서 위임된 사항 중 방사선안전관리 등의 기술기준에 관한 사항 -원자력안전위원회 |
| 원자력위원회 고시 | 법령에서 위임하는 분야별 상세기술기준 규정-원자력안전위원회 |

# 제2장 용어의 정의

1. “원자력”이란 원자핵 변화의 과정에 있어서 원자핵으로부터 방출되는 모든 종류의 에너지를 말한다.

2. “핵물질”이란 핵연료물질 및 핵원료물질을 말한다.

3. “핵연료물질”이란 U · Th 등 원자력을 발생할 수 있는 물질로서 대통령령으로 정하는 것이며 다음 각 목을 말한다.
   ① $^{238}$U에 대한 $^{235}$U의 비율이 천연혼합률과 같은 우라늄 및 그 화합물
   ② $^{238}$U에 대한 $^{235}$U의 비율이 천연혼합률에 미달하는 우라늄 및 그 화합물
   ③ Th 및 그 화합물
   ④ 제1호부터 제3호까지의 규정에 해당하는 물질이 하나 이상 함유된 물질로서 원자로의 연료로 사용할 수 있는 물질
   ⑤ $^{238}$U에 대한 $^{235}$U의 비율이 천연혼합률을 초과하는 U 및 그 화합물
   ⑥ Pu 및 그 화합물
   ⑦ $^{233}$U 및 그 화합물
   ⑧ 제5호부터 제7호까지의 규정에 해당하는 물질이 하나 이상 함유된 물질

4. “핵원료물질”이란 U광 · Th광과 그 밖의 핵연료물질의 원료가 되는 물질로서 대통령령으로 정하는 것을 의미하며 U 및 그 화합물 또는 Th 및 그 화합물을 함유한 물질로서 핵연료물질 외의 물질을 말한다.

5. “핵연료집합체”란 원자로의 연료로 사용할 수 있는 형태를 갖춘 한 다발의 핵연료물질.

6. “밀봉된 방사성동위원소”란 기계적인 강도가 충분하여 파손될 우려가 없고, 부식되기 어려운 재료로 된 용기에 넣은 방사성동위원소로서 사용할 때에 방사선은 용기 외부로 방출하지만 방사성동위원소는 누출하지 못하도록 되어 있는 것을 말한다.

7. “선량한도”(線量限度)란 외부에 피폭하는 방사선량과 내부에 피폭하는 방사선량을 합한 피폭방사선량(被曝放射線量)의 상한값으로서 그 값은 별표 1과 같다.

[별표 1]

(단위: mSv)

| 구 분 | 유효선량한도 | 등가선량한도 | |
|---|---|---|---|
| | | 수정체 | 손·발 및 피부 |
| 1. 방사선작업종사자 | 연간 50을 넘지 않는 범위에서 5년간 100 | 연간 150 | 연간 500 |
| 2. 수시출입자, 운반종사자 및 교육훈련 등의 목적으로 위원회가 인정한 18세 미만인 사람 | 연간 6 | 연간 15 | 연간 50 |
| 3. 제1호 및 제2호 외의 사람 | 연간 1 | 연간 15 | 연간 50 |

비고

1. "선량한도"란 매년 1월 1일부터 12월 31일까지 1년간 피폭하는 방사선량을 말한다.
2. 제1호 또는 제2호에 해당하는 사람 중 임신이 확인된 사람과 제3호에 해당하는 사람 중 제79조제1항에 따른 방사성동위원소등을 제한적 또는 일시적으로 사용하는 사람에 대한 선량한도는 위의 표에도 불구하고 위원회가 정하여 고시한다.
3. 제2호에서 "운반종사자"란 방사선관리구역 밖에서 제2조제12호에 따른 방사성물질등을 운반하는 사람으로서 방사선작업종사자에 해당하지 않는 사람을 말한다.
4. 제3호에 해당하는 사람에 대하여 연간 1 mSv를 넘는 경우가 발생한 경우로서 위원회가 인정하는 경우에는 위 표 제3호의 유효선량한도값에도 불구하고 피폭방사선량의 합을 5년간 평균하여 연간 1 mSv를 넘지 않는 범위에서 해당 1 mSv를 넘는 값을 유효선량한도로 한다.
5. 제1호의 유효선량한도란 및 비고 제4호에서 "5년간"이란 1998년 1월 1일부터 기산되는 5년마다의 기간을 말한다.

*선량한도를 다음 각 호와 같이 적용한다.

① 별표 1 제1호 또는 제2호에 해당하는 사람 중 임신한 사실을 사업자에게 보고·통보하여 임신이 확인된 사람에 대하여는 임신이 확인된 시점부터 출산 시까지 하복부 표면에서의 등가선량한도를 2 mSv로 하고 같은 기간 동안 섭취하는 방사성핵종의 한도는 제7조에서 정하는 연간섭취한도(ALI)의 1/20로 한다. 이때 외부피폭과 내부피폭이 병존한다면 2 mSv 및 ALI/20에 대한 각각의 분율의 합이 1을 초과하지 아니 하여야 한다.

② 방사성동위원소 등을 제한적 또는 일시적으로 사용하는 경우 일반인에 대한 선량은 연간 선량한도를 초과하지 아니하는 범위 내에서 주당 0.1 mSv 및 시간당 20 μSv까지 허용할 수 있다.

* "외부피폭"이란 사람의 신체 외부에 있는 방사선원으로부터 방출된 방사선에 의한 피폭을 말한다.
* "내부피폭"이란 사람의 신체 내부에 유입되어 체내에 존재하는 방사성핵종으로부터 방출되는 방사선에 의한 피폭을 말한다.

8. “허용표면오염도”란 물체 또는 인체 표면의 방사성오염도로서 위원회가 정하는 허용오염도를 말한다.
   알파선을 방출하는 방사성물질에 대하여는 0.4 Bq/㎠(4 kBq/$m^2$)
   알파선을 방출하지 아니하는 방사성물질에 대하여는 4 Bq/㎠(40 kBq/$m^2$)

9. “보전구역”이란 원자력이용시설의 보전을 위하여 특별한 관리가 필요한 장소를 말한다.

10. “제한구역”이란 방사선관리구역 및 보전구역의 주변 구역으로서 그 구역 경계에서의 피폭방사선량이 위원회가 정하는 값을 초과할 우려가 있는 장소를 말한다.

11. “수시출입자”란 방사선관리구역에 청소, 시설관리 등의 업무상 출입하는 사람(방문, 견학 등을 위하여 일시적으로 출입하는 사람은 제외한다)으로서 방사선작업종사자 외의 사람을 말한다.

12. “영구처분”이란 방사성폐기물을 회수할 의도 없이 인간의 생활권으로부터 영구히 격리하는 것을 말한다.

13. “사용 후 핵연료 중간저장”이란 원자로의 연료로 사용된 핵연료물질이나 그 밖의 방법으로 핵분열시킨 핵연료물질을 발생자로부터 인수하여 처리 또는 영구처분하기 전까지 일정 기간 안전하게 저장하는 것을 말한다.

14. “특수형방사성물질”이란 견고한 고체형 방사성물질 또는 캡슐에 넣고 봉한 방사성물질로서 위원회가 정하는 운반기준에 맞는 것을 말하며 기술기준은 다음 각 호와 같다.
   ① 견고한 고체형 방사성물질 또는 캡슐에 봉입된 방사성물질로서 한 변의 길이가 최소한 0.5 ㎝ 이상일 것
   ② 캡슐에 봉입된 방사성물질인 경우에는 캡슐이 파괴되어야만 개봉될 수 있을 것
   ③ 특수형방사성물질에 대한 시험에서 다음 각 목의 기준에 적합할 것
      가. 충격시험·타격시험 및 굽힘시험에서 파괴되거나 부서지지 않을 것
      나. 열시험에서 용융되거나 분산되지 않을 것
      다. 누출평가시험에서 물의 방사능이 2 kBq을 초과하지 않을 것. 다만, 밀봉 캡슐형태의 방사성물질인 경우에 선택적으로 문서번호 ISO 9978 “Radiation Protection - Sealed Radioactive Sources-Leakage Test Method”에 규정된 시험을 적용할 수 있다.

* 특수형방사성물질에 대한 시험

1) 특수형방사성물질에 대한 시험은 다음 각 호에서 정하는 충격시험·타격시험·굽힘시험 및 열시험으로 구성되며, 각 시험은 시험물이 최대의 손상을 받는 방법으로 실시하여야 한다. 이 경우, 각 시험마다 별도의 시험물을 각각 사용할 수 있다.

(1) 충격시험: 시험물을 9 m 높이에서 시험 바닥면에 낙하시킬 것

(2) 타격시험: 평탄한 고체의 표면 위에 설치한 다음 가목의 조건에 적합한 납판 위에 시험물을 놓은 후, 나목에 적합한 봉을 시험물로 부터 1 m 높이에서 시험물에 낙하시켜 타격할 것

가. 납판의 조건

ⓐ 납판은 비커스 경도로 3.5~4.5이고, 두께 25 mm 이하로서 시험물이 차지하는 면적보다 넓을 것

ⓑ 타격할 때마다 새로운 납판을 사용할 것

나. 봉의 조건

ⓐ 하단부 직경이 25 mm이고, 중량 1.4 kg인 연강봉일 것

ⓑ 타격면은 평탄하고 가장자리는 반경 3.0±0.3 mm로 둥글 것

(1) 굽힘시험: 시험물을 길이의 절반이 클램프 면으로부터 튀어 나오도록 수평으로 단단히 고정시키고 다음 각 목에 적합한 봉을 시험물로 부터 1 m 높이에서 시험물에 낙하시켜 타격할 것. 다만, 이 시험은 길이가 10 ㎝ 이상이고 길이와 최소 폭에 대한 비율이 10 이상인 길고 얇은 방사성물질에만 적용한다.

가. 하단부 직경이 25 mm이고, 중량 1.4 kg인 강철봉일 것

나. 타격면은 평탄하고 가장자리는 반경 3.0±0.3 mm로 둥글 것

(2) 열시험 : 시험물을 공기중에서 섭씨 800°까지 가열하여 10분간 유지한 후 자연적으로 냉각시킬 것

2) 밀봉캡슐 형태의 방사성물질로서 선택적으로 다음 각 호에서 정하는 시험을 실시할 경우에는 제1항에 따른 관련 시험을 면제할 수 있다.

(1) 특수형방사성 물질의 중량이 200 g 이하로서 문서번호 ISO2919 “Sealed Radioactive Sources- Classification”에 명시된 Class 4 충격시험에 선택적으로 따를 경우 제1항제1호 및 제2호의 시험면제

(2) 문서번호 ISO2919 “Sealed Radioactive Sources-Classification”에 명시된 Class 6 온도시험을 선택적으로 따를 경우 제1항제4호의 시험면제

3) 제1항 및 제2항 각 호에 따른 시험을 각각 실시한 후에 다음 각 호의 어느 하나에서 정하는 누출평가시험을 실시하여야 한다.

(1) 분산되지 않은 고체상태의 방사성물질인 경우에는 다음 각 목의 순서에 따라 침출평가시험을 실시할 것

가. 시험물을 상온에서 다음의 조건에 적합한 물에 7일 동안 침수시킬 것

ⓐ 물의 체적은 7일의 시험기간 후에 흡수 또는 반응하지 않고 남아 있는 물의 자유체적이 시험물 체적의 10% 이상일 것

ⓑ 물은 수소이온농도(pH)가 6~8이고, 섭씨 20°에서 최대 전도도가 미터당 1 mS일 것

나. 시험물이 담긴 물을 섭씨 50±5°까지 가열한 후에 이 온도에서 4시간 동안 유지할 것

다. 물의 방사능을 측정할 것

라. 시험물을 섭씨 30°이상이고 상대습도가 90% 이상인 정적 공기중에서 적어도 7일 동안 방치할 것

마. 시험물을 가목에 의한 동일한 조건의 물에 침수시키고 시험물이 담긴 물을 섭씨 50±5°까지 가열한 후에 이 온도에서 4시간 동안 유지시킬 것

바. 물의 방사능을 측정할 것

(2) 밀봉캡슐 형태의 방사성물질인 경우에는 다음 각 목의 어느 하나에서 정하는 침출평가시험 또는 체적누출평가시험을 실시할 것

가. 침출평가시험은 다음과 같은 순서에 따라 실시할 것

ⓐ 시험물을 상온에서 수소이온농도가(pH) 6~8이고, 섭씨 20°에서 최대 전도도가 미터당 1 mS인 물에 침수시킬 것

ⓑ 시험물이 담긴 물을 섭씨 50±5°까지 가열한 후에 이 온도에서 4시간 동안 유지할 것

ⓒ 물의 방사능을 측정할 것

ⓓ 시험물을 섭씨 30°이상인 정적 공기중에서 적어도 7일 동안 방치할 것

ⓔ ⓐ·ⓑ·ⓒ의 과정을 반복하여 수행할 것

15. “배출”이란 방사성물질 또는 그로 인하여 오염된 물질(이하 “방사성물질등”이라 한다)로서 원자력이용시설에서 정상운전 중에 발생한 액체 또는 기체 상태의 방사성물질등을 위원회가 정하는 제한값 이내에서 배수시설 또는 배기시설을 통하여 계획적이고 통제된 상태에서 외부로 내보내는 것을 말한다.

16. “연간섭취한도”란 방사선작업종사자가 1년 동안 섭취할 경우 피폭방사선량이 선량한도에 이를 것으로 보이는 방사능의 양으로서 위원회가 정하는 값을 말한다.

17. “유도공기 중 농도”란 방사선작업종사자가 1년 동안 흡입할 경우 방사능 섭취량이 연간 섭취한도에 이를 것으로 보이는 공기 중의 농도로서 위원회가 정하는 값을 말한다.

18. “판독특이자”란 다음 각 목의 어느 하나에 해당하는 사람을 말하며
가. 선량한도를 초과하여 방사선에 피폭된 사람
나. 선량계의 훼손 · 분실 등으로 인하여 선량판독이 불가능하게 된 사람
다. 위원회가 정하는 선량계 교체주기를 2개월 이상 지난 후 선량계를 제출한 사람

19. “방사성물질”이란 핵연료물질 · 사용후핵연료 · 방사성동위원소 및 원자핵분열생성물(原子核分裂生成物)을 말한다.

20. “방사성동위원소”란 방사선을 방출하는 동위원소와 그 화합물 중 대통령령으로 정하는 것으로 동위원소의 수량과 농도가 초과하는 물질로서 핵연료물질, 핵원료물질, 방사성물질 또는 이를 내장한 장치 중 방사선장해의 우려가 없는 것으로서 위원회가 정하여 고시하는 것은 제외된다. 방사성동위원소에서 제외되는 물질 등은 다음과 같다.

1) 「원자력안전법」제60조 및 제61조에 따른 설계승인 및 검사를 받은 방사선기기에 내장된 것으로서 다음 각 목에 해당하는 것

가. 연기감지기에 내장된 것으로서 다음 조건을 만족하는 것

① 연기감지기의 뒷면 및 이를 열었을 때 눈에 띄기 쉬운 곳에 방사성물질임을 나타내는 표지와 취급시의 주의사항(폐기방법 포함)을 부착하고 있을 것
② 건물주와 공급자 사이에 연기감지기의 보수유지에 관한 유효한 서면 계약이 있을 것

나. 일정 시설에 고정되어 있거나 물품 내부에 견고하게 부착되어 있는 다음과 같은 것

① H-3을 사용한 안전지시등으로서 단위제품당 925 GBq을 초과하지 아니하여야 하며, 다음 조건을 만족하는 것
가) 방사성동위원소와의 접촉을 방지하는 구조일 것
나) 접근 가능한 표면에서의 표면방사선량률이 1 μSv/h 이하일 것
다) 취급으로 인한 개인피폭방사선량이 연간 10 μSv 미만일 것
② Pm-147을 사용한 항공기용 발광물질로서 3 GBq을 초과하지 않는 것

2) 방사선기기에 내장된 것으로서 다음 각 목에 해당하는 것

가. 게이지 또는 지시계(시계를 포함한다)에 견고하게 내장된 발광물질로서 다음 기준을 만족하는 것

① 원자력안전위원회고시 「방사선방호 등에 관한 기준」(이하 "방호기준"이라 한다) 별표 5의 제3란에 명시된 최소 수량이 100 kBq 미만인 제2란의 해당 방사성핵종을 함유하지 아니 할 것
② 방사성 발광도료에 사람의 접촉이 어려운 상태의 것
③ 단위 제품당 방사능이 방호기준 별표 5의 제2란의 해당 방사성핵종에 대한 제3란의 수량의 50배 이하이고, 표면방사선량률이 1 μSv/h 이하인 것

나. 전기 및 가스 기기에 내장된 것으로서 다음 조건을 만족하는 것
① 방호기준에 명시된 최소수량이 10 kBq 미만인 해당 방사성핵종을 함유하지 아니 할 것
② 단위 부품당 방사능이 방호기준의 해당 방사성핵종에 대한 수량의 100배 미만일 것
③ 단위 부품 또는 여러 개의 단위 부품을 내장하는 기기의 표면방사선량률이 1 μSv/h 이하일 것

다. 군사용 기기에 내장된 다음과 같은 것
① 9.25 MBq 이하의 Am-241
② 37 GBq 이하의 H-3
③ 3 GBq 이하의 Pm-147
④ 1 GBq 이하의 Ni-63

3) ISO 2919-1999(E) 또는 ANSI N542-1977에 명시된 방사선계측기의 검·교정용 선원의 내구성 기준을 만족하는 밀봉된 방사성동위원소로서 그 수량이 3.7 MBq 이하 또는 방호기준의 해당 방사성핵종에 대한 수량의 10배 이하인 것

4) 방사성의약품으로 인증된 37 kBq 이하의 C-14를 과립형태로 내장한 캡슐을 인체에 대한 진단용으로 사용하는 경우

21. "방사선"이란 전자파 또는 입자선 중 직접 또는 간접으로 공기를 전리(電離)하는 능력을 가진 것으로서 대통령령으로 정하는 것을 의미하며
① 알파선 · 중양자선 · 양자선 · 베타선 및 그 밖의 중하전입자선
② 중성자선
③ 감마선 및 엑스선
④ 5만 전자볼트 이상의 에너지를 가진 전자선 등 각 호의 것을 말한다.

22. "원자로"란 핵연료물질을 연료로 사용하는 장치를 말하며 원자핵분열의 연쇄반응을 제어할 수 있고 그 반응의 평형상태를 중성자원을 쓰지 아니하고도 지속할 가능성이 있는 장치 외의 것을 대통령령으로 정하여 적용 제외 원자로라 한다.

- 대통령령: 원자핵분열의 연쇄반응을 제어할 수 있고 그 반응의 평형상태를 중성자원을 쓰지 않고도 지속할 가능성이 있는 장치 외의 것

23. "방사선발생장치"란 하전입자(荷電粒子)를 가속시켜 방사선을 발생시키는 장치로서 대통령령으로 정하는 다음 각 호을 말한다.
   ① 엑스선발생장치
   ② 사이클로트론(cyclotron)
   ③ 신크로트론(synchrotron)
   ④ 신크로사이클로트론(synchro-cyclotron)
   ⑤ 선형가속장치
   ⑥ 베타트론(betatron)
   ⑦ 반 · 데 그라프형 가속장치
   ⑧ 콕크로프트 · 왈톤형 가속장치
   ⑨ 변압기형 가속장치
   ⑩ 마이크로트론(microtron)
   ⑪ 방사광가속기
   ⑫ 가속이온주입기
   ⑬ 그 밖에 위원회가 정하여 고시하는 것"이란 다음과 같고 2018년 1월 1일 기준으로 매 3년이 되는 시점(매 3년의 12월 31일까지를 말한다)마다 그 타당성을 검토하여야 한다.
      ⓐ 수소를 이용한 핵융합 실험장치
      ⓑ 중수소를 이용한 핵융합 실험장치

* 다만, 위원회가 정하는 용도와 용량 이하의 것은 방사선발생장치에서 제외한다.
   ① 하전입자를 가속시켜 방사선을 발생하는 장치로서 가속된 하전입자 및 이로 인해 부수적으로 발생하는 모든 방사선의 최대 에너지가 5 keV 이하인 것
   ② 의료 진단용으로 사용하는 엑스선발생장치
   ③ 설계승인 및 검사를 받은 방사선기기로서 원안위고시 「방사선기기의 설계승인 및 검사에 관한 기준」따른 완전방호형인 것

24. "방사선기기"란 방사선발생장치 또는 방사성동위원소가 내장된 기기를 말한다. 이 경우 방사선의 방출특성에 영향을 미치는 모든 부속장치를 포함하며, 운반 및 저장을 전용으로 하는 용기는 방사선기기로 간주하지 않는다.

* 완전방호형에 대한 구조기준은 다음 각 호와 같다.

① 방사선원과 피사체 또는 시료는 정상적인 사용조건에서 고유 안전성이 항상 유지되는 고정 부착된 격리 구조물로 밀폐되어, 방사선방출 중에는 신체의 일부가 격리 구조물 내에 직접 접촉할 수 없도록 하여야 한다.

② 특수공구를 이용하지 않는 한 방사선기기의 분해가 가능하지 않아야 한다.

③ 개폐가 가능한 모든 격리 구조물이 정상적인 위치에 있지 않은 경우에는 방사선기기가 작동하지 않도록 하여야 한다.

④ 단순히 방사선기기를 고정하는 부분이외에는 방사선기기의 안전성 확보를 위한 별도의 장치가 필요하지 않아야 한다.

⑤ 방사선기기의 외부에 형성되는 방사선장에 의한 피폭방사선량이 최대가 되는 가동조건에서 모든 접촉부위의 표면방사선량은 시간당 1 μSv를 초과하지 않아야 한다.

⑥ 방사선발생장치의 경우 가속관의 최대전압이 50 kV 이하이어야 한다.

* 캐비닛형에 대한 구조기준은 다음 각 호와 같다.

① 방사선원과 최소한 피사체 또는 시료의 조사되는 부분은 정상적인 사용 조건에서 고유 안전성이 항상 유지되는 고정 부착된 격리 구조물 내에 위치하여야 한다.

② 방사선방출 중에는 신체의 일부가 격리 구조물 내에 직접 접촉할 수 없거나, 만약 접촉 가능하더라도 접촉하는 곳의 피폭방사선량이 격리구조물 외부의 방사선량과 동일한 수준이거나 방사선 빔에 직접 노출되지 않도록 하여야 한다.

③ 공구를 이용한 분해 또는 개폐가 가능한 모든 격리 구조물이 정상적인 위치에 있지 않은 한 방사선기기가 작동하지 않도록 하여야 한다.

④ 단순히 방사선기기를 고정하는 부분이외에는 방사선기기의 안전성 확보를 위한 별도의 장치가 필요하지 않아야 한다.

⑤ 방사선기기의 외부에 형성되는 방사선장에 의한 피폭방사선량이 최대가 되는 가동 조건에서 모든 접촉 부위의 표면방사선량은 시간당 10 μSv를 초과하지 않아야 한다.

* 무인격리형에 대한 구조기준은 다음 각 호와 같다.

① 방사선원은 특정한 단일 목적으로 제작된 격리 구조물 내에 수납되어야 하며, 셔터의 개폐 또는 방사선원의 위치이동 등을 통하여 방사선의 방출을 제어할 수 있어야 한다.

② 수동조작을 통하여 셔터를 개폐하거나 방사선원의 위치를 이동하는 경우에는 방사선의 방출경로에 신체가 노출되지 않도록 방지대책을 강구하여야 한다.
③ 방사성동위원소가 내장된 기기의 경우 셔터를 닫거나 방사선원을 안전위치로 이동시킨 후, 방사선기기의 표면방사선량은 시간당 2 mSv를 초과하지 않아야 한다.
④ 방사선기기를 점유도가 낮은 위치에 고정설치하거나, 방사선원을 설치한 부근에서 종사자가 상시 체류하지 않아야 한다.

* 대개방형에 대한 구조기준은 다음 각 호와 같다.
① 작업수행에 필요한 방사선이외에 불필요하게 방출되는 방사선은 필터나 콜리메타 등을 이용하여 제거하거나 차단하여야 한다.
② 제어기와 방사선방출 부분이 분리되어 있는 경우에는 두 부분을 연결하는 케이블의 길이를 충분히 유지하여 방사선피폭을 저감시켜야 한다.
③ 방사성동위원소가 내장된 기기의 경우 셔터를 닫거나 방사선원을 안전위치로 이동한 후, 방사선기기의 표면방사선량은 시간당 2 mSv를 초과하지 않아야 하며, 방사선기기의 표면으로부터 1미터 떨어진 위치에서의 방사선량은 시간당 0.02 mSv를 초과하지 않아야 한다.
④ 휴대가 용이한 방사선기기에는 방사선기기 자체나 보조 운반 장치에 잠금 장치를 구비하여야 한다.

25. “관계시설”이란 원자로의 안전에 관계되는 시설로서 다음 각 호와 같이 대통령령으로 정하는 것을 말한다.
① 원자로냉각계통 시설
② 계측제어계통 시설
③ 핵연료물질의 취급시설 및 저장시설
④ 원자력발전소 안에 위치한 방사성폐기물의 처리시설·배출시설 및 저장시설
⑤ 방사선관리시설
⑥ 원자로격납시설
⑦ 원자로안전계통 시설
⑧ 그 밖에 원자로의 안전에 관계되는 시설이란 다음 각 호의 시설을 말한다.
ⓐ 구조물
ⓑ 용수계통시설
ⓒ 공기조화 및 환기계통시설
ⓓ 전력계통시설
ⓔ 보조계통시설
ⓕ 동력변환계통시설

ⓖ 감속재계통시설(가압중수로형에 해당)
ⓗ 중대사고의 예방 및 완화 시설

26. “정련”(精錬)이란 핵원료물질에 포함된 우라늄 또는 토륨의 비율을 높이기 위하여 물리적·화학적 방법으로 핵원료물질을 처리하는 것을 말한다.

27. “변환”이란 핵연료물질을 화학적 방법으로 처리하여 가공에 적합한 형태로 만드는 것을 말한다.

28. “가공”이란 핵연료물질을 물리적·화학적 방법으로 처리하여 원자로의 연료로서 사용할 수 있는 형태로 만드는 것을 말한다.

29. “사용후핵연료처리”란 원자로의 연료로서 사용된 핵연료물질 또는 그 밖의 방법으로 원자핵분열을 시킨 핵연료물질을 연구 또는 시험을 목적으로 취급하거나, 물리적·화학적 방법으로 처리하여 핵연료물질과 그 밖의 물질로 분리하는 것을 말한다.

30. “핵연료주기사업”이란 정련·변환·가공 또는 사용 후 핵연료처리 사업을 말한다.

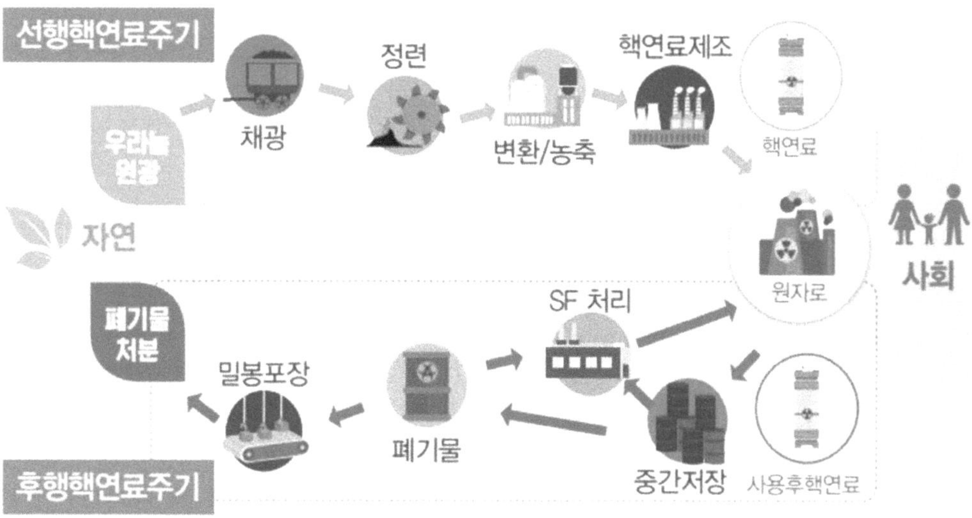

31. "방사선관리구역"이란 외부의 방사선량율(放射線量率), 공기 중의 방사성물질의 농도 또는 방사성물질에 따라 오염된 물질의 표면의 오염도가 원자력안전위원회규칙으로 정하는 값을 초과할 우려가 있는 곳으로서 방사선의 안전관리를 위하여 사람의 출입을 관리하고 출입자에 대하여 방사선의 장해(障害)를 방지하기 위한 조치가 필요한 구역을 말한다.

* 원자력안전위원회규칙으로 정하는 값이라 함은 다음 각호와 같다.

① 외부방사선량률 : 1주당 400 μSv

② 공기중의 방사성물질의 농도 : 유도공기중농도

③ 물체표면의 오염도 : 허용표면오염도

* 외부방사선량률 등이 제1항의 규정에 의한 값을 초과할 우려가 있는 곳에 대하여는 사람의 출입을 관리하고 출입자에 대한 방사선의 장해를 방지하기 위하여 다음 각호의 조치를 하여야 한다.

ⓐ 방사선관리구역의 설정

ⓑ 벽·울타리 등의 구획물로 구획하여 별표 1에 의한 표지를 부착함으로써 다른 장소와 구별하고 방사선작업종사자외의 사람이 당해 구역에 출입하는 경우에는 방사선작업종사자의 지시에 따르도록 할 것

ⓒ 바닥·벽 기타 사람이 접촉할 우려가 있는 물체의 표면이 방사성물질에 오염된 경우 그 오염도가 허용표면오염도를 초과하지 아니하도록 할 것

ⓓ 방사선관리구역으로부터 사람이 퇴거하거나 물품을 반출하는 경우에는 인체 및 의복·신발 등 인체에 착용하고 있는 물품과 반출하는 물품(그 물품이 용기에 들어있거나 포장한 경우에는 그 용기 또는 포장)표면의 방사성물질의 오염도가 허용표면오염도의 10분의 1을 초과하지 아니하도록 할 것

32. "작업실"이라 함은 밀봉되지 아니한 방사성동위원소 또는 방사성동위원소에 의하여 오염된 물건으로서 밀봉되지 아니한 것을 사용 또는 포장하는 곳을 말한다.

33. "오염검사실"이라 함은 인체 또는 작업복·신발·보호구 등 인체에 착용하였던 물건의 표면이 방사성물질에 의하여 오염되었는지 여부를 검사하는 곳을 말한다.

34. "배수설비"라 함은 액체상태의 방사성물질이나 그에 의하여 오염된 액체를 정화하거나 배출하는 설비로서 농축기·분리기·이온교환장치 등의 배출액처리장치 또는 저장탱크·희석탱크·여과탱크 등 배출액정화탱크의 배수관·배수구 등을 말한다.

35. “고형화처리설비”라 함은 방사성물질 등을 콘크리트 기타의 고형화 재료에 의하여 고형화하는 설비로서 분쇄장치·압축장치·혼합장치 또는 재포장장치 등을 말한다.

36. “외부방사선량률”이라 함은 인체 외부로부터 피폭되는 시간당방사선량(mSv/h)을 말한다.

37. “저분산성방사성물질”이라 함은 분말형태가 아닌 고체이거나 밀봉된 캡슐에 내장되어 있어 분산성이 제한되는 방사성물질을 말한다.

38. “운반지수”라 함은 운반물·덧포장·탱크 또는 화물컨테이너에 지정되는 등급으로서 방사선 피폭에 대한 관리를 위하여 사용되는 수치를 말한다.

39. “핵임계안전지수”라 함은 핵분열성물질이 들어 있는 운반물·덧포장·탱크 또는 화물컨테이너에 지정되는 등급으로서 운반물·덧포장·탱크 또는 화물컨테이너의 집적량을 관리하기 위하여 사용되는 수치를 말한다.

40. “심층처분”이라 함은 지하 깊은 곳의 안정한 지층구조에 천연방벽 또는 공학적 방벽으로 방사성폐기물을 처분하여 인간 생활권으로부터 영구히 격리시키는 것을 말한다.

41. “천층처분”이라 함은 다음 각 목의 어느 하나에 해당하는 것을 말한다.
   가. 동굴처분 : 지하의 동굴 또는 암반 내에 천연방벽 또는 공학적 방벽으로 방사성폐기물을 처분하는 것
   나. 표층처분 : 지표면과 가까이에 천연방벽 및 공학적 방벽으로 방사성폐기물을 처분하는 것
   다. 매립형처분 : 지표면과 가까이에 천연방벽으로 방사성폐기물을 매립하여 처분하는 것

42. “국제규제물자”란 원자력의 연구 · 개발 및 이용에 관한 조약과 그 밖의 국제약속(이하 “국제약속”이라 한다)에 따라 보장조치의 적용대상이 되는 물자로서 총리령으로 정하는 것을 말한다.

43. “방사성폐기물”이란 방사성물질 또는 그에 따라 오염된 물질(이하 “방사성물질등”이라 한다)로서 폐기의 대상이 되는 물질(제35조제4항에 따라 폐기하기로 결정한 사용후핵연료를 포함한다)을 말한다.

44. "고준위방사성폐기물"이란 방사성폐기물 중 그 방사능 농도 및 열발생률이 「원자력안전위원회의 설치 및 운영에 관한 법률」 제3조에 따른 원자력안전위원회(이하 "위원회"라 한다)가 정하는 값 이상인 방사성폐기물을 말하고, "중·저준위방사성폐기물"이란 고준위방사성폐기물 외의 방사성폐기물을 말한다. 이 경우 중·저준위방사성폐기물은 위원회가 방사능 농도를 고려하여 정하는 바에 따라 구분한다.

* 고준위 방사성폐기물 「원자력안전법 시행령」"원자력안전위원회가 정하는 값"이란 다음표의 방사능농도 및 열발생률을 말한다.

| 방사능농도 | 열발생률 |
|---|---|
| 반감기 20년 이상의 알파선을 방출하는 핵종으로 4,000 Bq/g | 2 $kW/m^3$ |

45. "피폭방사선량"(被曝放射線量)이란 사람의 신체의 외부 또는 내부에 피폭하는 방사선량을 말한다. 다만, 진료를 위하여 피폭하는 방사선량과 인위적으로 증가시키지 아니하는 자연방사선량은 제외한다. 이 경우 방사선량의 종류 및 적용기준은 원자력안전위원회가 정하여 고시한다.

46. "원자력이용시설"이란 원자력의 연구·개발·생산·이용(이하 "원자력이용"이라 한다)과 관련된 시설로서 대통령령으로 정하는 것을 말한다.

47. "방사선작업종사자"란 원자력이용시설의 운전·이용 또는 보전이나 방사성물질등의 사용·취급·저장·보관·처리·배출·처분·운반과 그 밖의 관리 또는 오염제거 등 방사선에 피폭하거나 그 염려가 있는 업무에 종사하는 자를 말한다.

48. "안전관련설비"란 원자로 및 관계시설 중에서 원자력안전위원회규칙으로 정하는 안전에 중요한 구조물·계통 및 기기로서 원자력안전위원회규칙으로 정하는 바에 따라 안전등급이 부여된 설비를 말한다.

49. "방사선투과검사"란 「비파괴검사기술의 진흥 및 관리에 관한 법률」 제2조에 따른 비파괴검사 중 방사선을 이용한 비파괴검사를 말한다.

50. “해체”란 발전용원자로 및 관계시설을 운영하려는 자는 대통령령으로 정하는 바에 따라 허가를 받은 자, 연구용 또는 교육용 원자로 및 관계시설을 운영하려는 자는 그 종류별로 대통령령으로 정하는 바에 따라 허가를 받은 자, 핵원료물질 또는 핵연료물질의 정련사업 또는 가공사업(변환사업을 포함한다)을 하려는 자와 사용후핵연료처리사업을 하려는 자는 대통령령으로 정하는 바에 따라 허가 또는 지정을 받은 자가 이 법에 따라 허가 또는 지정을 받은 시설의 운영을 영구적으로 정지(이하 “영구정지”라 한다)한 후, 해당 시설과 부지를 철거하거나 방사성오염을 제거함으로써 이 법의 적용대상에서 배제하기 위한 모든 활동을 말한다.

51. “폐쇄”란 방사성폐기물의 저장 · 처리 · 처분 시설 및 그 부속시설(이하 “방사성폐기물관리시설등”이라 한다)을 건설 · 운영하려는 자는 대통령령으로 정하는 바에 따라 방사성폐기물 처분시설의 건설 · 운영 허가를 받은 자가 방사성폐기물을 처분하는 활동을 완결하고 장기 안전성을 확보하기 위하여 실시하는 관리적 · 기술적 조치(방사성폐기물 처분시설 지하 공간의 뒷채움, 덮개 설치 등을 포함한다)를 말한다.

52. “사고관리”란 원자로시설에 사고가 발생하였을 때 사고가 확대되는 것을 방지하고 사고의 영향을 완화하며 안전한 상태로 회복하기 위하여 취하는 제반조치를 말하며, 원자력안전위원회에서 정하는 설계기준을 초과하여 노심의 현저한 손상을 초래하는 사고(이하 “중대사고”라 한다)에 대한 관리를 포함한다.

53. “조사선량”이란 엑스선 또는 감마방사선(또는 감마선)에 의하여 공기 단위 질량당 생성된 전하량을 말한다. 조사선량의 단위로 C/kg 또는 R이 사용되며, 1R은 $2.58 \times 10^{-4}$ C/kg과 같다.

54. “흡수선량”이란 물질의 단위 질량당 흡수된 방사선의 에너지를 말한다. 흡수선량의 단위로 Gy가 사용되며, 1 Gy는 1 J/kg 이다.

55. “등가선량”이란 인체의 피폭선량을 나타낼 때 흡수선량에 해당 방사선의 방사선가중치를 곱한 양을 말한다. 등가선량의 단위로 Sv가 사용되며, 이때 사용되는 방사선가중치는 별표 3과 같다.

[별표 3]

| 방사선 가중치(WR) | ICRP 60 | ICRP 103 |
|---|---|---|
| 종류 및 에너지 범위 | 방사선 가중치(WR) | |
| ○ 광자(전에너지) | 1 | 1 |
| ○ 전자 및 뮤온(전에너지)[2] | 1 | 1 |
| ○ 중성자, 에너지 〈 10 keV | 5 | 연속함수 |
| 10 keV - 100 keV | 10 | |
| 100 keV - 2 MeV | 20 | |
| 2 MeV - 20 MeV | 10 | |
| 〉 20 MeV | 5 | |
| ○ 반조양자이외의 양자 (에너지〉2 MeV) | 5 | 2 |
| ○ 알파입자, 핵분열 파편, 무거운 원자핵 | 20 | 20 |

56. "유효선량"이란 인체내 조직간 선량분포에 따른 위험 정도를 하나의 양으로 나타내기 위하여 각 조직의 등가선량에 해당 조직의 조직가중치를 곱하여 이를 모든 조직에 대해 합산한 양을 말한다. 유효선량의 단위로 시버트가 사용되며, 이때 사용할 조직가중치는 별표 4와 같다.

[별표 4]

| 조직가중치(WT) | | | | | |
|---|---|---|---|---|---|
| 조직 또는 장기 | ICRP 60 | ICRP 103 | 조직 또는 장기 | ICRP 60 | ICRP 103 |
| 생식선 | 0.20 | 0.08 | 간 | 0.05 | 0.04 |
| 골수(적색) | 0.12 | 0.12 | 식 도 | 0.05 | 0.04 |
| 대장(결장) | 0.12 | 0.12 | 갑상선 | 0.05 | 0.04 |
| 폐 | 0.12 | 0.12 | 피 부 | 0.01 | 0.01 |
| 위 | 0.12 | 0.12 | 뼈표면 | 0.01 | 0.01 |
| 방 광 | 0.05 | 0.04 | 기타 조직 | 0.05(10개) | 0.12(14개) |
| 유 방 | 0.05 | 0.12 | 뇌, 침샘 | | 0.01 |

57. "집단선량"이란 다수의 사람이 피폭되는 경우에 그 집단의 개인피폭방사선량의 총합을 말한다. 집단선량의 단위로 man-Sv가 사용된다.

58. “예탁선량”이란 체내에 존재하는 방사성핵종으로 인하여 그 사람이 일정기간 받게 되는 내부피폭방사선량을 말한다. 예탁선량은 예탁등가선량이나 예탁유효선량으로 나타낼 수 있으며, 피폭을 고려하는 기간이 사전 지정되어 있지 아니 할 경우에 일정기간은 성인에 대해서는 50년, 아동에 대해서는 70년으로 한다.

59. “방사선안전관리통합정보망(이하 “통합정보망”이라 한다)”이란 방사성동위원소등의 이용과 관련된 기관을 네트워크로 구성하여 방사선안전관리에 대한 정보를 종합적으로 관리하는 망을 말한다.

60. 차폐물의 설계기준 차폐벽이나 차폐물에 대한 설계기준은 다음 각 호와 같다.

① 사용시설 등의 내부에 사람이 상시 출입하는 장소는 연간 방사선량이 20 mSv를 초과하지 아니 하여야 하고 1주당 방사선량은 1 mSv를 초과하지 아니 하여야 한다.

② 사용시설 등의 경계에 인접하여 사람이 거주하는 구역은 연간 방사선량이 1 mSv를 초과하지 아니 하여야 하고 1주당 방사선량은 0.1 mSv를 초과하지 아니하여야 한다.

61. 방사선 긴급작업시 선량제한

① 긴급작업에 종사하는 자나 사고의 진압 등 피해의 확대를 방지하기 위하여 불가피한 작업에 참여하는 자에 대하여는 유효선량은 0.5 Sv, 피부의 등가선량은 5 Sv까지 허용할 수 있다. 다만, 인명의 구조를 목적으로 하는 긴급작업에 대해서는 이를 적용하지 아니한다.

② 제1항의 작업으로 인한 피폭선량은 개인피폭방사선량에 합산하지 아니 할 수 있다.

62. 긴급시 방사선작업절차 등 긴급작업에 적용되는 절차는 다음과 같다.

① 원자력관계사업자는 방사선 긴급작업으로 인해 예상되는 피폭방사선량을 피할 수 있는 대안이 없거나 현실적으로 불가능한 극히 예외적인 상황일 때에만 이를 승인하여야 한다.

② 긴급시의 방사선작업은 작업 시작전에 원자력관계사업자(원자력관계사업자의 허가 등을 받은 자가 아닌 경우에는 그 고용주 또는 대리인)의 승인을 서면으로 받아야 한다.

③ 원자력관계사업자는 작업에 참여하는 자의 피폭방사선량을 가능한 한 합리적으로 낮게 유지하기 위하여 필요한 방사선방호 조치를 취하여야 한다.

④ 원자력관계사업자는 작업 승인을 하기 전에 해당 작업에 참여하는 자에게 다음 사항을 통보하여야 한다.

가. 계획된 긴급작업의 목적

나. 작업 수행으로 받게 되는 예상 피폭방사선량, 부수적인 잠재적 위험도, 구체적인 방사선 준위 또는 기타 작업 조건

다. ③의 방사선방호 조치에 관한 구체적 지침

63. “방사성동위원소등”이란 방사성동위원소 또는 방사선발생장치를 말한다.

64. “밀봉선원”이란 기계적인 강도가 충분하여 파손될 우려가 없고, 부식되기 어려운 재료로 된 용기에 넣은 방사성동위원소로서 사용할 때에 방사선은 용기외부로 방출하지만 방사성동위원소는 누출하지 못하도록 되어 있는 것을 말한다.

65. “개봉선원”이란 밀봉되지 않은 방사성동위원소를 말한다.

66. “비차폐 선원”이란 사용할 때 차폐체가 제거되어 있는 형태로 사용되는 밀봉선원을 말한다.

67. “방사선원”이란 방사성동위원소 또는 방사선발생장치의 튜브와 같이 방사선을 발생시키는 선원을 말하며 밀봉된 방사성동위원소(이하 “밀봉선원”이라 한다)로서 이 기준에 따라 누설점검을 하여야 하는 선원을 말한다. 다만, 다음 각 목에서 정하는 방사선원은 제외한다.

가. 베타 및 감마선을 방출하는 밀봉선원으로서 방사능량이 3.7 MBq 이하의 것

나. 알파선을 방출하는 밀봉선원으로서 방사능량이 0.37 MBq 이하의 것

다. 물리적 반감기가 30일 이하의 것

68. “누설점검”이란 밀봉선원의 밀봉성능을 확인하기 위하여 이 기준에서 정하는 바에 따라 누설여부를 시험하는 것을 말한다.

69. “안전관련 품목”이란 방사선작업종사자(이하 “종사자”라 한다) 및 일반인에게 의도하지 않은 방사선 피폭을 초래할 수 있는 비정상적인 상황의 발생을 방지하거나 그 결과를 경감시켜 주는 기능을 하는 구조, 계통 및 부품을 말한다.

70. “비상안전기능”이란 특정 장치의 상태를 나타내는 지시기나 안전성을 견지하는 기타 요소들의 기능이 상실되는 경우에 방사선피폭으로부터 종사자를 보호하는 기능을 말한다.

71. “연동장치”란 기기의 주요기능들을 전기적·기계적으로 연동시켜 종사자가 방사선관리구역으로 허용되지 않은 접근을 하는 경우 직접 방사선방출을 제한하거나 종사자 접근을 물리적으로 제한하여 종사자를 보호하는 단위 시스템을 말한다.

72. “보안장치”란 승인받지 않은 자의 무단 취급을 방지하기 위한 장치를 말한다.

73. “선원용기”란 방사성동위원소를 방사선기기에 내장시키거나 수납시키는 기능을 가진 용기를 말한다.

74. “격리”란 물리적으로 방사선을 차폐하거나 방사선원과의 거리를 확보하여 피폭방사선량을 저감하는 것을 말한다.

75. “표면방사선량”이란 특수공구를 사용하지 않고 제거될 수 있는 방사선기기의 외부 부착물이 완전히 제거된 상태에서 신체 접촉이 가능한 방사선기기의 표면으로부터 10 ㎝의 거리에서 측정한 방사선량을 말한다.

76. “내진설계”란 설계지진이 발생하더라도 안전에 중요한 구조물, 계통 및 기기가 안전하게 주어진 기능을 다할 수 있도록 설계하는 것을 말한다.

77. “설계지진”란 안전에 관련되는 주요 구조물, 계통 및 기기의 건전성이 유지되도록 하기 위하여 설계 시 설정하는 지진을 말한다.

78. “천연방벽”이란 처분장의 지표 및 지하구조로서 방사성핵종의 이동을 지연시킬 수 있는 자연적인 방벽으로 토양 및 암반 등을 말한다.

79. “폐쇄 후 관리”란 폐쇄된 처분시설이 설계 성능을 유지하고 있음을 입증하기 위하여 수행되는 행위를 총칭하는 것으로서 처분부지의 환경감시, 접근제한, 보수작업 등의 능동적인 활동과 토지사용통제, 기록보관 등의 수동적인 활동을 모두 포함한다.

80. “처분고”란 처분시설에서 폐기물이 최종적으로 정치되는 설비로서 방벽에 의해 격리되는 독립적인 폐기물 처분용 구조물을 말한다.

81. “감시”란 방사선피폭의 평가 또는 관리를 목적으로 방사선학적 또는 비방사선학적 파라미터들을 측정하고 그 측정치를 해석하는 것을 말한다.

82. “성능”이란 처분장이 방사성폐기물을 격리하는 데 그리고 설계 요건에 따라 방사선방어의 요건을 만족하는 데 얼마나 유효한가를 나타내는 척도를 말한다.

83. “덮개”란 처분시설에서 폐기물 용기와 포장물 또는 처분고 등 구조물 위를 덮고 있는 물질이나 이러한 물질들의 층을 말한다.

84. “폐쇄 후 관리”란 처분시설이 설계성능을 유지함을 입증하기 위하여 수행되는 행위를 총칭하는 것으로서 감시, 접근제한, 보수작업 등의 적극적인 활동과 토지사용통제, 기록보관 등의 소극적인 활동을 모두 포함한다.

85. “성능목표치”란 처분시설 폐쇄 후 피폭을 유발할 가능성이 있는 자연 현상에 대하여 인간 건강과 환경 보호를 위하여 설정되는 수치로서 선량 또는 위험도로 표시된다.

86. “결정집단”이란 안전성평가가 수행될 기간과 환경을 감안하여, 주어진 처분시설 주변에서 방사성폐기물의 누출에 따른 방사선영향이 가장 클 것이라 예상되는 보편적 생활습관과 섭생을 보이는 개인들의 집단을 말한다.

87. “자연현상”이란 처분시설로부터 정상적인 방사성물질의 누출과 이동을 통해 궁극적으로 방사선영향을 야기할 수 있는 모든 잠재적인 사건과 과정을 총칭하며 발생확률이 낮은 심각영향을 발생시키는 산사태 등의 자연재해 및 주요설비의 조기 파손 등 예상치 못한 결함 등도 포함한다.

88. “인간침입”이란 처분시설의 방사성폐기물 격리성능에 영향을 미쳐 방사선피폭을 야기할 수 있는 모든 인위적인 활동을 총칭한다.

89. “시나리오”이란 안전성평가에서 방사성폐기물의 누출과 이동 그리고 궁극적으로 방사선영향을 추정하기 위해 사용되는 조건들의 가정된 세트를 말한다.

90. “처분시설”이란 중·저준위방사성폐기물을 회수할 의도 없이 인간 생활권으로부터 영구히 격리하기 위해 허가된 시설을 말한다.

91. “심층처분”이란 방사성폐기물을 사람의 접근과 방사성핵종의 생태계 유입이 제한될 수 있도록 지하 깊은 곳의 안정한 지층구조에 처분하여 인간 생활권으로부터 영구히 격리시키는 것을 말한다.

92. “처분시스템”이란 방사성폐기물, 공학적 방벽을 비롯한 설계특징, 천연방벽, 방사선영향에 연관되는 부지환경, 처분시설 운영관리 등 처분시설의 안전성을 구성하는 성분 모두를 말한다.

93. “천연방벽”이란 처분장에서 방사성핵종의 이동, 처분시설로 지하수 침투 또는 사람의 침입 및 방사성폐기물의 노출을 제한할 수 있는 천연의 지하구조 및 지표구조로서, 처분된 방사성폐기물 또는 공학적 방벽을 둘러싼 암반과 토양 등을 포함한다.

94. “공학적 방벽”이란 처분환경에서 방사성폐기물의 유출과 처분시설로의 지하수 침투 또는 사람의 침입을 제한하는 역할을 하는 인공물로서 포장용기, 처분용기, 완충재, 처분고 구조물, 뒤채움재 등을 포함한다.

95. “처분고”란 처분시설에서 방사성폐기물이 최종적으로 정치되는 설비로서 방벽에 의해 격리되는 독립적인 처분용 구조물을 말한다. (예: 처분공 또는 처분용 터널)

96. “안전목표치”란 처분시설의 폐쇄 후 자연현상이나 인간침입으로 초래될 수 있는 방사선 피폭으로부터 사람을 보호하기 위해 설정되는 목표치로서 방사선량 또는 상응하는 위험도로 나타낸다.

97. “대표인”이란 안전성평가가 수행될 기간과 환경을 고려하여, 해당 처분시설로부터 방사선 영향을 받는 집단 중 높은 피폭을 받는 사람들의 보편적 생활습관과 섭생을 따르는 대표적 개인을 말한다.

98. “자연현상”이란 인간침입 이외에 처분시스템에 변화를 초래할 수 있는 모든 자연적 현상을 총칭하는 것으로, 처분시스템의 점진적 진화를 나타내는 정상자연현상과 천재지변 또는 방벽의 조기파손 등 발생가능성이 낮은 확률자연현상을 포함한다.

99. “인간침입”이란 처분시설 폐쇄 후 방벽의 성능을 훼손할 수 있는 사람의 행위를 총칭하는 것으로서 의도적 침입은 제외한다.

100. “시나리오”란 안전성평가에서 방사성폐기물의 누출과 이동 그리고 궁극적으로 방사선영향을 추정하기 위해 가정한 조건이나 사건의 세트를 말한다.

101. “위험도”란 처분된 방사성폐기물로 인한 방사선피폭으로 초래될 보건위험의 정도를 정량적으로 나타낸 것으로, 방사선피폭으로 이어지는 시나리오가 일어날 확률과 그 피폭 방사선량에 의한 보건위험 확률의 곱으로 표현된다.

102. “성능기간”이란 방사성폐기물의 처분에 따른 안전을 위해 해당 처분시스템이 성능을 나타내야 할 기간을 말한다.

103. “자연유사물 (Natural analogue)”이란 처분시스템에 영향을 미치는 과정들에 대한 모델로 사용되는 자연계의 상태로서 처분시설의 안전성을 판단하는 데 참고할 수 있는 것을 말한다. (예: 지질계에서 방사성핵종의 장기 거동을 유추하고 모델링하는 데 사용될 수 있는 광물질)

104. “보조안전지표”란 선량이나 위험도 이외에 방사선영향이나 방사선방호성능의 척도로서 안전성평가에 적용될 수 있는 양을 말한다. (예: 방사성핵종의 농도 또는 유출률 등)

105. “방사성폐기물의 회수”란 처분된 방사성폐기물을 처분 전 관리의 상태로 되돌리는 것을 말한다.

106. “안전기능”이란 처분시설 종사자의 보호와 방사성물질의 제어를 포함하여 처분시설의 운영안전과 처분안전성을 위해 달성되어야 하는 처분시스템 성분들의 고유기능을 말한다.

107. “자체처분”이란 방사성폐기물 중에서 핵종별 농도가 자체처분 허용농도 미만임이 확인된 것을 「원자력안전법」의 적용대상에서 제외하여 방사성폐기물이 아닌 폐기물로 소각, 매립 또는 재활용 등의 방법으로 관리하는 것을 말한다.

108. “자체처분 허용농도”란 「원자력안전법 시행령」(이하 “영”이라 한다) 제107조제1항에 따라 방사성폐기물의 자체처분을 허용할 수 있는 방사성핵종별 방사능 농도로서 별표 5의 허용농도 또는 자체처분 허용선량을 만족함이 입증되는 농도를 말한다.

109. “자체처분 허용선량”이란 방사성폐기물의 자체처분에 따른 개인에 대한 연간 예상 피폭 방사선량이 10 $\mu$Sv 미만이고 집단에 대한 연간 예상 총피폭방사선량이 1 man·Sv 미만이 되는 값을 말한다.

110. “검출목표치”란 방사성폐기물을 자체처분하고자 하는 원자력관계사업자(이하 “자체처분사업자”라 한다)가 자체적으로 설정하는 검출목표 방사능 농도를 말한다.

111. “최소검출가능농도”란 방사능계측기, 시료량, 회수율, 계측시간 등의 계측조건에 따라 정해지는 검출가능한 최소 방사능 농도를 말한다.

112. “유리수”란 포장물 내에서 물리·화학적으로 결합되어 있지 않은 물을 말한다.

113. “킬레이트제등”이란 킬레이트제 및 킬레이트 화합물로서, 유기물질과 결합하여 고리형 착화합물을 형성시켜 방사성핵종의 유동성을 촉진시키는 유기물질을 말한다.

114. “임계안전”이란 핵분열성 물질에 기인한 핵분열 연쇄반응이 더 이상 지속되지 않은 상태를 말한다.

115. “포장물”이란 처분을 위해 폐기시설운영자에게 인도하는 폐기물을 담고 있는 용기와 그 안에 들어 있는 폐기물을 포함한 내용물 전체를 말한다.

116. “전알파”란 해당 포장물 또는 시료에 함유된 알파선을 방출하는 방사성핵종 전체를 말한다.

117. “척도인자”란 그 값이 알려진 방사성핵종의 농도를 이용하여 직접 측정이 어려운 다른 미지의 핵종의 농도를 유추하는데 적용할 수 있는 핵종간 존재비 또는 상관계수를 말한다.

118. “고형화”란 유동성이 있는 물질을 하소(Calcination), 건조, 시멘트화, 아스팔트화, 유리화 등의 방법으로 물리적으로 안정한 고체 형태로 바꾸는 것을 말하며, 폐필터 등의 고체 물질을 시멘트 등으로 고정화하는 것을 포함한다.

119. “침출”이란 폐기물이 물과 접촉하는 경우에 용해, 확산 등에 의해 방사성핵종이 폐기물로부터 누출되는 현상을 말한다.

120. “고건전성용기”란 우리나라의 일반적인 지하 환경 및 처분 조건에서 300년 이상의 건전성을 유지할 수 있는 폐기물 포장용기를 말한다.

121. “방사성내용물”이란 방사성물질 등으로서 고체, 액체 또는 기체상태로 운반용기 안에 들어 있는 것을 말한다.

122. “운반용기”란 방사성내용물을 완전히 포장하는데 필요한 구성품의 집합체를 말하며, 특히 하나 이상의 운반용기, 흡수재, 공간구조물, 방사선 차폐체, 충진·제거·배기 및 압력경감을 위한 장치, 냉각, 기계적 충격흡수, 취급 및 결속을 위한 장치, 열적 차폐체 및 포장물의 구성요소인 장치 등으로 구성된다. 운반용기는 상자, 드럼이나 유사용기일 수 있고, 화물컨테이너, 탱크 또는 중형 화물컨테이너일 수도 있다.

123. “운반물”이란 운반을 위해 제시된 방사성내용물이 들어있는 운반용기를 말한다.

124. “관계당국”이란 원자력안전위원회고시 「방사성물질등의 포장 및 운반에 관한 규정」과 관련한 목적을 위하여 지정되었거나 인정된 국내·외의 규제기관 또는 당국을 말한다.

125. “방사성내용물”이란 방사성물질 등으로서 고체·액체 또는 기체상태로 운반용기 안에 들어 있는 것을 말한다.

126. “운반용기”란 방사성내용물을 완전히 포장하는데 필요한 부품의 집합체를 말한다.

127. “운반물”이란 운반을 위해 제시된 방사성내용물이 들어있는 운반용기를 말한다.

128. “비방사능”이란 방사성 핵종의 단위질량당 방사능을 말한다.

129. “저준위비방사능물질”이란 본질적으로 제한된 비방사능을 가지고 있는 방사성물질 또는 평균 비방사능의 제한치가 적용되는 방사성물질을 말한다. 다만, 평균 비방사능을 결정할 때에 저준위비방사능물질을 둘러싼 외부 차폐체는 고려하지 않는다.

130. “미조사(未照射) 토륨”이란 $^{232}$Th의 1 g 당 천만분의 1 g 이하의 $^{233}$U을 함유하고 있는 토륨을 말한다.

131. “미조사(未照射)우라늄”이란 다음 각 목의 어느 하나와 같다.
   가. $^{235}$U의 1 g 당 2 kBq 이하의 플루토늄을 함유하고 있는 우라늄
   나. $^{235}$U의 1 g 당 9 MBq 이하의 핵분열생성물을 함유하고 있는 우라늄
   다. $^{235}$U의 1 g 당 5 mg 이하의 $^{236}$U을 함유하고 있는 우라늄

132. “천연우라늄”이란 화학적인 방법으로 분리된 우라늄으로서 그 중에 포함되어 있는 $^{235}U$의 존재비가 천연의 존재비(질량비로 $^{238}U$: 99.28퍼센트, $^{235}U$: 0.72퍼센트)와 같은 것을 말한다.

133. “감손우라늄”이란 $^{235}U$의 존재비가 천연우라늄의 경우보다 작은 우라늄을 말한다.

134. “농축우라늄”이란 $^{235}U$의 존재비가 천연우라늄의 경우보다 큰 우라늄을 말한다.

135. “저독성알파방출체”란 천연우라늄·감손우라늄·천연토륨·$^{235}U$·$^{238}U$·$^{232}Th$·광석에 함유되어 있거나 물리적 및 화학적 농축상태의 $^{228}Th$ 및 $^{230}Th$ 또는 10일 이하의 반감기를 갖는 알파방출체 등을 말한다.

136. “오염”이란 베타선·감마선 및 저독성 알파방출체의 경우 ㎠당 0.4 Bq을, 기타 알파선 방출체의 경우 ㎠당 0.04 Bq를 초과하는 방사성물질이 물질의 표면에 존재하는 것을 말한다.

137. “제거성 오염”이란 일상적인 운반조건에서 운반물의 표면으로부터 제거될 수 있는 오염을 말한다.

138. “고착성 오염”이란 제거성오염 이외의 오염을 말한다.

139. “운반수단”이란 다음 각 목에 해당하는 운반에 사용되는 것을 말한다.
   가. 도로 또는 철도에 따른 운반: 모든 차량
   나. 수로에 따른 운반: 모든 선박 또는 선창, 구획영역 또는 선박의 지정갑판 영역
   다. 항로에 따른 운반: 모든 항공기

140. “덧포장”이란 취급·적재 및 운반의 편리를 위하여 하나 이상의 운반물을 하나의 취급단위로 통합하기 위하여 단일 송하인이 사용하는 상자 등의 수납체를 말한다.

141. “화물컨테이너”이란 중간에 재 적재를 하지 않고, 하나 이상의 운반형태에 의하여 운반물을 용이하게 운반할 수 있도록 설계된 컨테이너를 말한다. 이 경우 화물컨테이너는 재사용이 가능하도록 영구적 밀폐특성·견고성 및 강도를 유지하여야 하며, 특히 운반수단 간의 이동 및 운반형태의 변경 시 취급을 용이하게 하기 위한 장치가 부착되어 있어야 한다.

142. “탱크”란 기체 또는 액체 상태로 적재되거나 연이어 응결되는 액체·분말·과립·슬러리 또는 고화물 등을 운반하기 위한 450리터 이상 또는 기체운반을 위한 1,000리터 이상의 탱크컨테이너·휴대용 탱크·도로용 탱크차량·철도용 탱크화물차량 또는 용기를 말한다. 이 경우 탱크컨테이너는 육상 또는 해상수송이 가능하며 구조장치를 제거하지 않고 적재 및 하역이 가능하여야 하며, 셸의 외부에 안정부재 및 결속부착물이 있고, 또한 만재한 상태에서 인양할 수 있어야 한다.

143. “전용운반”이란 단일 송하인이 운반수단·탱크 또는 화물컨테이너를 독점적으로 사용하는 것으로서, 최초·중간 또는 최종 운반단계에서 적재 및 하역이 송하인 또는 수하인의 지시에 따라 수행되는 운반을 말한다.

144. “최대정상운전압력”이란 운반도중 통풍 또는 보조장치에 따른 외부냉각 또는 조절관리를 하지 않은 경우 운반 주변조건에 상응하는 온도 및 태양광선에서 1년 동안 격납계통 내에 형성되는 평균 해수면 상에서의 대기압 이상의 최대압력을 말한다.

145. “격납계통”이란 운반도중 방사성물질을 수납할 수 있도록 특별히 설계자가 지정한 운반용기 구성품의 집합체를 말한다.

146. “제한계통”이란 핵임계의 안전성을 유지하기 위한 목적으로 설계자가 지정하고 관계당국이 인정하는 핵분열성물질 및 운반용기 구성품의 집합체를 말한다.

147. “수하인”이란 화물을 받는 개인이나 기관 또는 정부를 말한다.

148. “송하인”이란 화물을 보내기 위하여 준비하는 개인이나 기관 또는 정부를 말한다.

149. “화물”이란 운반을 위하여 송하인이 제시하는 운반물 또는 방사성물질의 집합된 적하물을 말한다.

150. “편무승인”이란 설계 발원국가의 관계당국에 의하여 요구되는 설계에 대한 승인을 말한다.

151. “다변승인”이란 설계 또는 선적의 발원국가 및 화물이 통과 또는 도착되는 해당국가의 관계당국에 따른 승인을 말한다. 여기에서, “통과 또는 도착”이란 특별히 영공통과를 배제하는 것으로서, 즉 방사성물질을 수송하는 항공기가 기착이 예정되지 않은 국가의 영공을 통과하는 경우에 해당국가에 대한 승인 및 통보요건은 적용하지 않는다.

152. "개인선량계"란 사람의 신체외부에 피폭하는 방사선량의 판독업무를 수행하기 위하여 원자력안전위원회에 판독에 관한 업무를 등록한 자(이하 "판독업무자"라 한다)가 등록할 수 있는 장치(이하 "선량계"라 한다)로서 다음 각 목에 해당하는 선량계를 말한다.
   가. 감광 또는 흑화작용 등 화학작용을 이용한 선량계
   나. 형광 또는 섬광 등 여기작용을 이용한 선량계
   다. 분자구조결함 등 결함유발을 이용한 선량계

153. "전문판독업무자"란 일정한 수수료를 받을 목적으로 방사선작업종사자 및 수시출입자(이하"종사자등"이라 한다)의 피폭선량 판독을 대행하기 위한 판독업무자를 말한다.

154. "자체판독업무자"란 원자력관계사업자로서 해당 원자력이용시설의 종사자등의 피폭선량 판독을 위한 판독업무자를 말한다.

155. "주 판독기"란 판독업무자가 보유하고 있는 성능검사에 합격한 판독기로서 종사자등에게 지급하였던 선량계를 일상적으로 판독하는 장비를 말한다.

156. "부 판독기"란 주 판독기의 고장 등으로 인하여 정상적인 판독업무가 불가능 할 경우 일시적으로 사용하기 위한 주 판독기와 동일한 성능을 갖춘 판독장비를 말한다.

157. "선량판독"이란 방사선작업종사자 및 수시출입자(이하 "종사자등"이라 한다)가 일정기간 착용한 개인선량계(이하 "선량계"라 한다)를 회수하여 피폭방사선량을 산출하는 것을 말한다.

158. "사업자 추정선량"이란 해당 사업자가 판독특이자에 대한 조사·평가 결과 실제 피폭이 아닌 것으로 판단되거나 선량판독이 불가능한 경우에는 해당 판독특이자에 대한 자료 및 방사선작업 조건 검토, 동일 작업의 평가 등에 근거하여 합리적으로 추정한 피폭방사선량을 말한다.

159. "체내섭취"란 경구, 호흡구, 피부 또는 상처 등을 통하여 방사성 핵종이 인체내부로 들어오는 것을 말한다.

160. "체액흡수"란 섭취된 방사성 핵종이 혈액 및 세포액 등과 같은 체액에 흡수되는 것을 말한다.

161. “섭취잔류량”이란 방사성 핵종이 인체 내로 섭취된 다음 일정 기간 경과 후에도 소변, 대변 또는 땀 등을 통하여 체외로 배설되지 않고 인체에 남아 있는 양을 말한다.

162. “배설률”이란 인체 내에 섭취되었던 방사성 핵종이 장기나 조직으로부터 소변 및 대변 등을 통하여 체외로 단위시간당 배설되는 양을 말한다.

163. “직접측정법”이란 인체 내에 섭취된 방사성 핵종의 농도 및 그 양을 방사선측정기를 이용하여 직접 측정하는 방법을 말한다.

164. “간접측정법”이란 인체 내부로부터 배설 또는 분비되는 물질이나 타액 등에 존재하는 방사능의 양을 측정하여 인체 내에 섭취된 방사성 핵종의 농도 및 그 양을 측정하는 방법을 말한다.

165. “핵물질”이란 우라늄, 토륨 등 원자력을 발생할 수 있는 물질과 우라늄광, 토륨광, 그 밖의 핵연료물질의 원료가 되는 물질 중 대통령령으로 정하는 것을 말한다.

166. “원자력시설”이란 발전용 원자로, 연구용 원자로, 핵연료 주기시설, 방사성폐기물의 저장·처리·처분시설, 핵물질 사용시설, 그 밖에 대통령령으로 정하는 원자력 이용과 관련된 시설을 말한다.

167. “물리적방호”란 핵물질과 원자력시설에 대한 안팎의 위협을 사전에 방지하고, 위협이 발생한 경우 신속하게 탐지하여 적절한 대응조치를 하며, 사고로 인한 피해를 최소화하기 위한 모든 조치를 말한다.

168. “불법이전”이란 정당한 권한 없이 핵물질을 수수(授受)·소지·소유·보관·사용·운반·개조·처분 또는 분산하는 것을 말한다.

169. “사보타주”란 정당한 권한 없이 방사성물질을 배출하거나 방사선을 노출하여 사람의 건강·안전 및 재산 또는 환경을 위태롭게 할 수 있는 다음 각 목의 어느 하나에 해당하는 행위를 말한다.
   가. 핵물질 또는 원자력시설을 파괴·손상하거나 그 원인을 제공하는 행위
   나. 원자력시설의 정상적인 운전을 방해하거나 방해를 시도하는 행위

170. “원자력시설 컴퓨터 및 정보시스템”이란 원자력시설의 전자적 제어·관리시스템 및 「정보통신망 이용촉진 및 정보보호 등에 관한 법률」 제2조제1항제1호에 따른 정보통신망을 말한다.

171. “전자적 침해행위”란 사용·저장 중인 핵물질의 불법이전과 원자력시설 및 핵물질의 사보타주를 야기하기 위하여 해킹, 컴퓨터바이러스, 논리·메일폭탄, 서비스거부 또는 고출력 전자기파 등의 방법으로 원자력시설 컴퓨터 및 정보시스템을 공격하는 행위를 말한다.

172. “위협”이란 다음 각 목의 어느 하나에 해당하는 것을 말한다.
- 가. 사보타주
- 나. 전자적 침해행위
- 다. 사람의 생명·신체를 해치거나 재산·환경에 손해를 끼치기 위하여 핵물질을 사용하는 것
- 라. 사람, 법인, 공공기관, 국제기구 또는 국가에 대하여 어떤 행위를 강요하기 위하여 핵물질을 취득하는 것

173. “방사선비상”이란 방사성물질 또는 방사선이 누출되거나 누출될 우려가 있어 긴급한 대응 조치가 필요한 상황을 말한다.

174. “방사능재난”이란 방사선비상이 국민의 생명과 재산 및 환경에 피해를 줄 수 있는 상황으로 확대되어 국가적 차원의 대처가 필요한 재난을 말한다.

175. “방사선비상계획구역”이란 원자력시설에서 방사선비상 또는 방사능재난이 발생할 경우 주민 보호 등을 위하여 비상대책을 집중적으로 마련할 필요가 있어 제20조의2에 따라 설정된 구역으로서 다음 각 목의 구역을 말한다.
- 가. 예방적보호조치구역: 원자력시설에서 방사선비상이 발생할 경우 사전에 주민을 소개(疏開)하는 등 예방적으로 주민보호 조치를 실시하기 위하여 정하는 구역
- 나. 긴급보호조치계획구역: 원자력시설에서 방사선비상 또는 방사능재난이 발생할 경우 방사능영향평가 또는 환경감시 결과를 기반으로 하여 구호와 대피 등 주민에 대한 긴급보호 조치를 위하여 정하는 구역

176. “원자력사업자”란 다음 각 목의 어느 하나에 해당하는 자를 말한다.
- 가. 발전용 원자로 및 관계시설의 건설허가를 받은 자
- 나. 발전용 원자로 및 관계시설의 운영허가를 받은 자

다. 연구용 또는 교육용 원자로 및 관계시설의 건설 · 운영허가를 받은 자
라. 대한민국의 항구에 입항(入港) 또는 출항(出港)의 신고를 한 외국원자력선운항자
마. 핵원료물질 또는 핵연료물질의 정련사업(精錬事業) 또는 가공사업의 허가를 받은 자
바. 사용후 핵연료처리사업의 지정을 받은 자
사. 핵연료물질의 사용 또는 소지 허가를 받은 자 중에서 원자력안전위원회(이하 "원자력안전위원회"라 한다)가 정하여 고시하는 자
아. 방사성폐기물의 저장 · 처리 · 처분시설 및 그 부속시설의 건설 · 운영허가를 받은 자
자. 그 밖에 방사성물질, 핵물질 또는 원자력시설의 방호와 재난대책을 수립 · 시행할 필요가 있어 대통령령으로 정하는 자

177. "방호구역"이란 「원자력시설 등의 방호 및 방사능 방재 대책법」(이하 "법"이라 한다) 핵물질 및 원자력시설(이하 "원자력시설등"이라 한다)을 방호하기 위하여 물리적방벽으로 둘러싸여 있는 구역을 말한다.

178. "핵심구역"이라 함은 방호구역중 사보타주로 인하여 직접 또는 간접적으로 회복할 수 없는 방사선영향을 발생시킬 수 있는 원자력시설등을 방호하기 위하여 설정된 구역을 말한다.

179. "물리적방벽"이라 함은 침입을 방지하거나 지연시키고 접근에 대한 통제를 보완하여 주는 울타리 · 장벽 또는 이와 유사한 장애물을 말한다.

180. "검출하한치"란 사용한 환경조사 방법으로 측정 가능한 최소한의 방사능농도를 말한다.

181. "인과확률"이란 방사선작업종사자 등에게 발생한 암이 방사선에 기인되었을 확률로서 다음 식으로 산출되는 값이다.

$$\text{인과확률} = \frac{A}{A+B} \times 100$$

$A$ : 방사선 피폭에 의한 해당암의 초과위험
$B$ : 해당암의 기저위험

# 제3장 원자력안전종합계획의 수립 · 시행 등

## 1. 원자력안전종합계획의 수립

1. 원자력안전관리의 기본원칙 원자력의 연구·개발·생산·이용 등에 따른 안전관리(이하 “원자력안전관리”라 한다)는 다음 각 호의 원칙에 따라 추진하여야 한다.
   ① 원자력안전협약 등 국제규범에 따른 원칙을 준수할 것
   ② 방사선장해로부터 국민안전과 환경을 보호하는 데에 기여할 것
   ③ 과학기술의 발전수준을 반영하여 안전기준을 설정할 것

2. 원자력안전종합계획의 수립
   1) 원자력안전위원회의 설치 및 운영에 관한 법률에 따른 원자력안전위원회(이하 “위원회”라 한다)는 원자력이용에 따른 안전관리(이하 “원자력안전관리”라 한다)를 위하여 5년마다 원자력안전종합계획(이하 “종합계획”이라 한다)을 수립하여야 한다.
   2) 종합계획에는 다음 각 호의 사항이 포함되어야 한다.
      ① 원자력안전관리에 관한 현황과 전망에 관한 사항
      ② 원자력안전관리에 관한 정책목표와 기본방향에 관한 사항
      ③ 부문별 과제 및 그 추진에 관한 사항
      ④ 소요재원의 투자계획 및 조달에 관한 사항
      ⑤ 그 밖에 원자력안전관리를 위하여 필요한 사항
   3) 위원회는 종합계획을 수립하려면 미리 관계 부처의 장과 협의하여야 한다. 수립된 종합계획을 변경하려는 때에도 또한 같다.
   4) 종합계획의 수립 및 변경은 위원회의 심의·의결을 거쳐 확정한다. 다만, 대통령령으로 정하는 경미한 사항의 변경은 그러하지 아니하다.
      ① 부문별 과제의 세부 추진에 관한 사항
      ② 원자력안전종합계획의 내용에 중대한 영향을 주지 아니하는 사항으로서 위원회가 정한 기준에 맞는 사항
   5) 위원회는 종합계획의 수립을 위하여 필요하다고 인정하면 관계 기관의 장에게 종합계획의 수립에 필요한 자료의 제출을 요구할 수 있다.

## 2. 원자력안전종합계획의 시행

### 3. 원자력안전종합계획의 시행

1) 위원회는 확정된 종합계획을 관계 부처의 장에게 통보하여야 하며, 위원회와 관계 부처의 장은 종합계획에 따라 소관 사항에 대하여 5년마다 부문별 시행계획을 수립하고, 부문별 시행계획에 따라 연도별 세부사업추진계획을 수립 · 시행하여야 한다.
2) 위원회와 관계 부처의 장은 제1)항에 따른 부문별 시행계획을 수립하는 때에는 필요하면 다른 관계 부처의 장과 협의를 거쳐 부문별 시행계획을 확정하고, 관계 부처의 장은 확정된 부문별 시행계획을 위원회에 통보하여야 한다.

## 3. 원자력안전전문기관

### 4. 원자력안전전문기관

1) 위원회의 감독하에 원자력안전관리에 관한 사항을 전문적으로 수행하기 위하여 원자력안전전문기관을 둘 수 있다.
2) 제1항에 따른 원자력안전전문기관의 설치 · 운영에 관한 사항은 따로 법률로 정한다.

### 4-1. 전문위원회

1) 전문위원회(이하 “전문위원회”라 한다)는 위원장 1명을 포함한 15명 이내의 위원으로 구성한다.
2) 전문위원회의 위원장은 전문위원회의 위원 중에서 위원회의 위원장이 지명하고, 전문위원회의 위원은 다음 각 호의 사람 중에서 위원회의 위원장이 위촉하거나 임명한다.
   ① 원자력에 관한 학식과 경험이 풍부한 사람
   ② 관계 기관의 직원
3) 전문위원회 위원의 임기는 2년으로 하며, 한 차례만 연임할 수 있다.
4) 전문위원회의 회의는 재적위원 과반수의 출석으로 열고, 출석위원 과반수의 찬성으로 의결한다.
5) 위원회는 다음 각 호의 어느 하나에 해당하는 경우에는 별도의 전문위원회를 구성하여 조사하게 할 수 있다.
   ① 원자력 관계시설의 안전계통에서 중대한 사고가 발생한 경우
   ② 방사선으로 인한 환경오염사고가 발생한 경우
   ③ 방사선에 의한 중대한 피폭사고가 발생한 경우

④ 제①호부터 제③호까지의 경우에 준하는 국외의 방사능 사고가 발생한 경우 또는 방사선 오염이 확산되는 경우

6) 제5)항의 전문위원회에 대해서는 제3)항을 적용하지 아니한다.

7) 제1)항부터 제6)항까지에서 규정한 사항 외에 전문위원회의 구성 및 운영에 필요한 사항은 원자력안전위원회규칙으로 정한다.

## 5. 한국원자력통제기술원의 설립

1) 원자력 관련 시설 및 핵물질 등에 관한 안전조치와 수출입통제 등(이하 "원자력통제"라 한다)의 업무를 효율적으로 추진하기 위하여 한국원자력통제기술원(이하 "통제기술원"이라 한다)을 설립한다.
2) 통제기술원은 법인으로 한다.
3) 통제기술원은 그 주된 사무소가 있는 곳에서 설립등기를 함으로써 성립한다.
4) 통제기술원은 그 정관을 변경하고자 할 때에는 위원회의 인가를 받아야 한다.
5) 통제기술원에 임원으로서 이사장과 원장 각 1명을 포함한 11명 이내의 이사와 감사 1명을 두며, 임원은 정관으로 정하는 바에 따라 이사회에서 선임하되, 위원회의 승인을 받아야 한다.
6) 통제기술원의 중요 사항을 심의·의결하기 위하여 통제기술원에 이사회를 둔다.
7) 원장은 통제기술원을 대표하고, 통제기술원의 업무를 총괄하며, 소속 직원을 지휘·감독한다.
8) 정부는 예산의 범위에서 통제기술원의 설립 및 운영에 필요한 경비를 출연할 수 있다.
9) 통제기술원에 관하여 이 법에서 정하는 것을 제외하고는 「민법」 중 재단법인에 관한 규정을 준용한다.

## 6. 통제기술원의 사업 통제기술원은 다음 각 호의 사업을 수행한다.

1) 위원회 권한에 따라 위원회로부터 위탁받은 원자력 관련 시설·장비·기술·연구개발활동 및 핵물질에 관한 안전조치 관련 업무
2) 위원회 권한에 따라 위원회로부터 위탁받은 핵물질 등 국제규제물자에 관한 수출입통제 관련 업무
3) 「원자력시설 등의 방호 및 방사능 방재 대책법」에 따라 위원회로부터 위탁받은 물리적방호 관련 업무
4) 원자력통제에 관한 연구 및 기술개발
5) 원자력통제에 관한 국제협력 지원
6) 원자력통제에 관한 교육
7) 그 밖에 원자력통제 업무의 수행을 위하여 필요한 사항

## 7. 한국원자력안전재단의 설립

1) 원자력 및 방사선 안전기반 조성 활동을 효율적으로 지원하기 위하여 한국원자력안전재단(이하 "안전재단"이라 한다)을 설립한다.

2) 안전재단은 다음 각 호의 사업을 수행한다.
   ① 위원회의 원자력안전 정책수립 지원을 위한 기초자료 조사 · 연구
   ② 실태조사
   ③ 원자력안전연구개발사업의 기획, 관리 및 평가
   ④ 방사선작업종사자에 대한 교육 및 훈련
   ⑤ 국제협력 지원
   ⑥ 이 법 또는 다른 법령에 따라 위탁받은 업무 및 그 밖에 위원회에서 필요하다고 인정하는 사업

3) 안전재단은 법인으로 한다.
4) 안전재단은 그 주된 사무소가 있는 곳에서 설립등기를 함으로써 성립한다.
5) 안전재단이 정관을 제정하거나 변경하고자 하는 때에는 위원회의 인가를 받아야 한다.
6) 안전재단의 중요 사항을 심의 · 의결하기 위하여 안전재단에 이사회를 둔다.
7) 안전재단에 임원으로서 이사장 1명을 포함한 11명 이내의 이사와 감사 1명을 두며 임원은 정관으로 정하는 바에 따라 이사회에서 선임하되, 위원회의 승인을 받아야 한다.
8) 위원회는 예산의 범위에서 안전재단의 운영에 필요한 경비를 출연할 수 있다.
9) 안전재단에 관하여 이 법에 정하는 것을 제외하고는 「민법」 중 재단법인에 관한 규정을 준용한다.

## 8. 실태조사

1) 위원회는 원자력안전정책을 효율적으로 추진하기 위하여 원자력안전에 관한 실태조사를 실시하여야 한다. 이 경우 위원회는 대통령령으로 정하는 기관 또는 단체(한국원자력안전재단)로 하여금 실태조사를 실시하게 할 수 있다.

2) 위원회는 제1항에 따른 실태조사를 위하여 필요하다고 인정하면 원자력 관련 기업 · 교육기관 · 연구기관과 그 밖의 원자력 관련 기관에게 자료의 제출이나 의견의 진술 등을 요구할 수 있다.

## 9. 원자력안전연구개발사업의 추진 등

1) 위원회는 원자력안전연구개발사업계획을 수립하고, 이를 효율적으로 추진하기 위하여 매년

연구개발과제를 선정하여 다음 각 호의 기관 또는 단체와 협약을 맺어 연구개발하게 할 수 있다.

① 원자력안전 전문기관에 따라 설립된 기관

② 통제기술원

③ 기초연구진흥 및 기술개발지원에 관한 법률 기관 또는 단체

2) 제1)항에 따른 원자력안전연구개발사업을 실시하는 데에 드는 비용은 다음 각 호의 재원으로 충당한다.

① 정부의 출연금

② 원자력 진흥법에 따른 원자력기금의 원자력안전규제계정

③ 원자력안전연구개발사업의 실시과정에서 발생한 잔액과 그 밖의 수입금

3) 원자력안전연구개발사업의 실시와 제2)항에 따른 비용의 운용에 필요한 사항은 대통령령으로 정한다.

# 제4장 방사성동위원소 및 방사선발생장치

## 1. 방사성동위원소 · 방사선발생장치 사용 등의 허가 등

### 제53조 (방사성동위원소 · 방사선발생장치 사용 등의 허가 등)

1. 방사성동위원소 또는 방사선발생장치(이하 "방사성동위원소등"이라 한다)를 생산 · 판매 · 사용(소지 · 취급을 포함한다. 이하 같다) 또는 이동사용하려는 자는 사업소별로 총리령으로 정하는 바에 따라 허가신청서를 위원회에 제출하고 대통령령으로 정하는 바에 따라 위원회의 허가를 받아야 한다. 허가받은 사항을 변경하려는 때에도 또한 같다. 다만, 총리령으로 정하는 일시적인 사용 장소의 변경과 그 밖의 경미한 사항을 변경하려는 때에는 이를 신고하여야 한다.
   * 방사성동위원소의 생산허가를 받으려는 자는 사업소마다 핵종별 · 수량별로 총리령으로 정하는 바에 따라 허가신청서를 위원회에 제출해야 한다.
   * 방사선발생장치의 생산허가를 받으려는 자는 사업소마다 용량별로 총리령으로 정하는 바에 따라 허가신청서를 위원회에 제출해야 한다. 다만, 엑스선발생장치의 생산허가를 받으려는 자는 사업소마다 생산하려는 엑스선발생장치의 용량 중 최대 용량을 기준으로 총리령으로 정하는 바에 따라 허가신청서를 위원회에 제출할 수 있다.

2. 제1항에도 불구하고 총리령으로 정하는 용도 또는 수량 이하의 밀봉된 방사성동위원소 또는 총리령으로 정하는 용도 또는 용량 이하의 방사선발생장치를 사용 또는 이동사용하려는 자는 대통령령으로 정하는 바에 따라 위원회에 신고하여야 한다. 신고한 사항을 변경하려는 때에도 또한 같다.

2-1. 사용 등의 신고대상 방사성동위원소

"총리령으로 정하는 용도 또는 수량 이하의 밀봉된 방사성동위원소"란 다음 각 호의 기준에 적합한 밀봉된 방사성동위원소로서 사용 또는 이동사용 중 파손될 우려가 없고 방사능표지가 용기 또는 장치 외부에 부착되어 있는 것을 말한다.

1) 용도

(1) 엑스선 형광분석용
(2) 엑스선 회절분석용
(3) 가스 크라마토그래피 중 전자포획용
(4) 그 밖에 위원회가 정하여 고시하는 것

① 휴대형 소화기용량측정용
② 휴대형 재료성분분석용
③ 밀봉선원 100 μCi이하의 휴대형 밀도함수량측정용

2) 수량

(1) 교정용 장치에 방사성동위원소가 내장된 경우에는 방사성동위원소의 수량이 40 MBq 이하이고, 사용 중인 경우에는 표면방사선량률이 500 μSv/h 이하이며, 사용하지 아니하는 경우에는 표면방사선량률이 1 μSv/h 이하일 것

(2) 가목 외의 용기 또는 장치에 내장된 경우에는 방사성동위원소의 수량은 위원회가 정하는 값 이하이고, 표면방사선량률은 10 μSv/h 이하로서 방사성물질의 접촉을 방지하는 일체형 장치일 것

* 방사성동위원소의 수량 및 농도: 원자력안전위원회가 정하는 수량과 농도란 별표 6의 해당 방사성핵종에 대한 제3란의 수량 및 제4란의 농도를 말한다.

* 방사성동위원소의 신고사용대상: 위원회가 정하는 값이란 방사성핵종에 대하여 수량의 10,000배로 한다.

2-2. 사용 등의 신고대상 방사선발생장치

"총리령으로 정하는 용도 또는 용량 이하의 방사선발생장치"란 다음 각 호의 기준에 적합한 방사선발생장치를 말한다.

1) 용도

(1) 엑스선 형광분석용
(2) 엑스선 회절분석용
(3) 가속이온주입용
(4) 수화물 검색용
(5) 그 밖에 위원회가 정하여 고시하는 것
① 휴대형 폭발물처리
② 휴대형 테러방지 검사용

2) 용량: 자체 차폐된 방사선발생장치로서 가속관의 최대전압이 170 ㎸ 이하이고, 표면방사선량률이 10 μSv/h 이하일 것

3. 제1항에 따른 허가를 받으려는 자는 허가신청서에 안전성분석보고서, 품질보증계획서, 방사선안전보고서 및 안전관리규정과 그 밖에 총리령으로 정하는 서류를 첨부하여 위원회에 제출하여야 하며, 제2항에 따른 신고를 하려는 자는 신고서에 총리령으로 정하는 서류를

첨부하여 위원회에 제출하여야 한다. 다만, 안전성분석보고서 및 품질보증계획서의 제출은 생산허가를 받으려는 자에 한한다.

4. 제1항에 따라 허가를 받은 자(이하 "허가사용자"라 한다) 및 제2항에 따라 신고를 한 자(이하 "신고사용자"라 한다)의 결격사유를 준용한다.

 * 결격사유: 다음 각 호의 어느 하나에 해당하는 자는 허가를 받을 수 없다.
 ① 피성년후견인 · 피한정후견인 또는 파산선고를 받은 자로서 복권되지 아니한 자
 ② 이 법을 위반하여 금고 이상의 형의 선고를 받고 그 형의 집행이 종료되거나 집행을 받지 아니하기로 확정된 후 3년이 경과되지 아니한 자나 형의 집행유예를 선고받고 그 집행유예기간 중에 있는 자
 ③ 허가가 취소된 후 2년이 경과되지 아니한 자
 ④ 임원 중에 제①호부터 제③호까지 중 어느 하나에 해당하는 사람이 있는 법인

5. 방사성동위원소등의 생산허가 신청 등

 1) 방사성동위원소 또는 방사선발생장치(이하 "방사성동위원소등"이라 한다)의 생산허가신청서를 작성하여 위원회에 제출한다.

 2) 제1)의 신청서에는 다음 각 호의 서류를 첨부하여야 한다.
 (1) 안전성분석보고서
 (2) 품질보증계획서
 (3) 방사선안전보고서
 (4) 안전관리규정
 (5) 장비의 구입을 증명하는 서류
 (6) 인력의 재직을 입증하는 서류
 (7) 보상에 따른 보상기준

 3) 제2)의 제(1)호에 따른 안전성분석보고서에는 위원회가 정하여 고시하는 작성지침에 따라 다음 각 호의 사항을 적어야 한다.
 (1) 방사성동위원소등의 개요 및 제원
 (2) 방사성동위원소등의 재질 · 구조 및 안전성평가
 (3) 방사성동위원소등의 성능시험계획서

 4) 제2)의 제(3)호에 따른 방사선안전보고서에는 위원회가 정하여 고시하는 작성지침에 따라 다음 각 호의 사항을 적어야 한다. 다만, 허가대상과 관련이 없는 사항은 기재하지 아니할 수 있다.

(1) 시설 개요
(2) 시설주변의 환경
(3) 운영계획 개요
(4) 방사선원의 특성 · 위치 및 제원
(5) 안전시설 개요
(6) 방사선취급방법 및 방사선안전관리계획
(7) 예상피폭선량의 평가에 관한 절차 · 방법 및 결과
(8) 주변환경에 대한 방사선 영향
(9) 사고의 위험 및 그 대책
(10) 방사성폐기물의 발생 및 처리계획
(11) 방사선안전보고서의 작성자의 인적사항 및 자격

5) 제2)의 제(4)호에 따른 안전관리규정에는 위원회가 정하여 고시하는 작성지침에 따라 다음 각 호의 사항을 적어야 한다. 다만, 허가대상과 관련이 없는 사항은 적지 아니할 수 있다.
(1) 방사성동위원소등 또는 방사성동위원소에 의하여 오염된 물질을 취급하는 조직 및 그 기능에 관한 사항
(2) 방사성동위원소등의 구매 · 사용 및 판매에 관한 사항
(3) 방사성동위원소 또는 방사성동위원소에 의하여 오염된 물질의 분배 · 보관 · 운반 · 처리 · 배출 · 저장 · 자체처분 및 인도에 관한 사항
(4) 방사선량률 · 피폭방사선량 및 방사성물질 또는 그에 의하여 오염된 물질(이하 "방사성물질등"이라 한다)에 따른 오염상황의 측정 및 그 측정결과의 기록과 보존에 관한 사항
(5) 방사선안전관리 장비의 보관 · 관리 및 교정에 관한 사항
(6) 방사선작업종사자 및 수시출입자에 대한 피폭방사선량의 평가 및 개인선량계의 관리에 관한 사항
(7) 방사선작업종사자 및 수시출입자의 방사선장해발생을 방지하기 위하여 필요한 교육훈련에 관한 사항
(8) 방사선장해 발생 여부를 발견하기 위하여 필요한 조치에 관한 사항
(9) 방사선장해를 받았거나 받을 우려가 있는 사람에 대하여 필요한 보건상 조치에 관한 사항
(10) 정기검사에 따른 기록과 그 비치에 관한 사항
(11) 위험 시 조치에 관한 사항
(12) 방사성동위원소등의 분실 · 도난 등 사고 시의 조치 및 사고예방에 관한 사항
(13) 방사선안전관리자의 권한 · 책임 및 직무수행에 관한 사항
(14) 그 밖에 방사선장해의 방어에 필요한 사항

6) 사용허가등의 신청에 따른 신청서를 제출받은 위원회는 「전자정부법」에 따른 행정정보의 공동이용을 통하여 신청인의 사업자등록증을 확인하여야 한다. 다만, 신청인이 확인에 동의하지 아니하는 경우에는 사업자등록증 사본을 첨부하도록 하여야 한다.

7) 위원회는 허가신청에 따른 방사성동위원소등의 생산허가를 하였을 때에는 허가증을 신청인에게 발급하여야 한다. 이 경우 생산허가의 대상이 특수형방사성물질인 경우에는 특수형방사성물질설계승인서를 함께 발급하여야 한다.

## 6. 방사성동위원소등의 판매허가신청 등

1) 방사성동위원소등의 판매허가신청은 신청서를 작성하여 위원회에 제출한다.

2) 신청서에는 다음 각 호의 서류를 첨부하여야 한다.

(1) 방사선안전보고서
(2) 안전관리규정
(3) 장비의 구입을 증명하는 서류
(4) 인력의 재직을 입증하는 서류(업무대행 인력으로 방사선안전관리자를 갈음하려는 경우에는 업무대행 계약서류 사본)
(5) 보상에 따른 보상기준
(6) 방사성동위원소등의 수급 및 판매에 관한 계획서
(7) 방사선발생장치의 경우에는 취급 방사선발생장치의 명세서

3) 허가신청서를 제출받은 위원회는 「전자정부법」에 따른 행정정보의 공동이용을 통하여 신청인의 사업자등록증을 확인하여야 한다. 다만, 신청인이 확인에 동의하지 아니하는 경우에는 사업자등록증 사본을 첨부하게 하여야 한다.

4) 위원회는 방사성동위원소등의 본문에 따라 방사성동위원소등의 판매허가를 하였을 때에는 허가증을 신청인에게 발급하여야 한다.

## 7. 방사성동위원소등의 사용허가신청 등

1) 방사성동위원소등의 사용(소지 · 취급을 포함한다. 이하 같다)허가신청은 신청서를 작성하여 위원회에 제출한다.

2) 신청서에는 다음 각 호에 따른 서류를 첨부하여야 한다.

(1) 방사선안전보고서
(2) 안전관리규정
(3) 장비의 구입을 증명하는 서류

(4) 인력의 재직을 입증하는 서류(업무대행 인력으로 방사선안전관리자를 갈음하려는 경우에는 업무대행 계약서류 사본)

(5) 보상에 따른 보상기준

3) 허가신청서를 제출받은 위원회는 「전자정부법」에 따른 행정정보의 공동이용을 통하여 신청인의 사업자등록증을 확인하여야 한다. 다만, 신청인이 확인에 동의하지 아니하는 경우에는 사업자등록증 사본을 첨부하게 하여야 한다.

4) 위원회는 방사성동위원소등의 본문에 따라 방사성동위원소등의 사용허가를 하였을 때에는 허가증을 신청인에게 발급하여야 한다.

8. 방사성동위원소등의 이동사용허가신청 등

1) 방사성동위원소등의 이동사용허가신청은 신청서를 작성하여 위원회에 제출한다.

2) 신청서에는 다음 각 호의 서류를 첨부하여야 한다.

(1) 방사선안전보고서

(2) 안전관리규정

(3) 장비의 구입을 증명하는 서류

(4) 인력의 재직을 입증하는 서류(업무대행 인력으로 방사선안전관리자를 갈음하려는 경우에는 업무대행 계약서류 사본)

(5) 보상에 따른 보상기준

3) 방사선투과검사 목적으로 이동사용하려는 경우에는 장비 및 인력의 기준에 적합함을 증명하는 서류

4) 허가신청서를 제출받은 위원회는 「전자정부법」 에 따른 행정정보의 공동이용을 통하여 신청인의 사업자등록증을 확인하여야 한다. 다만, 신청인이 확인에 동의하지 아니하는 경우에는 사업자등록증 사본을 첨부하게 하여야 한다.

5) 위원회는 방사성동위원소등의 본문에 따라 방사성동위원소등의 이동사용허가를 하였을 때에는 허가증을 신청인에게 발급하여야 한다.

▶ 사용 개시 전 조치사항

① 종사자의 교육훈련

② 종사자의 건강진단

③ 개인피폭선량계의 지급 및 판독계약완료

④ 방사선측정 장비의 검·교정 완료

▶ 사용 개시 후 조치사항

① 사용개시신고

② 정기보고서 제출

③ 정기 검사신청

④ 기록비치 및 보존

## 방사성동위원소등 생산 등의 허가 시 장비기준(제83조제2항 관련)

| 구분 | 기준 |
|---|---|
| 1. 생산 | |
| 가. 방사성동위원소를 생산하는 경우 | 방사선측정기 및 방사능측정기 각 2대 이상과 방사선원 운반차량 1대 이상 |
| 나. 방사선발생장치를 생산하는 경우 | 방사선측정기 2대 이상 |
| 2. 판매 | |
| 가. 밀봉된 방사성동위원소를 판매하는 경우 | 방사선측정기 2대 이상과 방사선원 운반차량 1대 이상 |
| 나. 밀봉되지 아니한 방사성동위원소를 판매하는 경우 | 방사선측정기 및 방사능측정기 각 2대 이상과 방사선원 운반차량 1대 이상 |
| 다. 방사선발생장치를 판매하는 경우 | 방사선측정기 2대 이상 |
| 3. 사용 | |
| 가. 밀봉된 방사성동위원소 또는 방사선발생장치를 사용하는 경우 | 방사선측정기 1대 이상 |
| 나. 밀봉되지 아니한 방사성동위원소를 사용하는 경우 | 사용시설마다 방사선측정기 및 방사능측정기 각 1대 이상 |
| 4. 이동사용 | |
| 가. 방사선투과검사의 목적으로 이동사용하는 경우 | 1) 방사선투과검사 장비: 5대 이상<br>2) 방사선 측정장비<br>가) 방사선측정기: 방사선투과검사 장비 1대당 1대 이상<br>나) 방사선경보기: 방사선작업종사자 1명당 1개 이상<br>다) 직독식개인선량계: 방사선작업종사자 1명당 1개 이상(방사선경보기로 알람도시메터를 갖추지 아니한 경우만 해당한다)<br>3) 방사선 방호장비<br>가) 콜리메이터(10밀리미터 이상): 방사선발생장치를 제외한 방사선투과검사 장비 1대당 1개 이상<br>나) 경고등: 방사선투과검사 장비 1대당 4개 이상<br>4) 방사선원 운반 전용차량: 2대 이상(승용차는 제외한다) |
| 나. 가목 외의 경우 | 방사선측정기 1대 이상 |

## 방사성동위원소등 생산 등의 허가 시 인력기준(제83조제2항 관련)

| 구분 | 기준 |
|---|---|
| 1. 생산 | 방사선취급감독자면허 소지자 또는 방사선관리기술사 1명 이상, 의료기기 제조업 허가를 받은 자가 방사선발생장치 생산 허가를 받는 경우에는 방사성동위원소취급자일반면허소지자, 방사선취급감독자면허 소지자 또는 방사선관리기술사 1명 이상) |
| 2. 판매 | |
| 가. 방사성동위원소를 판매하는 경우 | 방사선취급감독자면허 소지자 또는 방사선관리기술사 1명 이상 |
| 나. 방사선발생장치를 판매하는 경우 | 방사성동위원소취급자일반면허 소지자, 방사선취급감독자면허 소지자 또는 방사선관리기술사 1명 이상 |
| 3. 사용 | |
| 가. 인체에 사용하는 경우 | 방사성동위원소취급자특수면허 소지자 1명 이상 및 방사성동위원소취급자일반면허 소지자, 방사선취급감독자면허 소지자 또는 방사선관리기술사 1명 이상 |
| 나. 인체 외에 사용하는 경우 | |
| 1) 밀봉된 방사성동위원소 | |
| 가) 기기에 장비되지 않은 것으로서 연간 사용량 1.85 TBq 이상 | 방사선취급감독자면허 소지자 또는 방사선관리기술사 1명 이상 |
| 나) 기기에 장비되지 않은 것으로서 연간 사용량 1.85 TBq 미만 | 방사성동위원소취급자일반면허 소지자, 방사선취급감독자면허 소지자 또는 방사선관리기술사 1명 이상 |
| 다) 기기에 장비된 것으로서 연간 사용량 3.7 TBq 이상 | 방사선취급감독자면허 소지자 또는 방사선관리기술사 1명 이상 |
| 라) 기기에 장비된 것으로서 연간 사용량 3.7 TBq 미만 | 방사성동위원소취급자일반면허 소지자, 방사선취급감독자면허 소지자 또는 방사선관리기술사 1명 이상 |
| 2) 밀봉되지 아니한 방사성동위원소 | |
| 가) 연간 사용량 1.85 GBq 이상 | 방사성동위원소취급자특수면허 소지자, 방사선취급감독자면허 소지자 또는 방사선관리기술사 1명 이상 |
| 나) 연간 사용량 1.85 GBq 미만 | 방사성동위원소취급자일반면허 소지자, 방사성동위원소취급자특수면허 소지자, 방사선취급감독자면허 소지자 또는 방사선관리기술사 1명 이상 |
| 3) 방사선발생장치 | |
| 가) 1 Mev 이상 | 방사선취급감독자면허 소지자 또는 방사선관리기술사 1명 이상 |
| 나) 최대 전압 350 Kv 이상으로서 용량이 350 Kv 5 mA 1대 이상 | 방사선취급감독자면허 소지자 또는 방사선관리기술사 1명 이상 |
| 다) 최대 전압 350 Kv 미만으로서 용량이 250 Kv 5 mA 2대 이상 | 방사선취급감독자면허 소지자 또는 방사선관리기술사 1명 이상 |
| 라) 가)부터 다)까지의 규정에 해당되지 않는 경우 | 방사성동위원소취급자일반면허 소지자, 방사선취급감독자면허 소지자 또는 방사선관리기술사 1명 이상 |

| 4. 이동사용 | |
|---|---|
| 가. 방사선투과검사의 목적으로 이동사용하는 경우 | 방사선취급감독자면허 소지자 또는 방사선관리기술사 2명 이상 |
| 나. 가목 외의 경우 | 방사성동위원소취급자일반면허 소지자, 방사선취급감독자면허 소지자 또는 방사선관리기술사 1명 이상 |

## 8-1. 변경허가 신청:

1) 허가를 받은 자(이하 "허가사용자"라 한다)는 같은 항 본문의 후단에 따라 그 허가사항의 변경허가를 받으려면 총리령으로 정하는 바에 따라 변경허가신청서를 위원회에 제출하여야 하며 신청서에는 다음 각 호의 서류를 첨부하여야 한다.
   (1) 변경사항에 관한 서류
   (2) 공사를 수반하는 변경인 경우에는 그 공사기간 중 방사선장해방어를 위한 조치를 적은 서류
   (3) 허가증

2) 사용신고는 밀봉된 방사성동위원소 또는 방사선발생장치의 사용 또는 이동사용 신고를 하려는 자는 총리령으로 정하는 바에 따라 사업소마다 사용 또는 이동사용 신고서를 작성하여 위원회에 제출하여야 하며 신고한 사항을 변경하려면 총리령으로 정하는 바에 따라 변경신고서를 위원회에 제출하여야 한다.

3) 경미한 사항의 변경신고
   ① "총리령으로 정하는 일시적인 사용장소의 변경과 그 밖의 경미한 사항을 변경하려는 때"란 다음 각 호의 어느 하나에 해당하는 경우를 말한다.
   (1) 다음 각 목의 어느 하나에 해당하는 일시적인 사용장소의 변경
      가. 방사성동위원소등을 사업소 외에서 검정 또는 교정을 목적으로 이동사용하기 위하여 그 사용장소를 변경하는 것
      나. 방사성동위원소등을 사업소 외에서 방사선투과검사를 목적으로 이동사용하기 위하여 작업장(방사성동위원소등을 사용하는 장소를 말한다. 이하 같다)을 개설하는 것
      다. 방사선발생장치 또는 방사성동위원소가 내장된 기기(이하 "방사선기기"라 한다)를 사업소 외에서 검문·검색 또는 보안을 목적으로 이동사용하기 위하여 그 사용장소를 변경하는 것
      라. 방사선기기를 사업소 외에서 제품의 홍보 등을 목적으로 진열·전시하기 위하여 그 사용장소를 변경하는 것

(2) 다음 각 목의 어느 하나에 해당하는 사항의 변경

가. 사용시설등의 변경을 요하지 아니하는 방사성동위원소등의 종류 또는 수량의 감소에 관한 사항

나. 허가를 받은 사람(이하 "허가사용자"라 한다)의 성명 및 주소(법인인 경우에는 명칭 및 주소와 그 대표자의 성명)

다. 허가사용자가 사용신고대상 방사성동위원소 또는 사용신고대상 방사선발생장치를 추가 또는 변경하는 것에 관한 사항

라. 안전관리규정의 변경에 관한 사항

② 허가를 받은 사람(이하 "허가사용자"라 한다)의 성명 및 주소(법인인 경우에는 명칭 및 주소와 그 대표자의 성명)의 사항에 대한 변경신고를 하려는 자는 변경 후 30일 이내에 신고서를 위원회에 제출하여야 한다. 다만, 안전관리규정의 변경에 관한 사항의 사항에 대한 변경신고는 변경 전에 제출하여야 한다.

③ 제②항의 신고서에는 다음 각 호의 서류를 첨부하여야 한다.

1. 변경사항에 관한 서류
2. 허가증

4) 일시적인 사용장소의 변경신고

총리령으로 정하는 일시적인 사용 장소의 변경과 그 밖의 경미한 사항을 변경하려는 때에는 이를 신고하여야 한다는 단서에 따라 방사성동위원소등을 사업소 외에서 방사선투과검사를 목적으로 이동사용하기 위하여 작업장(방사성동위원소등을 사용하는 장소를 말한다. 이하 같다)을 개설하는 것은 제외한 나머지 목에 대한 변경신고를 하려는 자는 이동사용의 개시 5일전까지 신고서를 위원회에 제출하여야 한다. 신고한 사항을 변경하려는 경우에도 또한 같다.

(1) 변경신고서에는 다음 각 호의 서류를 첨부하여야 한다.

① 사용장소 및 그 부근의 상황설명서

② 저장시설의 구조명세서

③ 저장시설 및 방사선관리구역의 평면도

④ 작업방법에 관한 설명서

⑤ 운반방법에 관한 설명서

⑥ 신고한 사항의 변경에 관한 서류(신고한 사항을 변경하려는 경우에만 제출한다)

(2) 방사성동위원소등을 사업소 외에서 방사선투과검사를 목적으로 이동사용의 사항에 대한 변경신고를 하려는 자는 이동사용의 개시 15일(긴급을 요하는 경우에는 5일 전)전까지 신고서에

다음 각 호의 서류를 첨부하여 위원회에 제출하여야 한다. 신고한 사항을 변경하려는 경우에도 또한 같다.

① 발주자와의 방사선투과검사 계약서
② 작업장 및 그 부근의 상황설명서
③ 저장시설 · 보관시설의 구조명세서 및 차폐평가결과
④ 방사선관리구역에 관한 설명서
⑤ 작업방법에 관한 설명서
⑥ 운반방법에 관한 설명서
⑦ 작업장 방사선안전관리자의 배치에 관한 서류

5) 이동사용 신고를 한 자는 개설된 작업장의 운영이 종료된 경우에는 10일 이내에 신고서에 작업인원 및 작업량이 포함된 발주자의 작업장 폐지확인서를 첨부하여 위원회에 제출하여야 한다.

## 9. 방사성동위원소등의 사용신고

1) 사용 또는 이동사용신고서에는 각각 다음 각 호의 서류를 첨부하여야 한다.

(1) 다음 각 목의 사항이 포함된 방사성동위원소등의 명세서

가. 방사성동위원소의 종류 및 수량(방사선발생장치의 경우에는 방사선의 종류 및 최대에너지)
나. 표면방사선량률
다. 사용의 목적 및 방법
라. 장치의 명칭 · 모델번호 · 고유번호 및 제조회사의 명칭

(2) 사용이 종료된 방사성동위원소의 조치계획서(방사성동위원소 사용신고의 경우에만 첨부한다)

(3) 사용시설등 및 주변환경의 현황에 관한 설명서

(4) 방사성동위원소취급자일반면허, 방사선취급감독자면허법의 면허를 받은 자 또는 「국가기술자격법」에 따른 방사선관리기술사가 재직하는 경우 이를 증명하는 서류나 방사선안전관리의 업무대행자가 있는 경우 이를 증명하는 서류

2) 보상기준: 원자력이용과 이에 따른 안전관리 중에 방사선에 의하여 신체 또는 재산에 피해를 입은 자에 대해서는 다음 각 호의 구분에 따라 보상하여야 한다.

(1) 원자력관계사업자와 그 종업원이 업무상 입은 손해에 대해서는 원자력관계사업자가 정하여 위원회가 인가한 보상기준에 따른다.

(2) 공무원이 원자력 관계 업무를 수행하는 과정에서 입은 손해에 대해서는 「공무원 재해보상법」으로 정하는 바에 따른다.

(3) 제(1)호 및 제(2)호 외의 자에 대해서는 「원자력 손해배상법」으로 정하는 바에 따른다.

3) 방사성동위원소등의 사용 또는 이동사용신고서를 제출받은 위원회는 「전자정부법」에 따른 행정정보의 공동이용을 통하여 신고인의 사업자등록증을 확인하여야 한다. 다만, 신고인이 확인에 동의하지 아니하는 경우에는 사업자등록증 사본을 첨부하게 하여야 한다.

4) 위원회는 제1)항에 따른 신고를 받은 경우 그 신고가 적합하다고 인정할 때에는 신고확인증을 신고인에게 발급하여야 한다.

## 2. 방사선안전관리자

### 제53조의 2 (방사선안전관리자)

1. 허가 및 신고사용자는 방사선 안전관리에 관한 다음 각 호의 업무를 수행하기 위하여 대통령령으로 정하는 바에 따라 방사선안전관리자를 선임하여 방사성동위원소등의 사용개시 전에 이를 위원회에 신고하여야 한다. 신고한 사항을 변경하려는 때에도 또한 같다.
   ① 안전관리규정 및 기술기준의 준수여부 점검
   ② 방사선작업종사자 또는 방사선관리구역에 출입하는 자에 대한 방사선장해방지조치
   ③ 허가사용자 및 신고사용자에 대한 방사선 안전관리에 관한 조치 권고
   ④ 그 밖에 방사선 안전관리를 위하여 필요한 조치

2. 위원회는 방사선안전관리자가 제1항에 따른 업무를 게을리한 때에는 허가사용자 및 신고사용자에게 그 방사선안전관리자의 해임을 요구할 수 있으며 허가 및 신고사용자는 정당한 사유가 없으면 해당 방사선안전관리자를 지체 없이 해임하고 해임한 날부터 30일 이내에 위원회에 선임신고 및 해임신고를 하고 새로운 방사선안전관리자는 해임된 후 1년이 지난 사람을 선임한다.

3. 허가사용자, 신고사용자, 방사선작업종사자 및 방사선관리구역출입자는 방사선 안전관리에 관한 방사선안전관리자의 조치와 권고에 따라야 한다.

4. 제1항에 따라 방사선안전관리자를 선임한 허가 또는 신고사용자는 다음 각 호의 어느 하나에 해당하는 경우에는 대통령령으로 정하는 바에 따라 대리자를 지정하여 일시적으로 방사선안전관리자의 직무를 대행하게 하여야 한다.
   ① 방사선안전관리자가 여행 · 질병이나 그 밖의 사유로 일시적으로 그 직무를 수행할 수 없는 경우

② 방사선안전관리자의 해임 또는 퇴직과 동시에 다른 방사선안전관리자가 선임되지 아니한 경우

5. 방사선안전관리자 및 대리자의 자격 요건, 대리자의 직무대행기간 등에 필요한 사항은 대통령령으로 정한다.

## 5-1. 방사선안전관리자의 선임 등

1) 허가 및 신고사용자는 사업소마다 방사선안전관리자를 선임하여야 하며, 선임한 방사선안전관리자를 변경하거나 해임한 때에는 지체 없이 새로운 방사선안전관리자를 선임하여야 한다.

2) 제1)항에도 불구하고 방사성동위원소 등을 사업소 외에서 방사선투과검사를 목적으로 이동사용하기 위한 작업장(이하 "작업장"이라 한다) 개설 또는 변경 신고를 한 자는 작업장마다 각각 방사선안전관리자를 선임하여야 한다. 다만, 작업장이 다음 각 호의 어느 하나에 해당하는 경우에는 작업장마다 방사선안전관리자를 선임하지 아니하고 해당 각 호의 구분에 따라 방사선안전관리자를 선임할 수 있다.

① 작업장이 같은 시 · 군 · 구(자치구를 말한다. 이하 같다)에 위치하거나 그 시 · 군 · 구 경계에서 15킬로미터 이내에 위치하는 경우: 2개 이하(전용 방사선 사용시설에서만 방사선원을 사용하는 경우에는 3개 이하)의 작업장마다 1명의 방사선안전관리자

② 작업장이 방사선원을 1개만 사용하고, 방사선 작업기간이 1개월 미만이며, 방사선안전관리자가 방사선 작업에 항상 참여하는 경우: 5개 이하의 작업장마다 1명의 방사선안전관리자

3) 방사선안전관리자를 선임하거나, 선임한 방사선안전관리자를 변경 또는 해임 후 선임하는 때에는 다음 각 호의 기한까지 총리령으로 정하는 바에 따라 위원회에 신고하여야 한다.

① 방사선안전관리자를 선임하는 경우: 방사성동위원소 등의 사용개시 전

② 방사선안전관리자를 변경하려는 경우: 변경 전

③ 방사선안전관리자를 해임 후 선임하는 경우: 해임한 날부터 30일 이내

4) 제1)항에 따른 방사선안전관리자의 자격요건에 관한 세부적인 사항은 총리령으로 정한다.

## 5-2. 방사선안전관리자의 선임신고 등

1) 방사선안전관리자의 선임 · 변경 및 해임신고는 신청서를 작성하여 위원회에 제출한다.

2) 제1)항에 따른 신고서에는 다음 각 호의 서류를 첨부하여야 한다.

① 방사선안전관리자의 재직을 증명하는 서류(업무대행 인력으로 방사선안전관리자를 갈음하려는 경우에는 업무대행 계약서류 사본) 1부

② 허가사용자의 경우 면허증 사본(보수교육 이수 증명서류를 포함한다) 또는 「국가기술자격법」에 따른 방사선관리기술사 자격증 사본(「기술사법」에 따른 자격 등록증을 포함한다) 1부

③ 총리령으로 정하는 용도 또는 수량 이하의 밀봉된 방사성동위원소 또는 총리령으로 정하는 용도 또는 용량 이하의 방사선발생장치를 사용 또는 이동사용하려는 자는 대통령령으로 정하는 바에 따라 위원회에 신고하여야 하며 신고한 사항을 변경하려는 때에도 또한 같다라는 법에 따라 신고를 한 자(이하 "신고사용자"라 한다)의 경우 방사성동위원소등의 취급업무에 종사한 경력확인서류 및 방사선안전관리자 교육 이수 증명서류 각 1부

④ 방사선안전관리자의 업무분장 내용 1부(2명 이상인 경우로 한정한다)

⑤ 신고한 사항을 변경하는 경우 그 사실을 증명하는 서류 1부

## 5-3. 방사선안전관리자의 자격요건

1) 방사선안전관리자의 자격요건은 다음 각 호와 같다.

① 허가사용자가 선임하는 경우에는 해당 사업소 종업원 중에서 방사성동위원소취급자일반면허, 방사성동위원소취급자특수면허, 방사선취급감독자면허법 중 어느 하나에 해당하는 면허를 소지한 사람 또는 방사선관리기술사 자격을 소지한 사람

② 신고사용자가 선임하는 경우에는 해당 사업소 종업원 중에서 방사성동위원소 등의 취급업무에 종사한 경력이 있는 사람

2) 제1)항에도 불구하고 방사선안전관리를 업무대행자에게 대행시키는 자는 아래 표에 따른 인력을 방사선안전관리자로 선임할 수 있다.

## 5-4. 방사선안전관리자의 자격요건 등

1) 방사선안전관리자의 세부 자격요건은 다음 각 호와 같다.

① 허가사용자가 선임하는 경우에는 다음에 따른 인력으로 다음 각 목의 구분에 따른 요건을 갖춘 사람

가. 면허를 소지한 경우: 선임일부터 최근 3년 이내에 면허를 취득하였거나 보수교육을 받은 사람

나. 방사선관리기술사 자격을 소지한 경우: 「국가기술자격법」에 따라 방사선관리기술사자격을 취득하고 「기술사법」 따른 기술사로 등록하거나 등록을 갱신한 사람

② 신고사용자가 선임하는 경우에는 방사성동위원소 등의 취급업무에 종사한 경력이 있는 사람으로서 선임일부터 최근 3년 이내에 따른 방사선안전관리자 교육을 받은 사람

2) 방사선안전관리자가 2명 이상인 경우 각각의 방사선안전관리 업무를 명확하게 구분하여야 한다.

## 방사성동위원소등 허가사용자의 방사선안전관리자 인력기준
(제68조의3제1항제1호 관련)

| 구분 | 기준 |
|---|---|
| 1. 생산 | 방사선취급감독자면허 소지자 또는 방사선관리기술사 1명 이상, 의료기기 제조업 허가를 받은 자가 방사선발생장치 생산 허가를 받는 경우에는 방사성동위원소취급자일반면허 소지자, 방사선취급감독자면허 소지자 또는 방사선관리기술사 1명 이상) |
| 2. 판매 | |
| 가. 방사성동위원소를 판매하는 경우 | 방사선취급감독자면허 소지자 또는 방사선관리기술사 1명 이상 |
| 나. 방사선발생장치를 판매하는 경우 | 방사성동위원소취급자일반면허 소지자, 방사선취급감독자면허 소지자 또는 방사선관리기술사 1명 이상 |
| 3. 사용 | |
| 가. 인체에 사용하는 경우 | 방사성동위원소취급자특수면허 소지자 1명 이상 및 방사성동위원소취급자일반면허 소지자, 방사선취급감독자면허 소지자 또는 방사선관리기술사 1명 이상 |
| 나. 인체 외에 사용하는 경우 | |
| 1) 밀봉된 방사성동위원소 | |
| 가) 기기에 장비되지 않은 것으로서 연간사용량 1.85 TBq 이상 | 방사선취급감독자면허 소지자 또는 방사선관리기술사 1명 이상 |
| 나) 기기에 장비되지 않은 것으로서 연간 사용량 1.85 TBq 미만 | 방사성동위원소취급자일반면허 소지자, 방사선취급감독자면허 소지자 또는 방사선관리기술사 1명 이상 |
| 다) 기기에 장비된 것으로서 연간 사용량 3.7 TBq 이상 | 방사선취급감독자면허 소지자 또는 방사선관리기술사 1명 이상 |
| 라) 기기에 장비된 것으로서 연간 사용량 3.7 TBq 미만 | 방사성동위원소취급자일반면허 소지자, 방사선취급감독자면허 소지자 또는 방사선관리기술사 1명 이상 |
| 2) 밀봉되지 아니한 방사성동위원소 | |
| 가) 연간 사용량 1.85 GBq 이상 | 방사성동위원소취급자특수면허 소지자, 방사선취급감독자면허 소지자 또는 방사선관리기술사 1명 이상 |
| 나) 연간 사용량 1.85 GBq 미만 | 방사성동위원소취급자일반면허 소지자, 방사성동위원소취급자특수면허 소지자, 방사선취급감독자면허 소지자 또는 방사선관리기술사 1명 이상 |
| 3) 방사선발생장치 | |
| 가) 1 Mev 이상 | 방사선취급감독자면허 소지자 또는 방사선관리기술사 1명 이상 |
| 나) 최대 전압 350 Kv 이상으로서 용량이 350 Kv 5 mA 1대 이상 | 방사선취급감독자면허 소지자 또는 방사선관리기술사 1명 이상 |

| | |
|---|---|
| 다) 최대 전압 350 Kv 미만으로서 용량이 250 Kv 5 mA 2대 이상 | 방사선취급감독자면허 소지자 또는 방사선관리기술사 1명 이상 |
| 라) 가)부터 다)까지의 규정에 해당되지 않는 경우 | 방사성동위원소취급자일반면허 소지자, 방사선취급감독자면허 소지자 또는 방사선관리기술사 1명 이상 |
| 4. 이동사용 | |
| 가. 방사선투과검사의 목적으로 이동사용하는 경우 | 방사선취급감독자면허 소지자 또는 방사선관리기술사 2명 이상 |
| 나. 방사선투과검사 목적으로 이동사용 하는 작업장 경우 | 방사성동위원소취급자일반면허 소지자, 방사선취급감독자면허 소지자 또는 방사선관리기술사 1명 이상 |
| 다. 가목 또는 나목 이외의 경우 | 방사성동위원소취급자일반면허 소지자, 방사선취급감독자면허 소지자 또는 방사선관리기술사 1명 이상 |

## 6. 방사선안전관리자의 대리자 지정 및 자격요건 등

1) 방사선안전관리자를 선임한 허가 또는 신고사용자는 각 호의 어느 하나에 해당하는 사유 발생 즉시 방사선안전관리자의 대리자를 지정하고 총리령으로 정하는 바에 따라 지정서를 작성해 둬야 한다.

2) 제1)항에 따른 대리자의 직무대행기간은 다음 각 호의 구분에 따른다.

① 방사선안전관리자가 여행·질병이나 그 밖의 사유로 일시적으로 그 직무를 수행할 수 없는 경우: 연간 30일 이내. 다만, 출산휴가로 인한 경우 연간 90일 이내로 한다.

② 방사선안전관리자의 해임 또는 퇴직과 동시에 다른 방사선안전관리자가 선임되지 아니한 경우: 해임 또는 퇴직한 날부터 30일 이내

3) 대리자의 자격요건은 다음 각 호의 구분에 따른다.

① 허가사용자가 선임하는 경우: 다음 각 목의 어느 하나에 해당하는 해당 사업소 종업원

가. 방사성동위원소취급자일반면허, 방사성동위원소취급자특수면허, 방사선취급감독자면허 중 어느 하나에 해당하는 면허를 소지한 사람

나. 방사선관리기술사 자격을 소지한 사람

다. 방사성동위원소 등의 취급업무에 종사한 경력이 있는 사람

② 신고사용자가 선임하는 경우: 해당 사업소 종업원 중에서 방사성동위원소 등의 취급업무에 종사한 경력이 있는 사람

4) 제3)항에 따른 대리자의 자격요건에 관한 세부사항은 총리령으로 정한다.

## 방사성동위원소등 방사선안전관리자의 대리자 인력기준

| 구분 | | 기준 |
|---|---|---|
| 허가 사용자 | 1. 생산 또는 판매 | 가. 방사선취급감독자면허 또는 방사선관리기술사 자격을 소지한 사람<br>나. 방사성동위원소취급자일반면허를 소지한 사람<br>다. 방사성동위원소등 취급업무에 종사한 경력이 3년 이상인 사람으로서 지정일로부터 최근 2년 이내에 방사선안전관리자 교육을 받은 사람 |
| | 2. 사용 | |
| | 가) 인체에 사용하는 경우 | |
| | 1) 방사성동위원소취급 자특수면허를 소지 한 방사선 안전관리 자의 대리자 | 가. 방사성동위원소취급자특수면허를 소지한 사람<br>나. 방사성동위원소등 취급업무에 종사한 경력이 3년 이상인 사람으로서 「의료법」 제5조에 따른 의사면허를 소지한 사람 |
| | 2) 1)이외의 면허 또는 자격을 소지한 방 사선안전관리자의 대리자 | 가. 방사선취급감독자면허 또는 방사선관리기술사 자격을 소지한 사람<br>나. 방사성동위원소취급자일반면허를 소지한 사람<br>다. 방사성동위원소등 취급업무에 종사한 경력이 3년 이상인 사람으로서 지정일로부터 최근 2년 이내에 방사선안전관리자 교육을 받은 사람 |
| | 나) 인체 외에 사용하는 경우 | 가. 방사선취급감독자면허 또는 방사선관리기술사 자격을 소지한 사람<br>나. 방사성동위원소취급자일반면허를 소지한 사람<br>다. 방사성동위원소등 취급업무에 종사한 경력이 3년 이상인 사람으로서 지정일로부터 최근 2년 이내에 방사선안전관리자 교육을 받은 사람 |
| | 3. 이동사용 | |
| | 가) 방사선투과검사의 목 적으로 이동사용하는 작업장의 경우 | 가. 방사선취급감독자면허 또는 방사선관리기술사 자격을 소지한 사람<br>나. 방사성동위원소취급자일반면허를 소지한 사람 |
| | 나) 가) 이외의 경우 | 가. 방사선취급감독자면허 또는 방사선관리기술사 자격을 소지한 사람<br>나. 방사성동위원소취급자일반면허를 소지한 사람<br>다. 방사성동위원소등 취급업무에 종사한 경력이 3년 이상인 사람으로서 지정일로부터 최근 2년 이내에 방사선안전관리자 교육을 받은 사람 |
| 신고 사용자 | 사용 또는 이동사용 | 가. 방사성동위원소등 취급업무에 종사한 경력이 있는 자로서 지정일로부터 최근 3년 이내에 방사선안전관리자 교육을 받은 사람<br>나. 방사성동위원소등 취급업무에 종사한 경력이 1년 이상인 사람<br>다. 방사성동위원소등 취급업무에 종사한 경력이 있는 자로서 해당 사업소의 직제에서 방사선안전관리자를 지휘·감독하는 직위에 있는 사람 |

## 3. 업무대행자 등록

### 7. 업무대행자의 등록

1) 허가 및 신고사용자를 대행하여 다음 각 호의 어느 하나의 업무를 하려는 자는 위원회에 등록하여야 한다.
   ① 방사선오염의 제거
   ② 방사성동위원소등 및 방사성폐기물의 수거 · 처리 및 운반
   ③ 방사선안전보고서 · 안전관리규정의 작성
   ④ 사용시설등의 설치에 대한 감리
   ⑤ 방사선안전관리
   ⑥ 그 밖에 총리령으로 정하는 방사선의 안전관리 및 장해방지 관련 업무
   가. 방사선원 누설점검 업무
   나. 사용시설등의 설계
   다. 자체점검보고서의 작성업무
2) 제1)항에 따라 등록한 자(이하 "업무대행자"라 한다)가 등록한 사항을 변경하려면 이를 위원회에 신고하여야 한다.
3) 제1)항에 따른 등록을 하려는 자는 그 신청서에 업무대행규정과 그 밖에 총리령으로 정하는 서류를 첨부하여 위원회에 제출하여야 한다.
4) 제1)항에 따른 등록의 결격사유에 관하여는 아래를 준용하며 이 경우 본문 중 건설허가항의 허가를 받을 수 없다"는 등록을 할 수 없다"로, 같은 조 "건설허가의 취소에 따라 허가가 취소된 후"는 등록이 취소된 후"로, 같은 조 "임원 중에"는 "대표자가"로 본다.

* 결격사유:
   ① 피성년후견인 · 피한정후견인 또는 파산선고를 받은 자로서 복권되지 아니한 자
   ② 이 법을 위반하여 금고 이상의 형의 선고를 받고 그 형의 집행이 종료되거나 집행을 받지 아니하기로 확정된 후 2년이 경과되지 아니한 자나 형의 집행유예를 선고받고 그 집행유예기간 중에 있는 자
   ③ 건설허가의 취소에 따라 허가가 취소된 후 2년이 경과되지 아니한 자
   ④ 임원 중에 제(1)호부터 제(3)호까지 중 어느 하나에 해당하는 사람이 있는 법인

### 7-1. 업무대행자의 등록신청 등

1) 업무대행자 등록을 하려는 자는 사업소별로 신청서를 위원회에 제출하여야 한다.
2) 방사선안전보고서 · 안전관리규정의 작성에 따른 업무대행규정에는 위원회가 정하여 고시하는 지침에 따라 다음 각 호의 사항을 적어야 한다.

① 방사선안전관리 체계
② 수행하려는 대행업무의 절차
③ 안전관리절차
④ 방사선비상대응절차

3) "그 밖에 총리령으로 정하는 서류"란 다음 각 호의 서류를 말한다.
(1) 등록기준에 따른 장비 및 인력을 확보하고 있음을 증명하는 서류
* 등록기준: "대통령령으로 정하는 장비 및 인력"이란 다음 각 호의 장비 및 인력을 말한다.
① 장비: 등록업무를 전담하기 위한 다음 각 목의 장비
가. 방사선측정기 5대 이상
나. 방사능측정기 2대 이상
다. 전담인력마다 방사선경보기 또는 직독식 개인선량계 1대 이상
라. 방사성물질 등을 운반할 수 있는 전용차량 1대 이상(법 제54조제1항제2호의 업무를 대행하려는 경우에 한정한다)
② 인력: 등록업[무를 전담하기 위한 인력기준

## 업무대행자의 등록 시 인력기준(제84조제2호 관련)

| 구분 | 인력기준 |
|---|---|
| 1. 방사선오염의 제거<br>2. 방사성동위원소등 및 방사성 폐기물의 수거 · 처리 및 운반<br>3. 방사선안전보고서 · 안전관리규정의 작성<br>6. 그 밖에 총리령으로 정하는 방사선의 안전관리 및 장해방지 관련 업무 | 가. 방사선취급감독자면허 소지자 또는 방사선관리기술사로서 방사선안전관리 경력 또는 방사선안전규제업무 경력이 5년 이상인 사람 1명 이상<br>나. 방사성동위원소취급자일반면허 소지자로서 방사선 안전관리 경력 또는 방사선안전규제업무 경력이 3년 이상인 사람 1명 이상 |
| 4. 사용시설등의 설치에 대한 감리 | 가. 방사선취급감독자면허 소지자 또는 방사선관리기술사로서 사용시설 등의 설치 또는 방사선안전규제업무 경력이 3년 이상인 사람 1명 이상<br>나. 방사성동위원소취급자일반면허 소지자로서 방사선안전관리 또는 방사선안전규제업무 경력이 3년 이상인 사람 1명 이상 |
| 5. 방사선안전관리 | 가. 방사선취급감독자면허 소지자 또는 방사선관리기술사로서 다음 중 어느 하나에 해당하는 사람 1명 이상<br>1) 방사선안전관리 경력 5년 이상이며 최근 5년간 법을 위반하여 처벌을 받은 사실이 없는 사람<br>2) 방사선안전규제업무 경력이 5년 이상인 사람<br>나. 방사선취급감독자면허 소지자 또는 방사선관리기술사로서 다음 중 어느 하나에 해당하는 사람 2명 이상<br>1) 방사선안전관리 경력 3년 이상이며 최근 3년간 법을 위반하여 처벌을 받은 사실이 없는 사람<br>2) 방사선안전규제업무 경력이 3년 이상인 사람 |

| | 다. 주 사무소 외에 사업소를 별도로 두는 경우에는 사업소별로 방사성동위원소취급자일반면허 소지자로서 다음 중 어느 하나에 해당하는 사람 2명 이상<br>1) 방사선안전관리 경력 3년 이상이며 최근 3년간 법을 위반하여 처벌을 받은 사실이 없는 사람<br>2) 방사선안전규제업무 경력이 3년 이상인 사람 |
|---|---|

(2) 원자력관계사업자와 그 종업원이 업무상 입은 손해에 대해서는 원자력관계사업자가 정하여 위원회가 인가한 보상기준에 따른 보상기준

(3) 대행업무와 관련된 기술을 보유하고 있는 인력의 경력확인서

4) 제3)항제(3)호에 따른 경력은 다음 각 호의 방법에 따라 산출한다.

① 경력기간은 경력 개월 수를 단위로 하여 계산하되, 15일 이상은 1개월로 계산할 것

② 경력 산출의 기준일은 업무대행등록 신청일로 할 것

5) 등록신청서를 제출받은 위원회는 행정정보의 공동이용을 통하여 신청인의 사업자등록증을 확인하여야 한다. 다만, 신청인이 확인에 동의하지 아니하는 경우에는 사업자등록증 사본을 첨부하게 하여야 한다.

6) 위원회는 등록신청을 받은 경우 그 등록신청이 등록기준에 적합하다고 인정할 때에는 등록증을 신청인에게 발급하여야 한다.

## 8. 등록사항의 변경신고

1) 등록을 한 자(이하 "업무대행자"라 한다)가 등록사항의 변경신고를 하려는 경우에는 해당 변경사유가 발생한 날부터 30일 이내에 별지 신고서를 위원회에 제출하여야 한다.

2) 제1)항의 신고서에는 다음 각 호의 서류를 첨부하여야 한다.

(1) 변경사항에 관한 서류

(2) 등록증

## 9. 방사선안전관리자의 대행

1) 허가사용자(방사성동위원소등의 사용 또는 판매허가에 한정한다. 이하 이 조에서 같다)가 업무대행자의 인력으로 방사선안전관리자 인력을 갈음할 수 있는 경우는 다음 각 호와 같다.

① 밀봉된 방사성동위원소를 진단용으로 사용하는 경우

② 다음 각 목의 방사성동위원소등을 사용하는 경우(인체에 사용하는 경우는 제외한다)

가. 기기에 내장되거나 장착되지 아니한 것으로서 연간 사용량이 1.85 TBq 미만인 밀봉된 방사성동위원소

나. 기기에 내장되거나 장착된 것으로서 연간 사용량이 3.7 TBq 미만인 밀봉된 방사성동위원소

다. 최대 전압 250 KV, 최대 전류 5 mA 이하로서 1대 이하인 방사선발생장치

③ 방사선발생장치를 판매하는 경우

2) 제1)항에 해당하는 허가사용자의 방사선안전관리 업무를 대행하려는 자는 소속 전담인력 1명으로 허가사용자를 최대 15명까지 대행할 수 있다.

3) 신고사용자의 방사선안전관리 업무를 대행하려는 자는 소속 전담인력 1명으로 신고사용자를 최대 30명까지 대행할 수 있다.

4) 제2)항 및 제3)항에 따른 업무를 대행하는 소속 전담인력은 제2)항 및 제3)항에 따른 업무를 각각 분리하여 대행하여야 한다.

## 9-1. 대행업무의 기술능력

"총리령으로 정하는 대행업무 수행에 필요한 기술능력을 확보하고 있을 것"이란 다음 각 호의 요건을 모두 갖춘 것을 말한다.

① 방사선안전관리 체계를 수립하여 운영하고 있을 것

② 등록한 대행업무의 유형별 절차를 수립하고 있을 것

## 9-2. 대행업무의 범위 등

"대행업무의 범위 및 업무대행규정이 총리령으로 정하는 기준에 적합할 것"이란 다음 각 호의 기준을 모두 갖춘 것을 말한다.

① 방사선안전관리에 관한 업무의 대행은 위원회가 정하여 고시하는 권역별로 위치한 사무소에서 할 것

② 업무대행규정이 위원회가 정하여 고시하는 지침에 적합하게 작성되었을 것

## 9-3. 일반지침

등록신청자가 업무대행규정을 작성하는데 필요한 일반지침은 다음 각 호와 같다.

① 업무대행규정은 허가 및 신고사용자를 대행에 해당하는 업무 중 등록신청자가 대행하고자 하는 업무에 한하여 작성한다.

② 등록신청자는 대행하고자 하는 업무의 내용을 충분히 파악하고 이해한 후에 업무대행규정을 작성하여야 한다.

③ 등록신청자는 업무대행규정을 작성함에 있어 업무의 대행을 충분히 수행할 수 있음을 입증할 수 있도록 작성하여야 한다.

④ 등록신청자는 업무대행규정 작성을 위하여 인용된 자료는 그 출처를 명시하여야 한다.

## 9-4.세부지침

등록신청자가 업무대행규정을 작성하는데 필요한 세부지침은 다음 각 호와 같다.

(1). "방사선안전관리 체계"에는 다음 각 호 사항을 기술한다.

가. 조직도 : 업무대행자의 대표자를 정점으로 하여 대행업무와 관련된 안전관리업무를 수행하는 전체 소속직원의 조직도 및 인력배치도(사무소를 별도로 두고 있는 경우에는 주사무소와 권역별 지역사무소의 조직을 모두 포함한다)

나. 직무 : 대표이사, 부서장 및 대행업무를 수행할 전담인력을 포함한 방사선작업종사자의 직무에 관한 사항

다. 업무의 대행절차(계약체결, 결과보고 등)

라. 업무의 대행을 위한 계약서, 보고서, 결과서 등 필요한 제반 서식에 관한 사항

(2) "대행업무의 수행절차"에는 수행하고자 하는 해당 대행업무에 한하여 다음과 같이 각각 기술한다.

가. 방사성오염의 제거

① 방사성오염제거 작업계획 수립에 관한 사항

② 방사성오염의 측정방법 및 절차

③ 방사성오염의 제거방법 및 절차

④ 방사성오염제거 작업자에 대한 방호조치와 투입된 장비 등의 제염에 관한 사항

⑤ 방사성오염의 제거에 따른 방사성폐기물의 관리

나. 방사성동위원소등 및 방사성폐기물의 수거·처리 및 운반

① 방사성동위원소등 및 방사성폐기물의 수거·처리

가) 수거·처리 작업계획 수립에 관한 사항

나) 수거·처리 방법 및 절차에 관한 사항

다) 수거·처리를 위한 용기 등 장비에 관한 사항

② 방사성동위원소등 및 방사성폐기물의 운반

가) 운반계획 수립에 관한 사항

나) 운반방법 및 절차에 관한 사항

다) 운반용기 및 차량에 관한 사항

라) 운반 중 사고발생 시 비상조치 계획에 대한 사항

다. 방사선안전보고서·안전관리규정의 작성

① 방사선안전보고서 작성 기준에 대한 사항

② 안전관리규정 작성 기준에 대한 사항

라. 사용시설 등의 설치에 대한 감리

① 감리 계획의 수립에 관한 사항

② 감리 방법 및 절차에 관한 사항

마. 방사선안전관리

① 방사선안전관리 범위에 관한 사항

② 방사선안전관리 방법 및 절차에 관한 사항

바. 방사선원 누설점검

① 누설점검 대상, 시기 및 방법

② 누설점검에 필요한 장비 등의 확보에 관한 사항

③ 누설점검결과에 대한 판정기준 및 조치 등에 관한 사항

사. 사용시설 등의 설계

① 설계의 범위에 관한 사항

② 설계계획 수립에 관한 사항

③ 설계의 방법 및 절차에 관한 사항

아. 자체점검보고서의 작성

① 자체점검 계획 수립에 관한 사항

② 자체점검 항목, 방법 및 절차에 관한 사항

(3) "안전관리 절차"에는 대행업무를 수행하는데 따른 자체 방사선안전관리와 관련하여 다음 각 호의 사항을 기술한다.

가. 방사선작업종사자 및 수시출입자의 피폭관리에 관한 사항

나. 방사선작업종사자 및 수시출입자에 대한 교육훈련에 관한 사항

다. 방사선작업종사자 및 수시출입자의 건강진단에 관한 사항

라. 안전관리장비의 관리에 관한 사항

마. 각종 기록의 작성 및 비치

(4) "방사선비상대응절차"에는 대행업무를 수행하는데 따른 방사선비상 대응과 관련하여 다음 각 호의 사항을 기술한다.

가. 대행업무 수행과 관련하여 예측 가능한 사고의 종류

나. 각 사고시의 대응절차

다. 대응조치에 필요한 조직, 인력, 차량, 장비의 확보에 관한 사항

10. 권역구분 업무대행자가 업무를 대행할 수 있는 권역은 다음 각 호와 같다.
   (1) 수도권(서울특별시, 인천광역시, 경기도, 강원도)
   (2) 충청권(대전광역시, 세종특별자치시, 충청남도, 충청북도)
   (3) 영남권(부산광역시, 대구광역시, 울산광역시, 경상남도, 경상북도)
   (4) 호남권(광주광역시, 전라남도, 전라북도, 제주특별자치도)

## 4. 허가기준 등

### 제55조 허가기준 등

1. 허가기준은 다음과 같다.
   ① 생산시설 · 사용시설등의 위치 · 구조 및 설비가 기술기준에 적합할 것
   ② 방사성동위원소 또는 그에 따라 오염된 물질 또는 방사선발생장치에 따라 발생한 피폭방사선량이 대통령령으로 정하는 선량한도를 초과하지 아니할 것
   ③ 생산하려는 방사성동위원소등의 성능 및 품질보증계획서의 내용이 위원회가 정하여 고시하는 기준에 적합할 것

2. 개봉선원

2-1. (적용범위)

방사성동위원소중 밀봉되지 아니한 것(이하 "개봉선원"이라 한다)에 관한 생산시설 및 사용시설 등의 위치·구조 및 설비에 관한 기술기준을 적용한다.

2-2. (생산시설)

1) 개봉선원의 생산시설은 지반이 견고하고 화재 또는 침수의 우려가 적은 장소에 이를 설치하여야 한다.

2) 개봉선원 생산시설의 구조 및 설비에 관한 기술기준은 다음 각호와 같다.
   ① 주요 구조부는 내화구조로 하거나 불연재료를 사용할 것
   ② 다음 각목의 1에 해당하는 방사선량이 선량한도 이하가 되도록 필요한 차폐벽이나 차폐물을 설치할 것
   가. 생산시설 안의 사람이 상시 출입하는 장소에서의 방사선량
   나. 사업소의 경계에 인접하는 구역에서의 방사선량

③ 다음 각목의 기준에 따라 작업실을 설치할 것

가. 작업실 내부의 벽·바닥 그 밖에 개봉선원에 의하여 오염될 우려가 있는 부분의 표면은 평탄하고 매끄러우며 빈틈이나 구멍이 없도록 하고, 기체 또는 액체가 침투할 수 없는 내식성이 강한 재료로 할 것

나. 작업실에 설치한 후드·글로브박스 등 기체상의 방사성동위원소의 확산을 방지하는 장치는 배기설비에 연결시킬 것

④ 다음 각목의 기준에 따라 오염검사실을 설치할 것

가. 오염검사실은 사람이 상시 출입하는 출입구 부근 등 개봉선원에 의한 오염검사를 실시하기에 가장 적합한 장소에 설치할 것

나. 오염검사실 내부의 벽·바닥 그 밖에 개봉선원에 의하여 오염될 우려가 있는 부분은 제3호 가목의 기술기준에 적합한 것으로 할 것

다. 오염검사실에는 세정·탈의설비, 오염검사를 위한 방사선측정기 및 오염제거에 필요한 장비를 갖출 것

⑤ 개봉선원을 생산하기 위한 방사선 조사시설(조사시설)에는 다음 각목의 기준에 따라 시설을 설치할 것

가. 출입구에 방사선 조사중임을 자동적으로 표시하는 장치를 설치할 것

나. 방사선 조사 여부에 따라 출입구가 개폐되는 연동장치를 할 것

다. 내부를 상시 감시할 수 있는 장치를 할 것

라. 사람의 출입을 제한하는 장치를 할 것

⑥ 시설의 경계에는 울타리 그 밖에 사람의 출입을 제한하는 시설을 할 것. 다만, 제2호 가목에 해당하는 방사선량이 선량한도 이하가 되도록 차폐벽이나 차폐물이 설치되어 있는 경우에는 그러하지 아니하다.

⑦ 생산시설·작업실·오염검사실의 경계에 설치한 울타리 그 밖에 사람의 출입을 제한하는 시설에는 별표 7에 의한 표지를 부착할 것

**표지의 예시도**

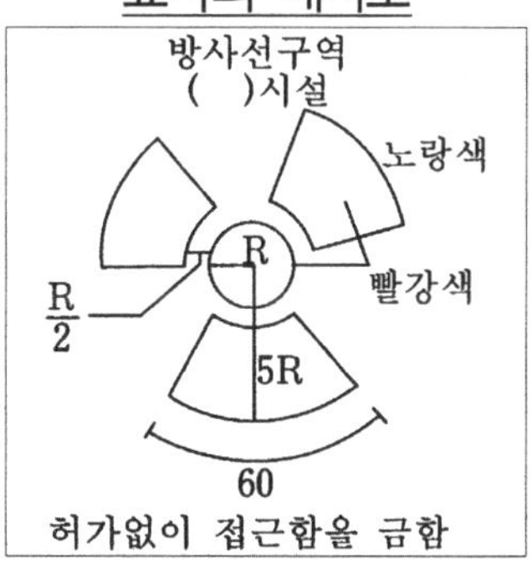

[별표 7]

## 각종 표지 및 방사능표지(제3조제2항제1호등관련)

| 구분 | 표지사항 | 방사능표지의 크기 | 표지를 붙일 장소 |
|---|---|---|---|
| 1. 방사선관리구역(생산·사용·분배·저장·보관·처리·배출·처분) 등 제시설 | 부표에 의한 표지(이하"표지"라함)의 위에는 "방사선관리구역"이란 글자를, 그 바로 아래에는 "생산시설". "사용시설"·"분배시설"·"저장시설"·"보관시설"·"처리시설"·"배출시설" 또는 "처분시설" 등을 표시하는 글자를, 표지의 아래에는 "허가없이 들어감을 금함"이란 글자를 기입한다. | 반지름 15 cm 이상 | 생산시설 및 사용시설 등의 출입구와 방사선관리구역의 경계로 설정된 곳 |
| 2. 방사성동위원소 또는 방사선발생장치의 생산실, 사용실 및 작업실 | 표지의 위에는 "방사성동위원소생산실", "방사성동위원소사용실" · "방사성동위원소사용작업실" · "방사선발생장치생산실" 또는 "방사선발생장치사용실" 이란 글자를 기입한다. | 반지름 10 cm 이상 | 방사성동위원소생산실 · 방사성동위원소사용실 · 방사성동위원소사용작업실 · 방사선발생장치생산실 또는 방사선발생장치사용실의 출입구 및 그 부근 |
| 3. 방사성동위원소의 분배실 | 표지의 위에는 "방사성동위원소분배실"이란 글자를 기입한다. | 반지름 10 cm 이상 | 방사성동위원소분배실의 출입구 또는 그 부근 |
| 4. 방사성동위원소의 저장실 | 표지의 위에는 "방사성동위원소저장실"이란 글자를, 표지의 아래에는 "허가없이 접근함을 금함"이란 글자를 기입한다. | 반지름 10 cm 이상 | 방사성동위원소 저장실의 출입구 및 그 부근 |
| 5. 오염검사실·처리작업실 | 표지의 위에는 "오염검사실" 또는 "폐기작업실"이란 글자를 기입한다. | 반지름 10 cm 이상 | 오염검사실 또는 폐기작업실의 출입구 또는 그 부근 |
| 6. 방사성동위원소의 저장함 | 표지의 위에는 "방사성동위원소저장함"이란 글자를, 표지의 아래에는 "허가없이 접근함을 금함"의 글자를 기입한다. | 반지름 3 cm 이상 | 저장함의 표면 |
| 7. 방사성동위원소저장시설에 비치한 용기 | 표지의 위에는 "방사성동위원소"의 글자를, 표지의 아래에는 방사성동위원소의 종류와 수량을 기입한다. | 반지름 2.5 cm 이상 | 용기의 표면 |

| | | | |
|---|---|---|---|
| 8. 배수설비 | 표지의 위에는 “배수설비”의 글자를, 표지의 아래에는 “허가없이 들어감을 금함”의 글자를 기입한다. | 배수정화탱크에는 반지름 10 cm 이상, 배액처리장치에는 반지름 5 cm 이상, 배수관에는 반지름 2.5 cm 이상, 기타의 설비의 주위에 붙이는 표지는 반지름 10 cm 이상 | 배수정화탱크의 경우에는 그 표면(배수정화탱크가 매몰되어 있을 경우에는 당해 매몰장소의 지상 또는 바로 위쪽), 배액처리장치 및 배수관의 경우에는 지상에 노출한 부분의 표면과 그 설비의 주위 일대 |
| 9. 소각로 | 표지의 위에는 “소각로”의 글자를, 표지의 아래에는 “허가없이 접근함을 금함”의 글자를 기입한다. | 반지름 5 cm 이상 | 소각로의 주위 |
| 10. 배기설비 | 표지의 위에는 “배기설비”의 글자를, 표지의 아래에는 “허가없이 접근함을 금함”의 글자를 기입한다. | 반지름 5 cm 이상 | 배수구 또는 그 부근 및 배기정화장치배기관의 표면 |
| 11. 보관설비 및 보관시설에 비치한 용기 | 표지의 위에는 “방사성폐기물”의 글자를 기입한다. | 반지름 2.5 cm 이상 | 용기의 표면 |
| 12. 방사성동위원소 또는 방사성동위원소에 의한 오염물 비치장소 | 표지의 위에는 “방사성오염물”의 글자를, 표지의 아래에는 “허가없이 접근함을 금함”의 글자를 기입한다. | 반지름 10 cm 이상 | 비치장소의 주위 |
| 13. 방사성폐기물을 보관 · 처리·저장·배출·처분하는 경우 표면방사선량률이 원자력안전위원회가 정하는 수치를 초과하는 경우 | 표지의 위에는 “방사성폐기물”의 글자를, 표지 아래에는 폐기하는 사업자의 성명·폐기물의 수량·방사성물질의 농도 및 정리번호 등을 기입한다. | 반지름 5 cm 이상 | 방사성폐기물의 표면 |

비고
1. 방사능 표지의 크기를 위 표의 반지름기준에 맞추어 정하기가 곤란하다고 인정되는 때에는 당해 반지름기준을 적용하지 아니할 수 있다.
2. 위 표에서 “반지름”이라 함은 부표의 5R의 크기를 말한다.

## 2-3. (사용시설등의 위치)

개봉선원(개봉선원)의 사용시설등은 지반이 견고하고 화재 또는 침수의 우려가 적은 장소에 이를 설치하여야 한다.

## 2-4. (사용시설 및 분배시설)

1) 개봉선원의 사용시설 및 분배시설의 구조 및 설비에 관한 기술기준은 다음 각 호와 같다.
  ① 주요구조부는 내화구조로 하거나 불연재료를 사용할 것. 다만, 원자력안전위원회가 정하여 고시하는 것은 그러하지 아니하다.

② 사용시설은 개봉선원을 취급하기 위한 장비의 설치 및 작업 수행에 필요한 공간을 확보할 것

③ 다음 각목의 1에 해당하는 방사선량이 선량한도 이하가 되도록 필요한 차폐벽이나 차폐물을 설치할 것

가. 사용시설안 및 분배시설안의 사람이 상시 출입하는 장소에서의 방사선량

나. 사업소의 경계에 인접하는 구역에서의 방사선량

④ 다음 각목과 같은 작업실을 설치할 것

가. 작업실 내부의 벽·바닥 기타 개봉선원에 의하여 오염될 우려가 있는 부분의 표면은 평탄하고 매끄러우며 빈틈이나 구멍이 없도록 하고, 기체 또는 액체가 침투할 수 없는 내식성이 강한 재료로 할 것

나. 작업실에 설치한 후드·글로브박스 등 기체상의 방사성동위원소의 확산을 방지하는 장치는 배기설비에 연결시킬 것. 다만, 원자력안전위원회가 정하는 것은 그러하지 아니하다.

⑤ 다음 각목의 1에 해당하는 오염검사실을 설치할 것. 다만, 인체 및 작업복·신발등 인체에 착용하는 물건의 표면이 방사성동위원소에 의하여 오염될 우려가 없도록 밀폐된 장치안에서 개봉선원을 사용 또는 분배하는 경우와 원자력안전위원회가 정하여 고시하는 경우에는 그러하지 아니하다.

가. 오염검사실은 사람이 상시 출입하는 출입구 부근 등 개봉선원에 의한 오염검사를 실시하기에 가장 적합한 장소에 설치할 것

나. 오염검사실 내부의 벽·바닥 기타 개봉선원에 의하여 오염될 우려가 있는 부분은 제4호 가목의 기술기준에 적합한 것으로 할 것

다. 오염검사실에는 세정·탈의설비, 오염검사를 위한 방사선측정기 및 오염제거에 필요한 기재(기재)를 갖출 것

⑥ 경계에는 울타리 기타 사람의 출입을 제한하는 시설을 할 것. 다만, 제3호 가목에 해당하는 방사선량이 선량한도 이하가 되도록 차폐벽이나 차폐물이 설치되어 있는 경우에는 그러하지 아니하다.

⑦ 사용시설·분배시설·작업실·오염검사실의 경계에 설치한 울타리 기타 사람의 출입을 제한하는 시설에는 별표 7에 의한 표지를 부착할 것

2) 제1)항의 규정은 누수의 조사, 곤충의 역학적 조사 또는 원료물질의 생산공정중 이동상황의 조사 등을 위하여 개봉선원을 광범위하게 분산·이동시키는 경우 또는 일시적으로 사용·분배하는 경우에는 이를 적용하지 아니한다.

## 2-5. (저장시설)

개봉선원 저장시설의 구조 및 설비에 관한 기술기준은 다음 각호와 같다.

① 저장시설의 구조는 다음 각목과 같이 할 것
  가. 저장실의 주요 구조부 및 출입문은 내화구조로 하거나 불연재료를 사용할 것
  나. 저장함은 내화구조로 하거나 불연재료를 사용할 것
② 저장시설에는 적합한 차폐벽이나 차폐물을 설치할 것
③ 저장시설에 비치하는 용기는 다음 각목의 기준에 적합할 것
  가. 외부의 공기를 오염시킬 우려가 있는 개봉선원을 넣는 용기는 기밀구조일 것
  나. 액체상의 개봉선원을 넣는 용기의 구조는 액체가 누출되지 아니하도록 하고, 그 재료는 액체가 침투할 수 없는 것으로 할 것
  다. 액체상 또는 기체상의 개봉선원을 넣는 용기가 균열 또는 파손될 우려가 있는 때에는 밑받이·흡수재 기타 개봉선원에 의한 오염의 확산을 방지하기 위한 시설 또는 기구를 설치할 것
④ 저장시설의 문·덮개 등 외부로 통하는 부분에는 자물쇠 기타 도난 또는 분실을 방지하기 위한 시설 또는 기구를 설치할 것
⑤ 저장시설의 경계에는 울타리 기타 사람의 출입을 제한하는 시설을 설치할 것
⑥ 저장실·저장함, 제3호의 용기 및 저장시설의 경계에 설치하는 울타리 기타 사람의 출입을 제한하는 시설에는 별표 7에 의한 표지를 부착할 것

## 2-6. (보관시설)

개봉선원 및 그에 의하여 오염된 물질의 보관시설의 구조 및 설비에 관한 기술기준은 다음 각호와 같다.

① 주요 구조부를 내화구조로 하거나 불연재료로 할 것
② 기술기준에 적합한 차폐벽이나 차폐물을 설치할 것
③ 다음 각목의 기준에 적합한 보관설비를 갖출 것
  가. 외부와 구획된 구조로 할 것
  나. 문·덮개 등 외부로 통하는 부분에는 자물쇠 기타 도난 또는 분실을 방지하기 위한 설비 또는 기구를 설치할 것
  다. 기술기준에 적합한 용기를 비치할 것. 다만, 방사성동위원소에 의하여 오염된 대형기계 등으로서 용기에 넣기가 곤란하여 오염확산을 방지하기 위한 조치를 취한 경우에는 그러하지 아니하다.
④ 보관설비, 제③호 다목의 용기 기타 사람의 출입을 제한하는 시설에는 별표 7에 의한 표지를 부착할 것

2-7. (처리시설)

개봉선원 및 그에 의하여 오염된 물질의 처리시설의 구조 및 설비에 관한 기술기준은 다음 각호와 같다.

① 주요 구조부를 내화구조 또는 불연재료로 할 것

② 기술기준에 적합한 차폐벽이나 차폐물을 설치할 것

③ 방사성동위원소 및 그에 의하여 오염된 물질을 소각하는 경우에는 원자력안전위원회가 정하여 고시하는 바에 따라 소각설비를 설치할 것

④ 방사성동위원소 및 그에 의하여 오염된 물질을 콘크리트 기타 고형화 재료에 의하여 고형화하는 경우에는 다음 각목에 정하는 바에 따라 고형화처리설비를 설치하는 외에 오염검사실 및 기준에 적합한 배기설비를 설치할 것

가. 고형화처리설비는 방사성동위원소 및 그에 의하여 오염된 물질이 누설되거나 넘쳐 흐르지 아니하고 분진이 확산되지 아니하는 구조로 할 것

나. 고형화처리설비는 액체가 침투하지 아니하고 부식에 강한 재료로 할 것

⑤ 소각로·오염검사실 기타 사람의 출입을 제한하는 시설에는 별표 7에 의한 표지를 부착할 것

2-8. (배출시설)

개봉선원 및 그에 의하여 오염된 물질의 배출시설의 구조 및설비에 관한 기술기준은 다음 각호와 같다.

① 주요 구조부를 내화구조 또는 불연재료로 할 것

② 기술기준에 적합한 차폐벽이나 차폐물을 설치할 것

③ 액체상의 방사성동위원소를 정화하거나 배출하는 경우에는 다음 각목에 정하는바에 따라 배수설비를 설치할 것. 다만, 원자력안전위원회가 정하여 고시하는 경우에는 그러하지 아니하다.

가. 배수설비는 배수구에서 채취한 배출액의 방사성동위원소 농도를 배출관리기준의 제한값 이하로 하는 능력을 갖추도록 할 것. 다만, 배수구에서의 배수중 방사성동위원소의 농도를 배출관리기준의 제한값 이하로 하기가 곤란한 경우로서 배수중 방사성동위원소의 농도를 감시하기 위한 배수감시설비를 하고 사업소의 경계외부에서의 수중 방사성동위원소의 농도를 배출관리기준의 제한값 이하로 하는 경우에는 그러하지 아니하다.

나. 배수설비의 구조는 배출액이 누설되지 아니하도록 하고, 그 재료는 배출액이 침투할 수 없고 내식성이 강한 것으로 할 것

다. 배수정화조는 배출액을 채취하여 배출액의 방사성동위원소 농도를 쉽게 측정할 수 있도록 이를 설치하고, 그 주위에는 울타리 등 사람의 출입을 제한하는 시설을 설치할 것

④ 기체상의 방사성동위원소를 정화하거나 배출하는 경우에는 다음 각목에 정하는 바에 따라 배기설비를 설치할 것. 다만, 원자력안전위원회가 정하여 고시하는 경우에는 그러하지 아니하다.

가. 배기설비는 작업실안의 사람이 상시 출입하는 장소에서의 공기중 방사성동위원소의 농도를 유도공기중농도 이하로 하는 능력을 갖출 것

나. 배기설비는 배기구의 배기중 방사성동위원소 농도를 배출관리기준의 제한값 이하로 하는 능력을 갖출 것. 다만, 배기구에서의 배기중 방사성동위원소의 농도를 배출관리기준의 제한값 이하로 하기가 곤란한 경우로서 배기중 방사성동위원소의 농도를 감시하기 위한 배기감시설비를 하고 사업소 등의 경계외부에서의 공기중 방사성동위원소 농도를 배출관리기준의 제한값이하로 하는 경우에는 그러하지 아니하다.

다. 배기설비의 구조는 배기구외로 기체가 누설되지 아니하도록 하고, 그 재료는 내식성이 강한 것으로 할 것

라. 배기설비에는 고장이 발생한 경우 방사성동위원소에 의하여 오염된 공기의 확산을 신속히 방지할 수 있는 장치를 할 것

⑤ 배수설비·배기설비와 기타 사람의 출입을 제한하는 시설에는 별표 7에 의한 표지를 부착할 것

## 2-9. (개봉선원의 보안관리 시설 등)

원자력안전위원회가 정하는 수량 이상의 개봉선원 생산시설 및 사용시설등에는 원자력안전위원회가 정하여 고시하는 바에 따라 보안관리 시설 또는 설비를 설치하여야 한다.

## 3. 밀봉선원

## 3-1. 적용범위

방사성동위원소중 밀봉된 것(이하 "밀봉선원"이라 한다)에 관한 생산시설 및 사용시설 등의 위치·구조 및 설비에 관한 기술기준은 고시 제 25조부터 29조까지, 제 29조의 2을 적용하고 생산하고자 하는 방사성동위원소등의 성능에 관한 기준은 다음의 규정을 적용한다.

## 3-2. 밀봉선원의 성능기준

1) 밀봉선원의 성능기준은 다음 각 호와 같다.

① 사용용도별 성능시험 및 등급에 따라 성능시험 등급별 시험에 적합하여야 한다.

② 제1호에서 규정하는 성능시험에 관한 절차는 별지에서 정하는 기준에 적합하여야 한다.

③ 평가기준은 각 성능시험을 거친 후 해당 방사성핵종의 방사능 누설량이 200 Bq을 초과하지 않아야 한다.

2) 밀봉선원은 다음 각 호와 같이 성능시험 등급을 부여하고 표식 및 표시하여야 한다.

(1) 6자리로 구성된(예 : C43515) 등급을 다음 각 목에 따라 부여하여야 한다.

가. 첫째 자리 :

① 핵종 군별 구분에 따라 방사능준위를 초과하지 않는 경우 : C

② 핵종 군별 구분에 따라 방사능준위를 초과하는 경우 : E

나. 둘째자리 : 온도시험의 해당 등급

다. 셋째자리 : 별표 2의 외부압력시험의 해당 등급

라. 넷째자리 : 충격시험의 해당 등급

마. 다섯째자리 : 진동시험의 해당 등급

바. 여섯째자리 : 2의 관통시험의 해당 등급

(2) 제1호에 따른 밀봉선원에 대한 등급은 밀봉선원 캡슐에 표식하고 관련서류에 표시하여야 한다.

(4) 대통령령으로 정하는 장비 및 인력을 확보할 것

① "대통령령으로 정하는 장비 및 인력"이란 별표 8에 따른 장비 및 별표 9에 따른 인력을 말한다.

[별표 8]

## 방사성동위원소등 생산 등의 허가 시 장비기준(제83조제2항 관련)

| 구분 | 기준 |
|---|---|
| 1. 생산 | |
| 가. 방사성동위원소를 생산하는 경우 | 방사선측정기 및 방사능측정기 각 2대 이상과 방사선원 운반차량 1대 이상 |
| 나. 방사선발생장치를 생산하는 경우 | 방사선측정기 2대 이상 |
| 2. 판매 | |
| 가. 밀봉된 방사성동위원소를 판매하는 경우 | 방사선측정기 2대 이상과 방사선원 운반차량 1대 이상 |
| 나. 밀봉되지 아니한 방사성동위원소를 판매하는 경우 | 방사선측정기 및 방사능측정기 각 2대 이상과 방사선원 운반차량 1대 이상 |
| 다. 방사선발생장치를 판매하는 경우 | 방사선측정기 2대 이상 |

| | |
|---|---|
| 3. 사용 | |
| 가. 밀봉된 방사성동위원소 또는 방사선발생장치를 사용하는 경우 | 방사선측정기 1대 이상 |
| 나. 밀봉되지 아니한 방사성동위원소를 사용하는 경우 | 사용시설마다 방사선측정기 및 방사능측정기 각 1대 이상 |
| 4. 이동사용 | |
| 가. 방사선투과검사의 목적으로 이동사용하는 경우 | 1) 방사선투과검사 장비: 5대 이상<br>2) 방사선 측정장비<br>가) 방사선측정기: 방사선투과검사 장비 1대당 1대 이상<br>나) 방사선경보기: 방사선작업종사자 1명당 1개 이상<br>다) 직독식개인선량계: 방사선작업종사자 1명당 1개 이상(방사선경보기로 알람도시메터를 갖추지 아니한 경우만 해당한다)<br>3) 방사선 방호장비<br>가) 콜리메이터(10밀리미터 이상): 방사선발생장치를 제외한 방사선투과검사 장비 1대당 1개 이상<br>나) 경고등: 방사선투과검사 장비 1대당 4개 이상<br>4) 방사선원 운반 전용차량: 2대 이상(승용차는 제외한다) |
| 나. 가목 외의 경우 | 방사선측정기 1대 이상 |

[별표 9]

## 방사성동위원소등 생산 등의 허가 시 인력기준(제83조제2항 관련)

| 구분 | 기준 |
|---|---|
| 1. 생산 | 방사선취급감독자면허 소지자 또는 방사선관리기술사 1명 이상(「의료기기법」 제6조에 따른 의료기기 제조업 허가를 받은 자가 방사선발생장치 생산 허가를 받는 경우에는 방사성동위원소취급자일반면허 소지자, 방사선취급감독자면허 소지자 또는 방사선관리기술사 1명 이상) |
| 2. 판매 | |
| 가. 방사성동위원소를 판매하는 경우 | 방사선취급감독자면허 소지자 또는 방사선관리기술사 1명 이상 |
| 나. 방사선발생장치를 판매하는 경우 | 방사성동위원소취급자일반면허 소지자, 방사선취급감독자면허 소지자 또는 방사선관리기술사 1명 이상 |

| | |
|---|---|
| 3. 사용 | |
| 가. 인체에 사용하는 경우 | 방사성동위원소취급자특수면허 소지자 1명 이상 및 방사성동위원소취급자일반면허 소지자, 방사선취급감독자면허 소지자 또는 방사선관리기술사 1명 이상 |
| 나. 인체 외에 사용하는 경우 | |
| 1) 밀봉된 방사성동위원소 | |
| 가) 기기에 장비되지 않은 것으로서 연간 사용량 1.85 TBq 이상 | 방사선취급감독자면허 소지자 또는 방사선관리기술사 1명 이상 |
| 나) 기기에 장비되지 않은 것으로서 연간 사용량 1.85 TBq 미만 | 방사성동위원소취급자일반면허 소지자, 방사선취급감독자면허 소지자 또는 방사선관리기술사 1명 이상 |
| 다) 기기에 장비된 것으로서 연간 사용량 3.7 TBq 이상 | 방사선취급감독자면허 소지자 또는 방사선관리기술사 1명 이상 |
| 라) 기기에 장비된 것으로서 연간 사용량 3.7 TBq 미만 | 방사성동위원소취급자일반면허 소지자, 방사선취급감독자면허 소지자 또는 방사선관리기술사 1명 이상 |
| 2) 밀봉되지 아니한 방사성동위원소 | |
| 가) 연간 사용량 1.85 GBq 이상 | 방사성동위원소취급자특수면허 소지자, 방사선취급감독자면허 소지자 또는 방사선관리기술사 1명 이상 |
| 나) 연간 사용량 1.85 GBq 미만 | 방사성동위원소취급자일반면허 소지자, 방사성동위원소취급자특수면허 소지자, 방사선취급감독자면허 소지자 또는 방사선관리기술사 1명 이상 |
| 3) 방사선발생장치 | |
| 가) 1 Mev 이상 | 방사선취급감독자면허 소지자 또는 방사선관리기술사 1명 이상 |
| 나) 최대 전압 350 Kv 이상으로서 용량이 350 Kv 5 mA 1대 이상 | 방사선취급감독자면허 소지자 또는 방사선관리기술사 1명 이상 |
| 다) 최대 전압 350 Kv 미만으로서 용량이 250 Kv 5 mA 2대 이상 | 방사선취급감독자면허 소지자 또는 방사선관리기술사 1명 이상 |
| 라) 가)부터 다)까지의 규정에 해당되지 않는 경우 | 방사성동위원소취급자일반면허 소지자, 방사선취급감독자면허 소지자 또는 방사선관리기술사 1명 이상 |
| 4. 이동사용 | |
| 가. 방사선투과검사의 목적으로 이동사용하는 경우 | 방사선취급감독자면허 소지자 또는 방사선관리기술사 2명 이상 |
| 나. 가목 외의 경우 | 방사성동위원소취급자일반면허 소지자, 방사선취급감독자면허 소지자 또는 방사선관리기술사 1명 이상 |

## 3-3. 밀봉선원의 생산시설

1) 밀봉선원의 생산시설은 비상시 생산시설 안에 들어가 있는 사람이 신속히 탈출할 수 있는 구조로 하고, 반입구·비상구 등 사람이 상시 출입하지 아니하는 출입구의 문은 외부로부터 개폐할 수 없도록 하여야 한다.
2) 밀봉선원 생산시설의 구조 및 설비에 관한 기술기준에 관하여 제1)항에 규정되지 아니한 사항은 개봉선원의 생산시설 1)항, 제2)항 (1)호·(2)호 및 (5)부터 (7)호까지를 준용한다. 이 경우 "개봉선원"은 "밀봉선원"으로 본다.

## 3-4. 사용시설 등의 위치

밀봉선원(밀봉선원)의 사용시설등은 화재·침수 또는 지반붕괴의 우려가 적은 장소에 이를 설치하여야 한다.

## 3-5. 사용시설 및 분배시설

1) 밀봉선원의 사용시설 및 분배시설의 구조 및 설비에 관한 기술기준은 다음 각호와 같다.
   ① 주요 구조부는 내화구조로 하거나 불연재료를 사용할 것
   ② 다음 각목의 1에 해당하는 방사선량이 선량한도 이하가 되도록 필요한 차폐벽이나 차폐물을 설치할 것
      가. 사람이 상시 출입하는 장소에서의 방사선량
      나. 사업소의 경계에 인접하는 구역에서의 방사선량
   ③ 111 TBq 이상의 밀봉선원을 사용 또는 분배하는 때에는 다음 각목의 시설을 갖출 것
      가. 출입구에 밀봉선원의 사용 또는 분배중임을 자동적으로 표시하는 장치를 설치할 것
      나. 밀봉선원의 사용 또는 분배여부에 따라 출입구가 개폐되는 연동장치를 할 것
      다. 내부를 상시 감시할 수 있는 장치를 할 것
      라. 사람의 출입을 제한하는 장치를 할 것
   ④ 시설의 경계에는 울타리 등 사람의 출입을 제한하는 시설을 하고 별표 1에 의한 표지를 부착할 것. 다만, 제2호 가목에 해당하는 방사선량이 선량한도 이하가 되도록하는 데 필요한 차폐벽이나 차폐물이 설치되어 있는 경우에는 그러하지 아니하다.
   ⑤ 비상시 사용시설 또는 분배시설안에 들어있는 사람이 신속히 탈출할 수 있는 구조로 하고, 반입구·비상구 등 사람이 상시 출입하지 아니하는 출입구의 문을 외부로부터 개폐할 수 없도록 할 것
2) 제1)항 ①호·②호·③호 및 ⑤호의 규정은 방사선투과검사 외의 목적으로 밀봉선원을 수시로 이동시켜 사용 또는 분배하는 경우에는 이를 적용하지 아니한다.

### 3-6. 방사선투과검사 사용시설

방사선투과검사를 위한 밀봉선원의 사용시설의 구조 및 설비에 관한 기술기준은 다음 각 호와 같다.

① 제1)항 ①호·②호·④호의 기술기준에 적합할 것
② 출입구 및 반입구 외부에 방사선작업 중임을 표시하는 장치를 설치할 것
③ 사람의 출입을 제한하는 장치를 할 것
④ 방사선작업 또는 비상상황을 내부에서 인지할 수 있도록 방사선감지·경보장치를 설치할 것
⑤ 내부에서 외부에 비상상황을 알릴 수 있는 장치를 각 벽면마다 1개 이상 설치할 것
⑥ 검사대상물을 사용시설 내부로 이동하기 용이하도록 적정한 운반수단 및 방법 등을 마련할 것
⑦ 감마선조사장치의 원격조작장치는 방사선차폐에 영향을 미치지 아니하고 사용시설 외부에서 작동할 수 있도록 설치할 것
⑧ 검사물의 이동을 위해 불가피하게 제1)항의 ②호의 기준을 충족하는 천장 차폐체를 설치하지 않은 사용시설의 경우에는 추가적인 차폐설계, 사용선원 강도 및 조사방법 제한 등의 방법을 강구하여 해당 기준을 충족하여야 한다.

### 3-7. 저장시설

밀봉선원의 저장시설의 구조 및 설비에 관한 기술기준은 다음 각호와 같다.

① 저장시설의 구조는 다음 각목과 같이 할 것
　가. 저장실의 주요 구조부 및 출입문은 내화구조로 하거나 불연재료로 할 것
　나. 저장함은 내화구조로 하거나 불연재료로 할 것
② 제1)항의 ②호의 기술기준에 적합한 차폐벽이나 차폐물을 설치할 것
③ 문·덮개 등 외부로 통하는 부분에는 자물쇠 기타 도난 또는 분실을 방지하기 위한 시설 또는 기구를 설치할 것
④ 시설의 경계에는 울타리 기타 사람의 출입을 제한하는 시설을 설치할 것
⑤ 저장실·저장함 및 저장시설의 경계에 설치하는 울타리 등에는 별표 7에 의한 표지를 부착할 것

### 3-8. 보관시설

폐기하는 밀봉선원의 보관시설의 구조 및 설비에 관한 기술기준은 다음 각호와 같다.

① 내화구조로 하거나 불연재료로 할 것
② 외부와 구획된 구조로 할 것

③ 문·덮개 등 외부로 통하는 부분에는 자물쇠 기타 도난 또는 분실을 방지하기위한 설비 또는 기구를 설치할 것
④ 제 27조 제1항의 (2)호의 기술기준에 적합한 차폐벽이나 차폐물을 설치할 것
⑤ 시설의 경계에는 별표 7에 의한 표지를 부착하고 울타리 기타 사람의 출입을 제한하는 시설을 설치할 것

### 3-9. 밀봉선원의 보안관리 시설 등

원자력안전위원회가 정하는 수량 이상의 밀봉선원 생산시설 및 사용시설등에는 원자력안전위원회가 정하여 고시하는 바에 따라 보안관리 시설 또는 설비를 설치하여야 한다.

## 4. 방사선발생장치

### 4-1. (적용범위)

방사선발생장치의 생산시설 및 사용·보관시설의 위치·구조 및 설비에 관한 기술기준을 적용한다.

### 4-2. 방사선발생장치의 생산시설

고시 제17조 제1)항, 제2)항 ②호·⑥호 및 ⑦호의 규정은 방사선발생장치 생산시설의 구조 및 설비에 관한 기술기준에 관하여 이를 준용한다. 이 경우 "개봉선원"은 "방사선발생장치"로 본다.

### 4-3. 사용·보관시설의 위치

방사선발생장치의 사용·보관시설은 화재·침수 또는 지반붕괴의 우려가 적은 장소에 설치하여야 한다.

### 4-4. 사용시설

1) 방사선발생장치의 사용시설의 구조 및 설비에 관한 기술기준은 다음 각호와 같다.
① 사용시설에는 다음 각목의 1에 해당하는 방사선량이 선량한도 이하가 되도록 필요한 차폐벽이나 차폐물을 설치할 것
가. 사용시설안의 사람이 상시 출입하는 장소에서의 방사선량
나. 사업소의 경계에 인접하는 구역에서의 방사선량
② 방사선발생장치를 사용하는 때에는 그 사용시설의 출입구에 방사선발생장치의 사용중임을 자동적으로 표시하는 장치와 사람의 출입을 제한하는 장치를 할 것

③ 방사선발생장치를 사용하는 때에는 방사선발생장치의 사용여부에 따라 사용시설의 출입구가 개폐되는 연동장치를 할 것

④ 시설의 경계에는 울타리 기타 사람의 출입을 제한하는 시설을 할 것. 다만, 제1항제1호 가목에 해당하는 방사선량이 선량한도 이하가 되도록 하는 데 필요한 차폐벽이나 차폐물이 설치되어 있는 경우에는 그러하지 아니하다.

⑤ 사용시설 및 사용시설의 경계에 설치한 울타리 기타 사람의 출입을 제한하는 시설에는 별표 1에 의한 표지를 부착할 것

⑥ 비상시 사용시설안에 들어있는 사람이 신속히 탈출할 수 있는 구조로 하고, 반입구·비상구 등 사람이 상시 출입하지 아니하는 출입구의 문을 외부로부터 개폐할 수 없도록 할 것

2) 제1)항 (1)호·(3)호 및 (6)호의 규정은 방사선투과검사 외의 목적으로 방사선발생장치를 수시로 이동시켜 사용하는 경우에는 이를 적용하지 아니한다.

### 4-5. 방사선투과검사 사용시설

방사선투과검사를 위한 방사선발생장치의 사용시설의 구조 및 설비에 관한 기술기준은 다음 각 호와 같다.

① 제33조 제1항 (1)호·(4)호·(5)호의 기술기준에 적합할 것

② 출입구 및 반입구 외부에 방사선작업 중임을 표시하는 장치와 사람의 출입을 제한하는 장치를 설치할 것

③ 방사선작업 또는 비상상황을 내부에서 인지할 수 있도록 방사선감지·경보장치를 설치할 것

④ 내부에서 외부에 비상상황을 알릴 수 있는 장치를 벽면마다 1개 이상 설치할 것

⑤ 검사대상물을 사용시설 내부로 이동하기 용이하도록 적정한 운반수단 및 방법 등을 마련할 것

⑥ 방사선발생장치의 컨트롤박스는 방사선차폐에 영향을 미치지 아니하고 사용시설 외부에서 작동할 수 있도록 할 것

### 4-6. 보관시설

방사선발생장치 보관시설의 구조 및 설비에 관한 기술기준은 다음 각호와 같다.

① 문·덮개 등 외부로 통하는 부분에는 자물쇠 기타 도난·분실을 방지하기 위한 시설 또는 기구를 설치할 것

② 출입문에는 눈에 띄기 쉬운 곳에 방사선장해방지에 필요한 주의사항을 게시할 것

# 제5장 검사 및 기록과 비치

## 1. 검사

### 제56조(검사)

1. 허가 및 업무대행자는 방사성동위원소등의 생산·판매·사용·이동사용 또는 대행업무를 대통령령으로 정하는 바에 따라 위원회의 검사를 받아야 한다. 다만, 대통령령으로 정하는 바에 따라 검사가 면제되는 경우에는 그러하지 아니하다.

2. 위원회는 제1항에 따른 검사결과 다음 각 호의 어느 하나에 해당하면 허가사용자 또는 업무대행자에게 그 시정 또는 보완을 명할 수 있다.
   ① 방사성동위원소 등을 생산·판매·사용(소지·취급을 포함한다. 이하 같다) 또는 이동사용하려는 자는 대통령령으로 정하는 바에 따라 위원회의 허가를 받아야 한다. 허가받은 사항을 변경하려는 때에도 또한 같다. 다만, 총리령으로 정하는 일시적인 사용 장소의 변경과 그 밖의 경미한 사항을 변경하려는 때에는 이를 신고하여야 한다에 따른 허가기준 또는 허가 및 신고사용자를 대행하여 위원회에 등록하는 기준에 미달될 때
   ② 안전관리규정 또는 업무대행규정을 위반하였을 때

3. 시설검사

3-1. 허가사용자는 방사성동위원소등의 생산시설·사용시설·분배시설·저장시설·보관시설·처리시설 및 배출시설(이하 "사용시설등"이라 한다)을 설치 또는 변경한 경우에는 해당 시설에 대하여 위원회의 검사를 받아야 한다.

3-2. 허가사용자가 다음 각 호의 어느 하나에 해당하는 사용시설등에 대하여 총리령으로 정하는 바에 따라 자체점검을 하고, 그 자체점검결과에 대하여 위원회의 서면심사를 받아 합격한 경우에는 해당 자체점검으로 제1항에 따른 시설검사를 갈음한다. 다만, 해당 사용시설등을 최초로 검사하는 경우에는 그러하지 아니하다.
   ① 승인을 받은 방사선기기(별도의 방사선차폐체를 설치하지 아니하고 취급할 수 있는 것만 해당한다)를 설치한 사용시설등
   ② 승인을 받은 방사선발생장치로서 총리령으로 정하는 장치를 설치한 사용시설 등
   ③ 370 GBq 미만의 밀봉된 방사성동위원소의 사용시설 등

3-3. 업무대행자가 제2항 각 호의 어느 하나에 해당하는 사용시설등에 대하여 총리령으로 정하는 바에 따라 감리(監理)를 실시하고, 그 감리 결과에 대하여 위원회의 서면심사를 받아 합격한 경우에는 그 감리로 제1항에 따른 시설검사를 갈음한다. 다만, 해당 사용시설등을 최초로 검사하는 경우에는 그러하지 아니하다.

3-4. 제1항에 따른 검사, 제2항에 따른 자체점검 또는 제3항에 따른 감리 결과에 대한 서면심사 결과 그 사용시설 등의 설치 또는 변경이 법 제53조제1항에 따른 허가 내용(제99조 허가 또는 지정조건을 포함)과 일치하는 경우에는 합격으로 한다.

3-5. 위원회는 제2항 또는 제3항에 따라 제출된 자체점검 결과 또는 감리 결과에 대한 서면심사 결과 불합격한 사용시설 등에 대해서는 제1항에 따른 검사를 하여야 한다.

4. 시설검사의 자체점검 · 감리에 대한 서면심사 등

4-1. 허가사용자의 자체점검 또는 업무대행자의 감리는 다음 각 호의 사항에 대하여 실시한다.

① 방사선기기의 제작회사 · 모델번호 및 일련번호
② 방사선발생장치의 최대 사용용량
③ 내장되어 있는 방사성동위원소의 핵종 · 방사능량 · 제작회사 · 모델번호 · 일련번호 및 인증서
④ 방사선기기를 포함한 사용시설등의 설치위치 및 상태
⑤ 방사선기기 설치 후 방사선기기 외부표면 및 사용시설등의 주요 지점에서의 방사선량률
⑥ 사용시설등의 재질 및 치수
⑦ 사용시설등의 주변환경
⑧ 사용시설등의 안전장치설치 및 안전관리장비 보유현황
⑨ 방사능표지 · 주의사항의 게시위치 및 내용

4-2. 서면심사를 신청하려는 자는 신청서에 자체점검결과 또는 감리결과를 첨부하여 위원회에 제출하여야 한다.

참고) 가공사업자는 가공시설(변환시설을 포함)의 공사 및 성능에 관하여 위원회의 시설검사를 실시하는 경우 검사대상별 검사 시기는 다음 각 호와 같다.

① 토목 · 건축구조물에 대해서는 해당 시설의 공사를 착공하였을 때 및 공사 공정별로 구조 및 강도를 확인할 수 있거나 누설시험이 가능할 때
② 핵연료물질이 임계에 도달하는 것을 방지하기 위하여 그 관리가 필요한 설비에 대해서는 설비부분 상호 간의 간격 측정이 가능할 때

③ 기밀(기체가 통하지 않게 밀봉하는 것을 말한다. 이하 같다) 또는 수밀(액체가 통하지 않게 밀봉하는 것을 말한다. 이하 같다)이 요구되는 설비에 대해서는 비파괴검사시험이나 기밀시험 또는 수밀시험을 할 수 있을 때

### 4-3. 시설검사의 면제

시설검사가 면제되는 경우는 다음 각 호와 같다.

① 밀봉된 방사성동위원소 외의 방사성동위원소(이하 "밀봉되지 아니한 방사성동위원소"라 한다)의 저장시설을 변경하는 경우

② 방사성폐기물[폐기선원(사용이 종료된 방사성동위원소를 말한다)은 제외한다]의 저장시설을 변경하는 경우

③ 일시적인 사용장소에 사용시설등을 설치하는 경우

④ 법 제53조제2항에 따라 신고대상인 방사성동위원소등을 사용하기 위하여 사용시설등을 추가로 설치하거나 변경하는 경우

⑤ 법 제61조제1항 각 호 외의 부분 본문에 따른 제작검사에 합격한 방사선기기를 기존 시설의 변경 없이 설치하는 경우

⑥ 방사광가속기에 방사광빔라인을 추가로 설치하거나 구조를 변경하는 경우로서 위원회가 시설검사가 필요 없다고 인정하는 경우

⑦ 방사선발생장치의 보관시설을 설치하거나 변경하는 경우

### 4-4. 시설검사의 서면심사 대상

"총리령으로 정하는 장치"란 최대 전압 250 KV 이하의 방사선발생장치를 말한다.

## 5. 정기검사

1) 허가사용자는 법 제56조제1항에 따라 사용시설등의 시설 및 그 운영에 관하여 총리령으로 정하는 바에 따라 정기적으로 위원회의 검사를 받아야 한다.

2) 업무대행자는 법 제56조제1항 본문에 따라 대행업무의 운영 및 내용에 관하여 총리령으로 정하는 바에 따라 정기적으로 위원회의 검사를 받아야 한다.

3) 다음 각 호의 요건을 모두 갖춘 허가사용자가 사용시설등의 시설 및 그 운영에 관하여 총리령으로 정하는 바에 따라 자체점검을 하고, 그 자체점검 결과를 위원회에 제출하여 서면심사에 의한 검사(이하 이 조에서 "서면검사"라 한다)를 받아 합격한 경우에는 그 서면검사로 제1항에 따른 정기검사를 갈음한다. 다만, 처음으로 정기검사를 받아야 하는 경우와 서면검사를 받은 직후에 정기검사를 받아야 하는 경우는 예외로 한다.

① 총리령으로 정하는 정기검사주기가 3년 또는 5년인 사용시설등을 설치 · 운영하는 자일 것
② 직전 정기검사에서 시정 또는 보완 명령을 받지 아니하였을 것
③ 정기검사 해당 연도의 1월 1일부터 기산하여 최근 3년간 법 제98조제1항에 따른 보고(해당 사용시설등의 시설 및 그 운영에 관한 보고에 한정한다)가 누락되지 아니하였을 것
④ 정기검사 해당 연도의 1월 1일부터 기산하여 최근 3년간 판독특이자가 발생하지 아니하였을 것
⑤ 정기검사 해당 연도의 1월 1일부터 기산하여 최근 5년간 법 제97조에 따른 방사선발생장치 또는 방사성물질등에 관한 도난 · 분실 · 화재, 그 밖의 사고가 발생하지 아니하였을 것

4) 제1)항과 제2)항에 따른 검사 결과 또는 서면검사 결과 법 제55조 및 제59조제1항에 따른 기준에 맞게 유지된 경우에는 합격으로 한다.
5) 위원회는 서면검사 결과 불합격한 사용시설등의 시설 및 그 운영에 대해서는 제1항에 따른 검사를 해야 한다.

5-1. 정기검사의 시기 정기검사의 시기는 별표 10과 같다.

[별표 10]

방사성동위원소등 사용자에 대한 정기검사의 시기(제77조 관련)

| 구분 | 검사시기 |
|---|---|
| 1. 방사성동위원소등을 인체에 사용하는 공장 또는 사업소 | |
| 가. 인체의 치료 및 체내외 검진을 목적으로 사용하는 경우 | 매 1년 |
| 나. 가목 외의 경우 | |
| 1) 연간 사용량이 3.7 GBq(100 mCi) 이상 | 매 3년 |
| 2) 연간 사용량이 3.7 GBq(100 mCi) 미만 | 매 5년 |
| 2. 방사성동위원소등을 인체에 사용하지 않는 공장 또는 사업소 | |
| 가. 밀봉된 방사성동위원소 | |
| 1) 연간 사용량이 111 TBq(3,000 Ci) 이상 | 매 3년 |
| 2) 연간 사용량이 111 TBq(3,000 Ci) 미만 | 매 5년 |
| 나. 밀봉되지 않은 방사성동위원소 | |
| 1) 연간 사용량이 3.7 GBq(100 mCi) 이상 | 매 3년 |
| 2) 연간 사용량이 3.7 GBq(100 mCi) 미만 | 매 5년 |
| 다. 방사선발생장치 | |
| 1) 1 Gev 이상 | 매 1년 |
| 2) 1 Gev 미만, 1 Mev 이상 | 매 3년 |
| 3) 최대 전압 350 kV 이상으로서 용량이 350 kV, 5 mA 1대 이상 | 매 3년 |
| 4) 최대 전압 350 kV 미만으로서 용량이 250 kV, 5 mA 2대 이상 | 매 3년 |
| 5) 3) 또는 4)에서 정한 각각의 전압 · 용량 및 수량에 해당되지 않는 경우 | 매 5년 |

| | |
|---|---|
| 3. 방사성동위원소등의 이동사용을 전문으로 하는 사업소 | 매 1년 |
| 4. 판매허가를 받은 자 | |
| 가. 밀봉된 방사성동위원소 | |
| 1) 연간 판매량이 370 TBq(10,000 Ci) 이상 | 매 1년 |
| 2) 연간 판매량이 370 TBq(10,000 Ci) 미만 | 매 3년 |
| 나. 밀봉되지 아니한 방사성동위원소 | |
| 1) 연간 판매량이 37 TBq(1,000 Ci) 이상 | 매 1년 |
| 2) 연간 판매량이 37 TBq(1,000 Ci) 미만 | 매 3년 |
| 다. 방사선발생장치 | 매 3년 |
| 5. 방사성동위원소등의 생산허가를 받은 자 | 매 1년 |
| 6. 업무대행자 | 매 1년 |

## 5-2. 정기검사에 갈음하는 자체점검에 대한 서면심사

1) 허가사용자의 자체점검은 다음 각 호의 사항에 대하여 실시한다.

① 방사성동위원소등의 구매 · 사용 · 저장 및 폐기 현황

② 방사성동위원소등의 사용실적

③ 방사선작업종사자 및 수시출입자 현황

④ 방사선작업종사자 및 수시출입자의 피폭관리 · 건강진단 현황 · 교육현황

⑤ 사용시설등의 방사선측정 현황

⑥ 방사선측정장비의 보유 현황 및 그에 대한 검정 · 교정 현황

⑦ 방사선기기에 대한 누설점검 실적 및 결과

⑧ 보유하고 있는 안전관리기록 현황

⑨ 법 제59조제1항에 따른 기술기준에 적합하지 아니한 사항과 그 원인 및 조치에 관한 사항

2) 서면심사를 신청하려는 자는 신청서에 자체점검결과를 첨부하여 위원회에 제출하여야 한다.

## 5-3. 정기검사의 서면심사 대상

"총리령으로 정하는 정기검사 주기가 3년 또는 5년인 사용시설등을 설치 · 운영하는 자일 것" 이란 상기 별표 10에 따른 정기검사의 시기가 매 3년 또는 5년인 자를 말한다.

## 5-4. 정기검사의 면제

1) 법 제56조제1항 단서에 따라 제88조 및 법 제98조제2항에 따른 검사 결과나 허가사용자 및 업무대행자의 자체 안전관리 수준이 우수하다고 위원회가 인정하는 허가사용자 및 업무대행자에 대해서는 정기검사를 면제한다.

2) 제1항에 따른 검사면제의 기준 등 검사면제에 필요한 사항은 위원회가 정하여 고시한다.

## 허가사용자의 안전관리실적 평가표

| 항 | 목 | 해당기간 | 평점 | 비고 |
|---|---|---|---|---|
| 1 | 정기검사 또는 수시검사 지적사항 | 전년도 | -30 | (주1) |
| 2 | 정기검사 또는 수시검사 권고사항 | 전년도 | -10 | (주2) |
| 3 | 정기검사 또는 수시검사 준비 및 수검자세가 우수함 | 전년도 | +5 | |
| 4 | 방사성동위원소등의 분실 또는 도난 사고 발생 | 최근 1년간 | -50 | |
| | | 1~2년 경과시 | -40 | |
| | | 2~3년 경과시 | -30 | |
| | | 3~4년 경과시 | -20 | |
| | | 4~5년 경과시 | -10 | |
| 5 | 선량한도 초과피폭자 발생 | 최근 1년간 | -30 | |
| | | 1~2년 경과시 | -20 | |
| | | 2~3년 경과시 | -10 | |
| 6 | 피폭선량 측정결과 판독특이자 발생 | 최근 1년간 | -10 | |
| | | 1~2년 경과시 | -5 | |
| 7 | 변경허가를 받은 실적이 있음 | 전년도 | -5 | |
| 8 | 방사선안전관리자의 변경 실적이 있음 | 전년도 | -5 | |
| 9 | 각종 보고 또는 신고기한 초과 | 전년도 | -5 | |

※ 기본점수 100점에서 각 항목의 점수를 가감하여 70점 이상인 경우 정기검사 면제 가능
(주1) 발급건당 10점 감점, 최대 30점 감점
(주2) 발급건당 5점 감점, 최대 10점 감점

## 업무대행자의 안전관리실적 평가표

| 항 | 목 | 해당기간 | 평점 | 비고 |
|---|---|---|---|---|
| 1 | 정기검사 또는 수시검사 지적사항 | 전년도 | -30 | (주1) |
| 2 | 정기검사 또는 수시검사 권고사항 | 전년도 | -10 | (주2) |
| 3 | 정기검사 또는 수시검사 준비 및 수검자세가 우수함 | 전년도 | +5 | |
| 4 | 대행업무분야 관련 사고 발생 | 최근 1년간 | -50 | |
| | | 1~2년 경과시 | -40 | |
| | | 2~3년 경과시 | -30 | |
| | | 3~4년 경과시 | -20 | |
| | | 4~5년 경과시 | -10 | |
| 5 | 선량한도 초과피폭자 발생 | 최근 1년간 | -30 | |
| | | 1~2년 경과시 | -20 | |
| | | 2~3년 경과시 | -10 | |
| 6 | 피폭선량 측정결과 판독특이자 발생 | 최근 1년간 | -10 | |
| | | 1~2년 경과시 | -5 | |
| 7 | 변경등록 실적이 있음 | 전년도 | -5 | |
| 8 | 전담인력의 변경 실적이 있음 | 전년도 | -5 | |

| 9 | 각종 보고 또는 신고기한 초과 | 전년도 | -5 | |
|---|---|---|---|---|
| 10 | 업무대행자가 제공한 대행업무로 인한 원자력관계사업자의 보완 및 지적발생 | 전년도 | -20 | (주3) |

※ 기본점수 100점에서 각 항목의 점수를 가감하여 70점 이상인 경우 정기검사 면제 가능
(주1) 발급건당 10점 감점, 최대 30점 감점
(주2) 발급건당 5점 감점, 최대 10점 감점
(주3) 발생건당 2점 감점, 최대 20점 감점

## 6. 생산검사

1) 방사성동위원소의 생산허가를 받은 자는 법 제56조제1항에 따라 다음 각 호의 방사성동위원소 생산에 대하여 핵종별 및 수량별로 위원회가 정하는 바에 따라 검사를 받아야 한다.
   ① 밀봉된 방사성동위원소
   ② 밀봉되지 아니한 방사성동위원소
   ③ 특수형방사성물질
2) 제1항에 따른 검사 결과 방사성동위원소의 성능 및 품질보증계획서의 내용이 법 제55조제1항제3호에 따른 허가기준에 맞는 경우에는 합격으로 한다.

## 6-1. 검사

1) 생산자는 품질에 영향을 미치는 업무가 지시서·절차서 및 도면에 따라 수행되었는지를 확인하기 위한 검사계획을 수립·시행하여야 한다.
2) 생산자는 검사대상 업무를 직접 수행하지 않는 자에 의하여 검사가 수행될 수 있도록 하여야 하며, 검사요원은 자재·기기 등의 품질을 보증하기 위하여 필요한 경우에는 작업공정마다 시험·측정 또는 점검 등의 방법으로 직접검사를 실시하되, 직접검사가 불가능하거나 품질에 위해한 영향을 미치는 경우에는 작업방법·장비 및 작업자를 감시하는 간접적인 관리를 하여야 한다.
3) 생산자는 다음 작업을 진행하기 전에 필수적으로 검사를 받아야 하는 사항이 있는 경우 그 사항을 명시하도록 하여야 한다.

## 6-2. 적용범위

방사성동위원소의 생산검사(이하 "생산검사"라 한다)에 관한 기준은 1), 2)를 적용한다.

1) 검사시기
   ① 생산검사는 생산허가를 받고 방사성동위원소를 최초로 생산하였을 때에 받아야 한다.
   ② 제1항에 의한 생산검사는 정기검사와 병행하여 실시할 수 있다.

2) 검사방법

① 생산검사는 생산자가 제24조에서 규정하는 성능시험계획서에 따라 실시하는 시험에 입회 또는 직접 검사하는 방법으로 한다. 이 경우 서류검사 및 현장검사를 포함한다.

② 생산검사는 방사성동위원소 또는 모형 시험물을 이용하여 실시할 수 있다.

## 2. 생산 · 판매 · 사용 또는 이동사용 허가 등의 취소 등

### 제57조 생산 · 판매 · 사용 또는 이동사용 허가 등의 취소 등

1. 위원회는 허가 · 신고사용자 또는 업무대행자가 다음 각 호의 어느 하나에 해당하면 그 허가 · 등록의 취소 또는 1년 이내의 기간을 정하여 그 업무를 정지하거나 사용금지(신고사용자만 해당한다)를 명할 수 있다. 다만, 제①호 또는 제④호에 해당하는 때에는 그 허가 또는 등록을 취소하여야 한다.

① 거짓이나 그 밖의 부정한 방법으로 허가를 받았거나 신고 또는 등록한 때

② 정당한 사유 없이 대통령령으로 정하는 기간 안에 그 허가받은 사용 또는 사업을 개시하지 아니하거나 1년 이상 계속하여 중단한 때

③ 변경허가 또는 변경신고를 하지 아니하고 허가받은 사항이나 신고 또는 등록한 사항을 변경한 때

④ 제53조제4항 및 제54조제4항에서 준용하는 결격사유 제①호 · 제②호 및 제④호 중 어느 하나에 해당하게 된 때. 다만, 법인의 대표자가 그 사유에 해당하게 된 경우 3개월 이내에 그 대표자를 바꾸어 선임한 때에는 그러하지 아니하다.

⑤ 허가기준 등의 허가 또는 등록 기준에 미달하게 된 때

⑥ 등록기준에 미달, 업무대행규정을 위반하였을 때, 위원회는 사업소 안에서의 방사성동위원소 또는 그에 따라 오염된 물질이나 방사선발생장치의 생산시설 또는 사용시설 등의 위치 · 구조 및 설비, 사업소 안에서의 생산 · 사용 · 분배 · 저장 · 운반 · 처리 및 배출과 방사성동위원소 등의 이동사용이나 판매가 기술기준에 적합하지 아니하다고 인정하면 허가 및 신고사용자에게 해당 시설의 수리 · 개선 · 이전 또는 생산 · 사용의 정지, 취급방법의 변경과 그 밖의 안전에 필요한 조치를 명할 수 있다, 제92조제2항(장해방어조치 및 보고) 또는 제98조제1항 및 제3항(검사 및 보고)에 따른 명령을 위반한 때

⑦ 업무대행규정, 방사성폐기물의·처분제한 · 방사성물질 등 또는 방사선발생장치를 소지하거나 양도 · 양수 제한 · 원자력이용시설의 취급제한 또는 교육훈련을 위반한 때

⑧ 허가조건을 위반한 때

2. 위원회는 제1항에 따라 업무의 정지 또는 사용금지를 명하여야 할 경우에 그 업무의 정지 또는 사용금지를 갈음하여 5억원 이하의 과징금을 부과할 수 있다.

3. 제1항에 따른 업무의 정지 또는 사용금지 처분기준과 제2항에 따른 과징금의 부과기준은 대통령령으로 정한다.

4. 위원회는 제2항에 따른 과징금을 내야 할 자가 납부기한까지 과징금을 내지 아니하면 국세체납처분의 예에 따라 이를 징수하거나 제2항에 따른 과징금 부과처분을 취소하고 제1항에 따른 업무정지처분 또는 사용금지처분을 하여야 한다.

## 3. 기록과 비치

### 제58조(기록과 비치)

1. 허가 · 신고사용자 및 업무대행자는 총리령으로 정하는 바에 따라 방사성동위원소등의 생산 · 사용 · 이동사용 · 분배 · 저장 · 운반 · 보관 · 처리 · 배출 · 판매 또는 업무대행 등에 관한 사항을 기록하여 이를 공장 또는 사업소마다 비치하여야 하며 시행규칙으로법 제18조 · 제25조 · 제39조 · 제49조 · 제52조 제4항 · 제58조 · 제67조 · 제82조, 영제131조 제3항 및 제132조 제2항에 따라 기록 · 비치하여야 할 사항은 별표 11과 같다. 다만, 기록하여야 할 사항 중 측정이 필요한 경우로서 직접 측정하기가 곤란한 때에는 해당 사항을 간접적으로 추정하여 그 내용을 기록하되, 추정치임을 부기하여야 한다.

■ 원자력안전법 시행규칙 **[별표 11]**

**기록·비치하여야 할 사항**(제145조 관련)

1. 방사성동위원소등의 생산 및 사용자(신고사용자는 제외한다)

| 기록사항 | 기록시기 | 보존기간 |
|---|---|---|
| 가. 방사성동위원소등의 생산 또는 사용기록(생산 또는 사용 일시·장소·방법·목적·종사자성명·종류 및 수량) | 생산 또는 사용한 때마다 | 5년 |
| 나. 방사성동위원소 또는 방사성동위원소에 따른 오염물의 보관·처리·저장 및 배출기록(일시·장소·방법·종사자·성명·종류 및 수량) | 보관·처리·저장 및 배출한 때마다 | 5년 |
| 다. 방사선안전관리의 기록 | | |

| | | |
|---|---|---|
| 1) 방사성동위원소등의 생산, 사용, 분배, 저장 및 폐기시설의 방사선량률 | 측정한 때마다 | 5년 |
| 2) 밀봉방사성동위원소 또는 방사선발생장치로서 방사선차폐시설이 일정한 장소의 방사선량률 | 측정한 때마다 | 10년 |
| 3) 배기구 및 배수구에서의 방사성물질의 농도 | 배기 및 배수한 때마다 | 10년 |
| 4) 방사선관리구역에서의 방사성물질로 오염된 물체의 표면오염도 | 작업한 때마다 | 10년 |
| 5) 매년 1월 1일을 기준으로 한 각 3개월간의 방사선작업종사자의 피폭방사선량 | 매분기 1회 | 사용을 폐지할 때까지 |
| 6) 매년 1월 1일을 기준으로 한 각 3개월간의 수시출입자의 피폭방사선량 | 매분기 1회 | 5년 |
| 7) 방사선작업종사자가 해당 업무에 종사하기 이전의 건강진단기록 및 방사선피폭경력 | 해당 업무에 종사하기 시작한 때 | 사용을 폐지할 때까지 |
| 8) 수시출입자가 해당 업무에 종사하기 이전의 건강진단기록 | 해당 업무에 종사하기 시작한 때 | 5년 |
| 9) 방사선작업종사자가 해당 업무에 종사하는 기간 중의 건강진단기록 | 건강진단을 한 때마다 | 사용을 폐지할 때까지 |
| 10) 수시출입자가 해당 업무에 종사하는 기간 중의 건강진단기록 | 건강진단을 한 때마다 | 5년 |
| 11) 자체처분한 방사성폐기물의 발생원, 종류, 수량, 방사선량률, 처분방법 및 처리일시 | 자체처분을 한 때마다 | 5년 |

## 2. 방사성동위원소등의 판매업자

| 기록사항 | 기록시기 | 보존기간 |
|---|---|---|
| 가. 방사성동위원소등의 구입 또는 판매기록(일시·종류 및 수량) | 구입 또는 판매한 때마다 | 5년 |
| 나. 방사성동위원소 또는 방사성동위원소에 따른 오염물의 보관·처리·저장 및 배출기록(일시·장소·방법·종사자 성명·종류 및 수량) | 보관·처리·저장 및 배출한 때마다 | 5년 |
| 다. 방사선안전관리의 기록 | | |
| 1) 방사성동위원소등의 분배 · 저장 · 보관 · 처리 및 배출시설의 방사선량률 | 측정한 때마다 | 10년 |
| 2) 밀봉방사성동위원소 저장시설의 방사선량률 | 측정한 때마다 | 10년 |
| 3) 배기구 및 배수구에서의 방사성물질의 농도 | 배기 및 배수한 때마다 | 10년 |
| 4) 방사선관리구역에서 방사성물질로 오염된 물체표면의 오염도 | 작업한 때마다 | 10년 |
| 6) 매년 1월 1일을 기준으로 한 각 3개월간의 수시출입자의 피폭방사선량 | 매분기 1회 | 5년 |
| 7) 방사선작업종사자가 해당 업무에 종사하기 이전의 건강진단기록 및 방사선피폭경력 | 해당 업무에 종사하기 시작한 때 | 판매사업을 폐지할 때까지 |

| | | |
|---|---|---|
| 8) 수시출입자가 해당 업무에 종사하기 이전의 건강진단기록 | 해당 업무에 종사하기 시작한 때 | 5년 |
| 9) 방사선작업종사자가 해당 업무에 종사하는 기간 중의 건강진단기록 | 건강진단을 한 때마다 | 판매사업을 폐지할 때까지 |
| 10) 수시출입자가 해당 업무에 종사하는 기간 중의 건강진단기록 | 건강진단을 한 때마다 | 5년 |
| 11) 자체처분한 방사성폐기물의 발생원, 종류, 수량, 방사선량률, 처분방법 및 처리일시 | 자체처분을 한 때마다 | 5년 |

## 3. 폐기시설등의 건설·운영허가를 받은 자

| 기록사항 | 기록시기 | 보존기간 |
|---|---|---|
| 가. 방사성폐기물기록 | | |
| 1) 인수한 방사성폐기물의 종류 및 수량 | 인수한 때마다 | 영구 |
| 2) 방사성폐기물의 인수일시 및 인수장소 | 인수한 때마다 | 영구 |
| 3) 처리시설에서 처리한 방사성폐기물의 종류·수량 및 처리방법·일시 | 처리한 때마다 | 영구 |
| 4) 처분시설에 영구처분한 방사성폐기물의 종류·수량·처분방법·처분위치 및 총방사능 농도 | 영구처분한 때마다 | 영구 |
| 5) 자체처분한 방사성폐기물의 발생원·종류·수량·방사선량률·처분방법 및 처리일시 | 자체처분한 때마다 | 5년 |
| 나. 방사선안전관리의 기록 | | |
| 1) 방사성폐기물저장시설, 처리시설, 처분시설 등의 방사선량률 | 측정한 때마다 | 10년 |
| 2) 방사성폐기물의 배기구 및 배수구에서의 방사성물질의 3개월간의 평균농도 | 매분기 1회 | 10년 |
| 3) 방사선관리구역 및 제한구역에서의 외부방사선량과 공기중 및 수중의 방사성물질의 1주일간의 평균농도와 방사성물질로 오염된 물체표면의 오염도 | 매주 1회 | 10년 |
| 4) 매년 1월 1일을 기준으로 한 각 3개월간의 방사선작업종사자의 피폭방사선량 | 매분기 1회 | 폐기시설등의 건설 · 운영을 폐지할 때까지 |
| 5) 매년 1월 1일을 기준으로 한 각 3개월간의 수시출입자의 피폭방사선량 | 매분기 1회 | 5년 |
| 6) 방사선작업종사자가 해당 업무에 종사하기 이전의 건강진단기록 및 방사선피폭경력 | 해당 업무에 종사하기 시작한 때 | 폐기시설등의 건설 · 운영을 폐지할 때까지 |
| 7) 수시출입자가 해당 업무에 종사하기 이전의 건강진단기록 | 해당 업무에 종사하기 시작한 때 | 5년 |

| | | |
|---|---|---|
| 8) 방사선작업종사자가 해당 업무에 종사하는 기간 중의 건강진단기록 | 건강진단을 한 때마다 | 폐기시설등의 건설 · 운영을 폐지할 때까지 |
| 9) 수시출입자가 해당 업무에 종사하는 기간 중의 건강진단 기록 | 건강진단을 한 때마다 | 5년 |
| 다. 폐기시설등의 검사기록 | | |
| 1) 영 제101조에 따른 사용전 검사의 결과 | 검사한 때마다 | 10년 |
| 2) 영 제103조에 따른 정기검사의 결과 | 검사한 때마다 | 5년 |
| 3) 영 제104조에 따른 처분검사의 결과 | 검사한 때마다 | 5년 |
| 라. 운영유지관리의 기록 | | |
| 안전관리규정에 따른 재해방지를 위하여 특히 관리를 필요로 하는 기기의 순시·점검·보수결과 및 그 담당자의 성명 | 매일 1회 및 보수한 때마다 | • 순시·점검: 1년<br>• 보수: 폐기 시설등의 건설· 운영을 폐지할 때까지 |
| 마. 폐기시설등의 사고기록 | | |
| 1) 사고발생 및 복구일시 | 사고발생 및 복구한 때마다 | 폐기시설등의 건설·운영을 폐지할 때까지 |
| 2) 사고의 상황 및 그 조치 내용 | 수시 | 폐기시설등의 건설·운영을 폐지할 때까지 |
| 3) 사고의 원인 | 사고가 발생한 때마다 | 폐기시설등의 건설·운영을 폐지할 때까지 |
| 4) 사고 후 조치 내용 | 조치한 때마다 | 폐기시설등의 건설·운영을 폐지할 때까지 |
| 바. 환경감시 | | |
| 1) 시료채취 장소 및 일시 | 시료채취한 때마다 | 폐기시설등의 건설·운영을 폐지할 때까지 |
| 2) 시료분석 방법 및 결과 | 시료분석한 때마다 | 폐기시설등의 건설·운영을 폐지할 때까지 |
| 3) 환경방사선 측정방법 및 결과 | 측정한 때마다 | 폐기시설등의 건설·운영을 폐지할 때까지 |
| 사. 기상기록 | | |
| 1) 풍향 및 풍속 | 연속적으로 | 10년 |
| 2) 대기안정도 | 연속적으로 | 10년 |

## 4. 판독업무자

| 기록사항 | 기록시기 | 보존기간 |
|---|---|---|
| 가. 피폭방사선량 평가 관련 자료 | | |
| 1) 다음의 구분에 따른 피폭방사선량 판독의 기초자료<br>가) 재사용이 가능한 개인선량계의 경우: 소자별 반응 및 스펙트럼 등의 기초 자료<br>나) 재사용이 불가능한 개인선량계의 경우: 피폭 이미지가 영구 기록된 해당개인선량계 | 평가한 때마다 | 판독업무등록을 폐지할 때까지 |
| 2) 개인피폭 방사선량 측정결과 | 평가한 때마다 | 판독업무등록을 폐지할 때까지 |
| 나. 판독장비의 검사 및 교정기록 | 검사 및 교정한 때마다 | 5년 |
| 다. 영 제115조에 따른 판독검사 결과 | 검사한 때마다 | 5년 |

## 5. 업무대행자

| 기록사항 | 기록시기 | 보존기간 |
|---|---|---|
| 가. 업무대행 실적 | | |
| 1) 업무대행 내용 및 기간 | 업무 대행 때마다 | 업무대행등록을 폐지할 때까지 |
| 2) 방사선작업 내용 및 결과 | 업무 대행 때마다 | 업무대행등록을 폐지할 때까지 |
| 3) 방사선안전관리대행의 경우에는 정기적인 안전관리대행 실적 | 업무 대행 때마다 | 업무대행등록을 폐지할 때까지 |
| 나. 방사선안전관리의 기록 | | |
| 1) 매년 1월 1일을 기준으로 한 각 3개월간의 방사선작업종사자의 피폭방사선량 | 매분기 1회 | 업무대행등록을 폐지할 때까지 |
| 2) 매년 1월 1일을 기준으로 한 각 3개월간의 수시출입자의 피폭방사선량 | 매분기 1회 | 5년 |
| 3) 방사선작업종사자가 해당 업무에 종사하기 이전의 건강진단기록 및 방사선피폭경력 | 해당 업무에 종사하기 시작한 때 | 업무대행등록을 폐지할 때까지 |
| 4) 수시출입자가 해당 업무에 종사하기 이전의 건강진단기록 | 해당 업무에 종사하기 시작한 때 | 5년 |
| 5) 방사선작업종사자가 해당 업무에 종사하는 기간 중의 건강진단기록 | 건강진단을 한 때마다 | 업무대행등록을 폐지할 때까지 |
| 6) 수시출입자가 해당 업무에 종사하는 기간 중의 건강진단기록 | 건강진단을 한 때마다 | 5년 |

### 제59조(기준준수의무 등)

1. 허가 및 신고사용자는 다음 사항에 관하여 법 제 55조 허가기준 등에 적시된 위원회규칙으로 정하는 기술기준 제17조부터 제23조까지, 제23조 2의 규정을 준수하여야 한다.
   ① 방사성동위원소 또는 그에 따라 오염된 물질이나 방사선발생장치의 생산시설 · 사용시설등의 위치 · 구조 및 설비
   ② 방사성동위원소 또는 그에 따라 오염된 물질이나 방사선발생장치의 사업소 안에서의 생산 · 사용 · 분배 · 저장 · 운반 · 보관 · 처리 및 배출
   ③ 방사성동위원소등의 이동사용 및 판매
2. 위원회는 사업소 안에서의 방사성동위원소 또는 그에 따라 오염된 물질이나 방사선발생장치의 생산시설 또는 사용시설등의 위치 · 구조 및 설비, 사업소 안에서의 생산 · 사용 · 분배 · 저장 · 운반 · 처리 및 배출과 방사성동위원소등의 이동사용이나 판매가 제1항에 따른 기술기준에 적합하지 아니하다고 인정하면 허가사용자 및 신고사용자에게 해당 시설의 수리 · 개선 · 이전 또는 생산 · 사용의 정지, 취급방법의 변경과 그 밖의 안전에 필요한 조치를 명할 수 있다.
3. 허가사용자 및 그 종업원은 제53조제3항에 따른 안전관리규정을 준수하여야 하며, 업무대행자와 그 종업원은 제54조제3항에 따른 업무대행규정을 준수하여야 한다.

## 4. 방사성동위원소 및 방사선발생장치의 취급기준

### 제1관 개봉선원

규칙 제35조 (적용범위)

법 제59조제1항제2호의 규정에 의한 방사성동위원소중 개봉선원의 생산 및 개봉선원 또는 그에 의하여 오염된 물질의 사용·분배·저장·운반·보관·처리 또는 배출에 관한 기술기준은 제36조부터 제40조까지, 제40조의2의 규정을 적용한다.

규칙 제36조 (생산)

개봉선원의 생산에 관한 기술기준은 다음 각호와 같다.

① 다음 각목에 해당하는 조치를 함으로써 방사선작업종사자 또는 수시출입자의 피폭방사선량이 선량한도를 초과하지 아니하도록 할 것
  가. 차폐벽이나 차폐물에 의하여 방사선을 차폐할 것
  나. 원격조작장치·집게 등을 사용하여 개봉선원과 인체 사이에 적당한 거리를 확보하고 차폐물을 이용하도록 할 것

다. 면밀한 작업계획 및 숙달·훈련 등을 통하여 인체에 방사선이 피폭되는 시간을 단축할 것

② 생산시설 안의 사람이 상시 출입하는 장소에서 사람이 호흡하는 공기중 방사성동위원소의 농도는 방사성동위원소에 의하여 오염된 공기를 정화하거나 배기함으로써 유도공기중농도를 초과하지 아니하도록 할 것

③ 생산시설 안의 사람이 접촉하는 물건표면의 방사성동위원소의 오염도가 허용표면오염도를 초과하지 아니하도록 할 것

④ 생산시설 안에서는 작업복·신발·보호구 등을 착용하되, 이를 착용한채 작업실을 나가지 아니하도록 할 것

⑤ 생산시설을 나갈 때에는 인체에 착용하고 있는 물건표면에 대하여 방사성동위원소에 의한 오염상태를 검사하고 그 오염을 제거할 것

⑥ 생산시설에는 눈에 띄기 쉬운 장소에 방사선장해방지에 필요한 주의사항을 게시할 것

규칙 제37조 (사용 및 분배)

개봉선원의 사용 또는 분배에 관한 기술기준은 다음 각호와 같다.

① 사용시설 또는 작업실에서 사용·분배할 것

② 다음 각목에 해당하는 조치를 함으로써 방사선작업종사자 또는 수시 출입자의 피폭방사선량이 선량한도를 초과하지 아니하도록 할 것

가. 차폐벽이나 차폐물에 의하여 방사선을 차폐할 것

나. 원격조작장치·집게 등을 사용하여 개봉선원과 인체 사이에 적당한 거리를 확보하고 차폐물을 이용하도록 할 것

다. 면밀한 작업계획 및 숙달·훈련 등을 통하여 인체에 방사선이 피폭되는 시간을 단축할 것

③ 작업실안의 사람이 상시 출입하는 장소에서 사람이 호흡하는 공기중 방사성동위원소의 농도는 방사성동위원소에 의하여 오염된 공기를 정화하거나 배기함으로써 유도공기중농도를 초과하지 아니하도록 할 것

④ 작업실 또는 오염검사실안의 사람이 접촉하는 물건표면의 방사성동위원소의 오염도가 허용표면오염도를 초과하지 아니하도록 할 것

⑤ 작업실안에서는 작업복·신발·보호구 등을 착용하되, 이를 착용한 채 작업실을 나가지 아니하도록 할 것

⑥ 작업실을 나갈 때에는 인체 및 작업복·신발·보호구 등 인체에 착용하고 있는 물건표면에 대하여 방사성동위원소에 의한 오염상태를 검사하고 그 오염을 제거할 것

⑦ 사용 또는 분배시설에는 눈에 띄기 쉬운 장소에 방사선장해방지에 필요한 주의사항을 게시할 것

규칙 제38조 (저장)

개봉선원의 저장에 관한 기술기준은 다음 각호와 같다.

① 용기에 넣어 저장시설에 저장할 것

② 저장시설의 저장능력을 초과하여 저장하지 아니할 것

③ 제37조제2호 각목의 조치를 함으로써 방사선작업종사자 또는 수시출입자의 피폭방사선량이 선량한도를 초과하지 아니하도록 할 것

④ 저장함은 개봉선원의 보관중에는 그 운반을 제한하도록 할 것

⑤ 저장시설안의 사람이 호흡하는 공기중 방사성동위원소의 농도가 유도공기중 농도를 초과하지 아니하도록 할 것

⑥ 저장시설안의 사람이 접촉하는 물건표면의 방사성동위원소의 오염도가 허용표면오염도를 초과하지 아니하도록 다음 각목의 조치를 할 것

가. 액체상의 방사성동위원소는 액체가 흘러넘치지 아니하는 구조 및 액체가 침투할 수 없는 재료로 된 용기에 넣을 것

나. 액체상의 방사성동위원소를 넣은 용기가 균열 또는 파손될 우려가 있는 경우에는 밑받이·흡수재 기타 시설 또는 기구를 사용하여 방사성동위원소에 의한 오염의 확산을 방지할 것

⑦ 방사선관리구역에는 사람의 출입을 제한하는 조치를 할 것

규칙 제39조 (운반)

1. 개봉선원 및 그에 의하여 오염된 물질을 사업소 안에서 운반하는 경우의 기술기준은 다음 각호와 같다.

① 용기에 봉입하여 운반할 것. 다만, 다음 각목의 조치를 하는 경우에는 그러하지 아니하다.

가. 방사성동위원소에 의하여 오염된 것(당해 물질에 함유된 방사성동위원소의 농도가 허용표면오염도를 초과하지 아니하는 것에 한한다)으로서 방사성동위원소의 확산 또는 누설의 방지조치를 하거나 기타 원자력안전위원회가 정하여 고시하는 방사선장해방지를 위한 조치를 하여 운반하는 경우

나. 방사성동위원소에 의하여 오염된 것으로서 대형기계 등 용기에 넣어 운반하기 어려운 것을 원자력안전위원회의 승인을 얻어 운반하는 경우

② 방사성동위원소 및 그에 의하여 오염된 물질을 넣은 용기(제1호 가목 또는 나목의 규정에 의한 방사성동위원소에 의하여 오염된 것을 포함하며, 이하 이 조에서 "운반물"이라 한다) 및 이를 적재하는 차량이나 방사성동위원소 및 그에 의하여 오염된 물질을 운반하는 기계·기구(이하 이 조에서 "차량등"이라 한다)의 표면으로부터 10 ㎝ 및 차량의 외부표면으로부터 2 m 떨어진 위치의 방사선량률이 각각 원자력안전위원회가 정하여 고시하는 방사선량률

을 초과하지 아니하도록 하고 운반물표면의 방사성동위원소의 오염도가 허용표면오염도를 초과하지 아니하도록 할 것

③ 운반물을 차량 등에 실을 때에는 운반중에 이동·전도 또는 전락 등에 의하여 운반물의 안전성이 손상되지 아니하도록 할 것

④ 동일한 차량 등에 제98조의 규정에 의한 위험물과 운반물을 혼재하지 아니하도록 할 것

⑤ 운반물의 운반경로에는 표지를 설치하거나 감시인을 배치하는 등의 방법으로 운반에 종사하지 아니하는 자와 운반에 사용되지 아니하는 차량 등의 출입을 제한할 것

⑥ 운반물을 운반하는 차량 등은 서행하도록 할 것

⑦ 방사성동위원소의 취급에 관하여 지식과 경험을 갖춘 자를 동행하게 하거나 방사선장해방지를 위하여 필요한 감독을 하도록 할 것

⑧ 운반물 및 차량 등에는 눈에 띄기 쉬운 곳에 별표 2에 의한 표지를 부착할 것

⑨ 방사선작업종사자외의 사람이 운반물의 운반에 종사하는 경우에는 그의 피폭방사선량이 선량한도를 초과하지 아니하도록 할 것

⑩ 용기 밖의 운반물 등을 오염시킬 우려가 있는 방사성동위원소 및 그에 의하여 오염된 물질은 기밀구조의 용기에 넣어 운반할 것

⑪ 액체상태의 방사성동위원소 및 그에 의하여 오염된 물질은 그 액체의 침투나 부식이 잘 되지 아니하는 재료로 만들어지고 전복되기 어려운 구조로 된 용기에 넣어 운반할 것

2. 제1항제③호의 조치의 전부 또는 일부를 하기가 곤란한 경우에는 원자력안전위원회의 승인을 얻은 조치로 이를 갈음할 수 있다. 이 경우 당해 운반물의 표면으로부터 10 ㎝ 및 2 m 떨어진 위치의 방사선량률은 각각 원자력안전위원회가 정하여 고시하는 방사선량률을 초과하여서는 아니된다.

3. 제1항제①호·제②호 및 제⑤호부터 제⑧호까지는 방사선관리구역 안에서의 운반에 관하여는 이를 적용하지 아니한다.

4. 제1항의 규정은 방사성동위원소 및 그에 의하여 오염된 물질을 사용시설등의 안에서 운반하는 경우와 운반시간이 짧고 방사선장해의 우려가 없는 경우에는 이를 적용하지 아니한다.

규칙 제40조 (보관·처리 및 배출)

사업소 안에서 방사성동위원소 또는 그에 의하여 오염된 물질을 보관·처리 및 배출하는 경우에는 다음 각 호의 기술기준에 따르는 외에 고시 제37조 각호(제1호를 제외한다)의 규정을 준용한다. 이 경우 사용 및 분배 제7호중 "사용 또는 분배시설"은 "보관·처리 및 배출시설"로 본다.

① 기체상의 방사성동위원소 또는 그에 의하여 오염된 물질은 이를 배기설비로 정화하거나 배출할 것
② 제①호의 방법으로 배출하는 경우에는 배기설비의 배기구에서의 배기중 방사성동위원소의 농도를 배출관리기준의 제한값 이하로 할 것. 다만, 고시 제23조 제④호 나목 단서에 해당하는 경우에는 그러하지 아니하다.
③ 배기설비에 부착한 방사성동위원소를 제거하는 때에는 깔개·밑받이 또는 흡수재 기타 방사성동위원소에 의한 오염의 확산을 방지하기 위한 시설·기구 및 보호구를 사용할 것
④ 액체상의 방사성동위원소 또는 그에 의하여 오염된 물질은 다음 각목의 1의 방법으로 보관·처리 또는 배출할 것
가. 배수설비로 정화하거나 배출할 것
나. 용기에 넣거나 고형화처리설비안에서 콘크리트 기타 고형화재료로 고형화하여 보관할 것
다. 방사선장해방지를 위하여 원자력안전위원회가 정하여 고시하는 기준에 따라 소각할 것
⑤ 제④호 가목의 방법으로 배출하는 경우에는 배수설비의 배수구에 있어서의 배출액중 방사성동위원소의 농도를 배출관리기준의 제한값 이하로 할 것. 다만, 고시 제23조 제③호 가목 단서에 해당하는 경우에는 그러하지 아니하다.
⑥ 제④호 가목의 방법으로 배출하는 경우 배출액을 처리하는 때 또는 동목의 배수설비의 부착물 또는 침전물 등의 방사성동위원소를 제거하는 때에는 깔개·밑받이 또는 흡수재 기타 방사성동위원소에 의한 오염의 확산을 방지하기 위한 시설·기구 또는 보호구를 사용할 것
⑦ 제④호 나목의 방법으로 보관하는 경우 액체상의 방사성동위원소 및 그에 의하여 오염된 물질을 넣는 용기는 액체가 흘러 넘치지 아니하는 구조 및 액체가 침투할 수 없는 재료로 된 용기에 넣을 것
⑧ 제④호 나목의 방법중 액체상의 방사성동위원소 또는 그에 의하여 오염된 물질을 용기에 넣어 보관하는 경우 당해 용기가 균열 또는 파손될 우려가 있는 때에는 밑받이·흡수재 기타 방사성동위원소에 의한 오염의 확산을 방지하기 위한 시설 또는 기구를 사용하여 방사성동위원소의 오염의 확산을 방지할 것
⑨ 제④호 나목의 방법중 액체상의 방사성동위원소 또는 그에 의하여 오염된 물질을 고형화하는 경우에는 액체상의 방사성동위원소 또는 그에 의하여 오염된 물질의 확산 또는 누설을 방지할 수 있을 것

규칙 제40조의 2 (개봉선원의 보안관리 등)

원자력안전위원회가 정하는 수량 이상의 개봉선원을 생산·사용·분배·보관·저장 또는 운반하는 경우에는 원자력안전위원회가 정하여 고시하는 바에 따라 보안관리 및 그에 관련된 계획 등을 수립하여 이행하여야 한다.

## 제2관 밀봉선원

### 규칙 제41조 (적용범위)

법 제59조제1항제2호의 규정에 의한 방사성동위원소중 밀봉선원의 생산 및 밀봉선원 또는 그에 의하여 오염된 물질의 사용·분배·보관·저장 또는 운반에 관한 기술기준은 규칙 제42조부터 제46조까지, 제46조의2의 규정을 적용한다.

규칙 제42조 (생산) 제36조제1호 및 제6호의 규정은 밀봉선원의 생산에 관한 기술기준에 관하여 이를 준용한다.

### 규칙 제43조 (사용) 밀봉선원의 사용에 관한 기술기준은 다음 각호와 같다.

① 사용시설안에서만 사용할 것

② 정상적인 사용 상태에서는 밀봉선원이 개봉 또는 파괴될 우려가 없도록 할 것

③ 다음 각목의 1에 해당하는 조치를 함으로써 방사선작업종사자 또는 수시출입자의 피폭방사선량이 선량한도를 초과하지 아니하도록 할 것

가. 차폐벽이나 차폐물에 의하여 방사선을 차폐할 것

나. 원격조작장치 또는 집게 등을 사용하여 밀봉선원과 인체 사이에 적당한 거리를 확보하도록 할 것

다. 면밀한 작업계획 및 취급의 숙달·훈련 등을 통하여 인체에 방사선이 피폭되는 시간을 단축할 것

④ 사용시설 또는 방사선관리구역의 눈에 띄기 쉬운 장소에 방사선장해방지에 필요한 주의사항을 게시할 것

⑤ 밀봉선원을 이동사용하는 경우에는 사용 직후 그 밀봉선원의 분실 또는 누설 등 이상유무를 점검하고, 이상이 판명된 때에는 탐사 기타 방사선장해방지를 위하여 필요한 조치를 할 것

⑥ 밀봉선원의 건전성을 확인하기 위하여 원자력안전위원회가 정하여 고시하는 바에 따라 누설점검을 실시할 것

⑦ 밀봉선원이 내장된 방사선기기의 건전성을 확인하기 위하여 원자력안전위원회가 정하여 고시하는 바에 따라 정기점검을 실시할 것

고시 1. "방사선원"이란 「원자력안전법 시행령」 제2조제3호에서 정의된 밀봉된 방사성동위원소(이하 "밀봉선원"이라 한다)로서 이 기준에 따라 누설점검을 하여야 하는 선원을 말한다. 다만, 다음 각 목에서 정하는 방사선원은 제외한다.

가. 베타 및 감마선을 방출하는 밀봉선원으로서 방사능량이 3.7 MBq 이하의 것

나. 알파선을 방출하는 밀봉선원으로서 방사능량이 0.37 MBq 이하의 것

다. 물리적 반감기가 30일 이하의 것

2. “누설점검”이란 밀봉선원의 밀봉성능을 확인하기 위하여 이 기준에서 정하는 바에 따라 누설 여부를 시험하는 것을 말한다.
3. 방사선원에 대한 누설점검의 시기는 다음 각 호와 같다.
   ① 방사선원을 신규로 인수하였을 경우에는 취득일로부터 30일 이내
   ② 사용 중인 방사선원에 대해서는 매 1년
   ③ 최근 6개월 이내에 누설점검을 실시하지 아니하고 보관 또는 저장하고 있는 방사선원에 대해서는 사용을 재개하기 직전
4. 제1항의 규정에 불구하고 방사선원의 제작자가 서면으로 누설점검의 시기 및 유효기간을 지정한 경우에는 이에 따를 수 있다. 다만, 이 경우에 사용자는 관련 증빙서류를 확보하고 있어야 한다.
5. 방사선원의 누설점검의 방법은 별표 12부터 별표 14까지와 같으며 방사선원의 제작자가 서면으로 누설점검의 방법을 지정한 경우에는 이에 따를 수 있다. 다만, 이 경우에 사용자는 관련 증빙서류를 확보하고 있어야 한다.

[별표 12]

## 문지름시험(제5조 및 제8조 관련)

1. 시험조건

시험실시전에 방사선원은 청결한 상태이어야 하며 방사선원의 표면은 방사능오염이 없는 상태를 유지하여야 한다.

2. 시험절차

가. 습기보유능력 및 흡수능력이 양호한 종이필터 또는 이와 유사한 문지름 재료를 준비한다.

나. 종이필터 등에 방사선원의 표면물질에 손상을 주지 아니하는 용매를 적시어 방사선원의 외부표면을 충분히 문지른다. 다만, 종이필터 등을 방사선기기에 내장된 방사선원에 직접 접촉시키는 것이 실질적으로 불가능한 경우에는 방사선원이 누설되어 방사선원 내부의 방사성물질이 묻어 있을 것으로 추정되는 부위를 문지르는 것으로 대신할 수 있다.

다. 방사선원의 외부표면 또는 방사선기기를 문지른 종이필터 등의 방사능을 계측한다.

3. 합격기준

계측결과, 해당 방사선원을 구성하고 있는 핵종의 총 방사능량이 200 Bq을 초과하지 아니하는 경우에는 방사선원의 누설이 없는 것으로 간주한다.

[별표 13]

## 건조 문지름시험(제5조 및 제8조 관련)

1. 시험조건

시험실시전에 방사선원은 청결한 상태이어야 하며 방사선원의 표면은 방사능오염이 없는 상태를 유지하여야 한다.

2. 시험절차

가. 건조한 종이필터 또는 이와 유사한 물질을 준비한다.

나. 건조한 종이필터 등으로 방사선원의 외부표면을 충분히 문지른다. 다만, 종이필터 등을 방사선기기에 내장된 방사선원에 직접 접촉시키는 것이 실질적으로 불가능한 경우에는 방사선원이 누설되어 방사선원 내부의 방사성물질이 묻어 있을 것으로 추정되는 부위를 문지르는 것으로 대신할 수 있다.

다. 방사선원의 외부표면 또는 방사선기기를 문지른 종이필터 등의 방사능을 계측한다.

3. 합격기준

계측결과, 해당 방사선원을 구성하고 있는 핵종의 총 방사능량이 200 Bq을 초과하지 아니하는 경우에는 방사선원의 누설이 없는 것으로 간주한다.

[별표 14]

## 가열 및 침수시험(제5조 및 제8조 관련)

1. 시험조건

시험실시전에 방사선원은 청결한 상태이어야 하며 방사선원의 표면은 방사능오염이 없는 상태를 유지하여야 한다.

2. 시험절차

가. 방사선원의 외부표면물질에 손상을 주지 않는 청결한 용매를 준비한다.

나. 용매에 방사선원을 침수시키고 10분간 가열한 후 선원을 꺼낸다.

다. 선원을 냉각시킨 후 깨끗한 용매로 방사선원의 외부를 닦아낸다.

라. 나목 및 다목의 시험을 3회 반복하여 실시한다. 이때, 용매는 처음의 것을 계속 사용하여야 한다.

마. 최초의 용매에 대한 총 방사능량을 계측한다.

3. 합격기준

계측결과, 해당 방사선원을 구성하고 있는 핵종의 총 방사능량이 200 Bq을 초과하지 아니하는 경우에는 방사선원의 누설이 없는 것으로 간주한다.

### 규칙 제44조 (분배)

밀봉선원의 분배에 관한 기술기준은 다음 각호와 같다.

① 밀봉선원의 분배는 분배시설에서 할 것
② 방사성동위원소를 밀봉된 상태로 분배하는 경우에는 그 방사성동위원소를 제43조제2호의 규정에 적합한 상태에서 분배할 것
③ 분배시설안의 눈에 띄기 쉬운 곳에는 방사선장해방지에 필요한 주의사항을 게시할 것

### 규칙 제45조 (보관·저장)

밀봉선원을 보관 또는 저장하는 경우의 기술기준은 다음 각호와 같다.

① 사용하지 아니하는 밀봉선원은 저장시설에 저장할 것
② 저장시설의 저장능력을 초과하여 방사성동위원소를 저장하지 아니할 것
③ 제37조제2호 각목의 조치를 함으로써 방사선작업종사자 및 수시출입자의 피폭방사선량이 선량한도를 초과하지 아니하도록 할 것
④ 저장함(방사성동위원소를 내화구조의 용기에 넣어 보관하는 경우에는 그 용기)에 방사성동위원소를 보관·저장중인 때에는 그 운반을 제한하도록 할 것
⑤ 보관·저장시설에는 눈에 띄기 쉬운 곳에 방사선장해방지에 필요한 주의사항을 게시할 것

### 규칙 제46조 (운반)

밀봉선원을 사업소안에서 운반하는 때에는 제39조의 규정을 준용한다. 이 경우 "개봉선원 및 그에 의하여 오염된 물질"은 "밀봉선원"으로 본다.

### 규칙 제46조의2 (밀봉선원의 보안관리등)

원자력안전위원회가 정하는 수량 이상의밀봉선원을 생산·사용·분배·보관·저장 또는 운반하는 경우에는 원자력안전위원회가 정하여 고시하는 바에 따라 보안관리 및 그에 관련된 계획 등을 수립하여 이행하여야 한다.

## 5. 방사선발생장치 등의 설계승인 등

### 제3관 방사선발생장치

규칙 제47조 (생산)

제36조제1호 및 제6호의 규정은 법 제59조제1항제2호의 규정에 의한 방사선발생장치의 생산에 관한 기술기준에 관하여 이를 준용한다. 이 경우 제36조중 "개봉선원"은 "방사선발생장치"로 본다.

규칙 제48조 (사용)

법 제59조제1항제2호의 규정에 의한 방사선발생장치의 사용에 관한 기술기준은 다음 각호와 같다.

① 사용시설안에서만 사용할 것
② 정상적인 사용 상태에서는 방사선발생장치가 파괴될 우려가 없도록 할 것
③ 다음 각목의 조치를 할 것
 가. 차폐벽이나 차폐물에 의하여 방사선을 차폐할 것
 나. 원격조작장치를 사용하여 방사선발생장치와 인체 사이에 적당한 거리를 두게 할것
 다. 면밀한 작업계획 및 취급의 숙달·훈련 등을 통하여 인체에 방사선이 피폭되는 시간을 단축할 것
④ 사용시설 또는 방사선관리구역의 눈에 띄기 쉬운 장소에 방사선장해방지에 필요한 주의사항을 게시할 것
⑤ 방사선발생장치의 건전성을 확인하기 위하여 원자력안전위원회가 정하여 고시하는 바에 따라 정기점검을 실시할 것

### 제3절 의료분야의 안전관리

규칙 제49조 (적용범위)

법 제55조제1항제1호 및 법 제59조제1항제1호·제2호의 규정에 의한 의료기관에서의 사용시설등의 시설기준 및 취급기준에 관하여는 제16조부터 제23조까지, 제23조의2, 제24조부터 제29조까지, 제29조의2, 제30조부터 제40조까지, 제40조의2, 제41조부터 제46조까지, 제46조의2, 제47조 및 제48조를 적용하는 외에 제50조부터 제54조까지를 적용한다.

규칙 제50조 (의료방사선 방호 및 관리)

1. 방사성동위원소등을 인체에 사용함에 따른 방사선피폭(이하 "의료피폭"이라 한다)의 관리 대상 및 범위는 다음 각 호와 같다.

① 진료 목적으로 받는 개인의 피폭

② 진료를 받은 임산부의 태내 배태아 또는 모유 수유하는 환자의 유아가 받는 피폭
③ 진료 환자를 간병하는 가족이나 친지가 받는 피폭
④ 방사선을 이용한 의생명 연구 대상으로 참여하는 연구 자원자가 받는 피폭

2. 방사성동위원소등을 인체에 사용하는 자는 방사선피폭으로 인한 해로움보다 이로움이 크도록 하여야 한다.
3. 제2항에 따른 사용자는 방사선 피폭이 경제적, 사회적 인자를 고려해 합리적으로 달성할 수 있는 범위에서 낮게 유지되도록 하여야 한다.

규칙 제51조 (사용자의 책임)

1. 방사성동위원소등을 인체에 사용하는 자는 의료방사선 방호에 충분한 전문성을 가진 의사가 의료방사선을 사용하도록 하여야 한다.
2. 방사성동위원소등을 인체에 사용하는 자는 의사의 의뢰와 함께 방사선방호 대책 수립을 확인하고 원자력안전위원회가 정하여 고시하는 바에 따라 의료피폭을 받는 사람 또는 법적 보호자가 적절하게 이해하고 동의한 경우가 아니면 의료피폭을 받지 않도록 하여야 한다.
3. 제1항에 따른 사용자는 의도되지 아니한 또는 사고에 의한 의료피폭 가능성을 최소화하기 위한 모든 가용한 수단을 강구해야 하며, 이러한 의료피폭이 있는 경우 즉시 조사를 수행하고 시정조치를 하여야 한다.
4. 제1항에 따른 사용자는 방사선 사용시설에서 이행하는 의료피폭의 정당화와 최적화에 대하여 원자력안전위원회가 정하여 고시하는 바에 따라 주기적으로 검토하여야 하며 의료피폭 기록을 유지하여야 한다.

규칙 제52조 (의료방사선 품질관리)

1. 진료의 목적으로 방사성동위원소등을 인체에 사용하는 자는 환자의 피폭방사선량 또는 투여 방사능량을 의사의 처방대로 유지하여야 한다.
2. 제1항에 따른 사용자는 원자력안전위원회가 고시하는 바에 따라 방사선 진료장비를 유지·관리하여야 하며, 방사선안전관리자와 별도로 의료방사선 품질관리를 위한 전문인력을 두어야 한다.

규칙 제53조 (방사성동위원소 투여환자 안전관리)

1. 진료의 목적으로 방사성동위원소를 인체에 사용하는 자는 체내에 잔류하는 방사능 또는 인체표면 1 m 거리에서의 방사선량률이 원자력안전위원회가 정하여 고시하는 수량(5 mSv)을 초과하는 환자를 일반환자와 격리하여 입원시켜야 한다.
2. 제1항에 따른 사용자는 환자의 입원실에 전용 화장실을 설치하여야 한다.

3. 제1항에 따른 사용자가 진료환자의 배설물을 배출하는 경우에는 원자력안전위원회가 정하여 고시하는 방법에 따라야 한다.

규칙 제54조 (임신 또는 모유 수유중인 여성)

진료의 목적으로 방사성동위원소 등을 인체에 사용하는 자는 방사선 진료를 받는 여성 환자가 임신했거나 임신 했을 가능성이 있는 경우, 또는 모유 수유중인 경우에는 원자력안전위원회가 정하여 고시하는 바에 따라 적합한 방사선방호 절차를 수립하여 이행하여야 한다.

### 제4절 방사선투과검사 작업의 안전관리

### 규칙 제55조 (적용범위)

법 제59조제1항제3호의 규정에 의한 이동사용 중 방사선투과검사 작업에 관한 시설기준 및 취급기준에 관하여는 제24조부터 제27조까지, 제27조의2, 제28조, 제29조, 제29조의2, 제30조부터 제33조까지, 제33조의2, 제34조, 제41조부터 제46조까지, 제46조의2, 제47조 및 제48조를 적용하는 외에 제56조, 제57조, 제57조의2부터 제57조의5까지, 제58조, 제58조의2 및 제58조의3을 적용한다.

규칙 제56조 (위치)

방사성동위원소등을 일시적 사용장소에 이동하여 사용하는 경우에는 제26조 및 제32조의 규정을 적용하지 아니한다.

규칙 제57조 (사용시설 이외에서의 방사선투과검사 작업)

방사성동위원소등을 고정 차폐된 사용시설 이외에서의 사용은 검사대상물을 사용시설 내부로 이동할 수 없는 타당한 사유가 있고 방사선투과검사 이외의 가능한 검사 방법이 없는 경우에 한하며 이때 적용하는 기술기준은 다음 각 호와 같다.

① 피폭방사선량이 선량한도 이하가 되도록 하는 차폐벽이나 차폐물을 설치할 것

② 방사선관리구역의 경계에 설치한 울타리 등 사람의 출입을 제한하는 시설의 사방에 소리 및 경광등 겸용의 경고등을 설치할 것

③ $^{192}$Ir 0.74 TBq 이하에 상응하는 방사성동위원소만을 사용할 것

규칙 제57조의2(작업환경)

발주자는 법 제59조의2제1항의 규정에 따라 안전한 작업환경을 제공하기 위하여 다음 각 호의 조치를 취하여야 한다.

① 방사선장해방지 조치에 적합한 사용시설 또는 차폐물 및 방사선원과 종사자 사이에 안전거리를 유지할 수 있는 작업환경을 제공할 것
② 용역계약의 내용이 허가사용자의 방사선 안전관리 계획 수립 이행에 지장을 초래하지 않도록 할 것
③ 작업장 소재지 직원 및 출입자에게 방사선투과검사가 진행됨을 알려 주의를 환기할 것
④ 복수의 허가사용자에게 방사선투과검사 용역을 발주하는 경우 동시 작업에 따른 방사선영향을 최소화할 것

규칙 제57조의3(작업 중지)

위원회는 법 제59조의2제3항에 따라 방사선투과검사의 중지를 명할 때에는 발주자에게 다음 각 호의 사항을 알려야 한다.

① 작업을 중지하여야 하는 장소 및 일시
② 설치 또는 보완되어야 하는 안전설비와 그 사유

규칙 제57조의4(일일작업량 등 보고)

1. 법 제59조의2제6항에 따라 작업 기간을 1개월 이상 발주한 발주자는 다음 각 호의 사항을 위원회에 보고하여야 한다.
① 용역 계약 시 총 작업량 및 일일 평균 작업량
② 허가사용자의 작업자(작업조)가 일자별로 수행한 방사선투과검사 작업시간, 작업장소, 작업량, 피검사체의 설명서 및 사용선원
③ 제1호에 따른 일일 평균 작업량을 초과한 경우 해당 사유
2. 발주자는 제1호에 따른 사항은 용역 업무 개시일로부터 15일 이내에, 제2호 및 제3호에 따른 사항은 매월 경과 후 15일 이내에 방사선안전관리통합정보망을 통하여 온라인 보고하여야 한다. 다만, 위원회가 인정하는 부득이한 경우에는 서면으로 보고할 수 있다.

규칙 제57조의5(안전설비)

법 제59조의2제8항에 따른 안전설비에 관한 세부 기술기준은 제27조, 제27조의2, 제33조 및 제33조의2를 적용한다.

규칙 제58조 (방사선투과검사 작업)

방사성동위원소등을 이동사용하는 경우의 기술기준은 다음 각호와 같다.

① 사용시설 또는 방사선관리구역안에서 사용할 것
② 정상적인 사용상태에서는 밀봉선원이 개봉 또는 파괴될 우려가 없도록 할 것

③ 다음 각목에 해당하는 조치를 함으로써 방사선작업종사자 또는 수시출입자의 피폭방사선량이 선량한도를 초과하지 아니하도록 할 것

가. 전용작업장을 설치하거나, 차폐벽 또는 차폐물에 의하여 방사선을 차폐할 것

나. 원격조작장치·집게 등을 사용하여 방사성동위원소와 인체 사이에 적당한 거리가 확보되도록 할 것

다. 면밀한 작업계획, 숙달·훈련 등을 통하여 인체에 방사선이 피폭되는 시간을 단축할 것

④ 사용시설 또는 방사선관리구역의 눈에 띄기 쉬운 장소에 방사선장해방지에 필요한 주의사항을 게시할 것

⑤ 사용시설에는 사람의 출입을 제한하고, 방사선작업종사자외의 사람이 출입하는 경우에는 방사선작업종사자의 지시에 따르도록 할 것

⑥ 사용시설에는 별표 7에 의한 표지를 부착할 것

⑦ 밀봉선원을 사용한 직후에는 그 방사성동위원소의 분실 및 누설 등 이상유무를 점검하고, 이상이 판명되는 경우에는 탐사 기타 방사선장해방지를 위하여 필요한 조치를 취할 것

⑧ 감마선조사장치를 천장 차폐체가 제27조제1항제2호의 기준을 충족하지 않은 사용시설 또는 사용시설 외에서 사용하는 경우에는 콜리메이터(collimator)를 장착하고 사용할 것

⑨ 방사선조사장치 1대당 측정범위가 작업현장에 적합한 방사선측정기 1대 이상을 휴대하고 이상유무를 점검하여 활용할 것

⑩ 방사선작업은 반드시 2인 이상을 1조로 편성하여 작업을 수행하고 각 개인에 대한 직무를 분담하되, 조장은 다음 각목의 1에 해당하는 자일 것

가. 방사성동위원소취급자일반면허 또는 방사선취급감독자면허 취득자

나. 방사선투과검사 경력 2년이상 또는 「국가기술자격법」에 의한 방사선비파괴검사 기능사 이상의 자격을 취득한 자로서 영 제148조제4항의 기본교육기관에서 실시하는 제58조의2에 따른 조장교육을 받은 자

⑪ 방사선조사장치의 정상작동상태를 확보하고 안전한 작업을 수행하기 위하여 감마선조사장치에 대한 점검절차서를 성하고 그 절차서에 따라 점검을 실시한 후 작업을 수행할 것

⑫ 야간 방사선작업을 수행하는 경우에는 작업수행에 필요한 다음 각목의 기구 등을 확보할 것

가. 방사선관리구역의 경계를 쉽게 식별할 수 있는 기구

나. 작업수행에 필요한 조명기구

다. 기타 작업수행에 필요한 기구

⑬ 방사선작업 전·후에는 방사선조사장치 등의 안전성 여부를 확인하기 위하여 다음 각목의 조치를 할 것

가. 감마선조사기의 방사성동위원소 정상상태를 확인할 것
나. 개인피폭선량계, 직독식선량계 및 방사선경보기 등의 정상상태를 확인할 것
다. 기타 안전장구 등에 대하여 안전상태를 점검할 것

⑭ 일시적 사용장소에 사용을 폐지한 선원을 보관하지 아니할 것

⑮ 고정 설치된 방사선차폐시설이 없는 곳에서 방사선작업을 하는 경우 외부방사선량률이 10 μSv/h 를 초과하는 구역에 대하여 작업장 출입을 관리하고, 1 μSv/h를 초과하는 구역에 대하여 일반인의 접근 여부를 감시할 것

### 규칙 제58조의2(조장교육)

1. 제58조제10호나목에 따라 조장이 되고자 하는 자는 신규 조장교육을 받아야 하며, 2년마다(조장교육을 받은 날부터 기산하여 2년이 되는 날이 속하는 해의 1월 1일부터 12월 31일까지를 말한다) 정기 조장교육을 받아야 한다.

2. 조장교육의 내용은 다음 각 호와 같다.

① 신규 조장교육 : 방사선투과검사 작업절차, 방사선투과검사장비 점검방법 및 유지보수절차, 방사선이 인체에 미치는 영향, 방사선 사고사례 등에 관한 교육 8시간 이상

② 정기 조장교육 : 방사선투과검사 취급 방법 및 안전취급, 방사선 장해방지, 방사선 사고사례 등에 관한 교육 4시간 이상

### 규칙 제58조의3(작업장 방사선안전관리자)

방사성동위원소등을 방사선투과검사 목적으로 이동 사용하는 장소(이하 "작업장" 이라 한다.)의 방사선안전관리자(이하 "작업장 방사선안전관리자"라 한다)의 역할 및 의무 등에 관한 기준은 다음 각 호와 같다.

① 법 제53조제1항에 따라 이동사용허가를 받은 자는 작업장 방사선안전관리자에게 작업장에서 발생하는 방사선작업의 허가 및 취소를 할 수 있는 권한을 부여하고, 작업장의 방사선안전관리 업무에 전담하도록 할 것

② 작업장 방사선안전관리자는 방사선작업전에 반드시 작업현장을 확인하고 그 현장에 적합한 작업방법, 절차 및 방사선장해방지에 필요한 사항들을 정하여 방사선작업종사자에 대하여 교육을 실시할 것

③ 작업장 방사선안전관리자는 방사선 작업, 작업대기 및 휴식중에는 방사선조사장치의 도난·분실 등을 예방하기 위하여 항상 감시인을 배치하여 감시하도록 할 것

## 제5절 판매분야의 안전관리

### 규칙 제59조(적용범위)

법 제59조제1항제3호의 규정에 의한 방사성동위원소 등의 판매(생산하여 판매하는 경우를 포함한다)에 관한 시설기준 및 취급기준에 관하여는 제60조부터 제63조까지를 적용한다.

### 규칙 제60조 (방사성동위원소의 판매 시설기준)

방사성동위원소를 판매하고자 하는 자는 제20조 또는 제28조의 규정에 의한 저장시설을 갖추어야 한다. 다만, 개봉선원을 생산하여 판매하거나 원포장을 개봉·분배하여 판매하는 경우에는 저장시설 이외에 제19조 및 제21조부터 제23조까지에 의한 분배시설·보관시설·처리시설 및 배출시설을, 밀봉선원을 생산하여 판매하거나 원포장을 개봉·분배하여 판매하는 경우에는 저장시설 이외에 제27조 및 제29조의 규정에 의한 분배시설 및 보관시설을 갖추어야 한다.

### 규칙 제61조 (방사성동위원소의 판매 취급기준)

1. 방사성동위원소를 판매하는 경우에는 구매자가 방사성동위원소의 사용에 관한 허가(이동사용허가를 포함한다)를 받거나 신고를 하였는지 여부를 확인하여야 한다.
2. 방사성동위원소가 내장된 기기중 원자력안전위원회가 정하여 고시하는 것을 판매하는 경우로서 최종 소비자에게 설치하기 위하여 판매시설 이외의 장소에 보관하는 경우에는 제34조의 규정에 준하는 시설에 보관하여야 한다.
3. 방사성동위원소를 생산하거나 분배하여 판매하고자 하는 경우의 기술기준은 다음 각호와 같다.
   ① 포장단계마다 표면오염도를 검사하여 표면오염도가 허용표면오염도를 초과하지 아니하는 제품만 판매할 것
   ② 제1호와 관련된 표면오염도를 측정하여 기록을 유지할 것
   ③ 방사성동위원소등을 분배하는 경우에는 분배에 필요한 절차서를 작성하여 구비할 것
4. 방사성동위원소 또는 방사성동위원소가 내장된 기기를 판매하는 경우에는 방사성동위원소 또는 방사성동위원소가 내장된 기기의 설계승인서 등 기기의 정상작동상태를 입증하는 서류를 사용자에게 제공하여야 한다.
5. 방사성동위원소 또는 방사성동위원소가 내장된 기기를 판매하는 경우에는 사용·운영·보수 및 관리방법 등을 사용자가 이해하기 쉽도록 작성하여 제공하여야 하며, 사용자가 요청하는 경우에는 교육을 하고 훈련을 실시하여야 한다.
6. 방사성동위원소가 내장된 기기중 원자력안전위원회가 정하여 고시하는 것을 판매하여 설치하는 경우에는 원자력안전위원회가 정하여 고시하는 바에 따라 누설여부를 점검하여야 한다.

7. 판매한 방사성동위원소 또는 방사성동위원소가 내장된 기기의 안전성에 결함이 발견된 때에는 즉시 사용자에게 그 사실을 통지하고 필요한 조치를 하여야 한다.
8. 방사성동위원소 또는 방사성동위원소가 내장된 기기의 판매와 관련하여 발생한 방사성폐기물의 수거·폐기에 관한 사항은 원자력안전위원회가 정하여 고시한다.

규칙 제62조 (방사선발생장치의 판매 시설기준)

방사선발생장치를 판매하고자 하는 자는 제34조의 규정에 의한 보관시설을 갖추어야 한다.

1. 방사선발생장치의 판매 취급기준
   ① 방사선발생장치를 판매하는 경우에는 방사선발생장치의 사용에 관한 허가를 받거나 신고를 하였는지 여부를 확인하고 판매하여야 한다.
   ② 방사선발생장치의 표면에는 제작사에서 권고하는 안전수칙을 표시하여야 한다.
   ③ 방사선발생장치를 판매하는 경우에는 장비의 운영·보수 및 관리방법 등에 관한 사항을 사용자가 이해할 수 있도록 작성·제공하여야 하며, 사용자가 교육 및 훈련을 요청하는 경우에는 이에 응하여야 한다.
   ④ 방사선발생장치를 판매하는 경우에는 방사선발생장치의 설계승인서 등 방사선발생장치의 정상작동상태를 입증하는 서류를 사용자에게 제공하여야 한다.
   ⑤ 판매한 방사선발생장치의 안전성에 결함이 발견된 때에는 즉시 사용자에게 그 사실을 통지하고 필요한 조치를 하여야 한다.

### 제59조의2(발주자의 안전조치 의무)

1. 방사선투과검사를 위하여 제53조에 따라 방사성동위원소등을 이동사용하는 경우 방사선투과검사를 의뢰한 발주자(이하 "발주자"라 한다)는 발주자의 사업장에서 방사성동위원소등을 이동사용하는 방사선작업종사자가 과도한 방사선에 노출되지 아니하도록 위원회규칙으로 정하는 바에 따라 안전한 작업환경을 제공하여야 한다.

2. 위원회는 발주자에게 다음 각 호의 안전설비의 설치 또는 보완을 명할 수 있다.
   ① 제91조에 따른 방사선장해방지조치에 적합한 전용작업장
   ② 방사선방호를 위한 차폐시설 또는 차폐물

3. 위원회는 다음 각 호의 어느 하나에 해당하는 사유로 인하여 방사선작업종사자의 안전이 위협받을 때에는 위원회규칙으로 정하는 바에 따라 방사선투과검사 작업의 중지를 명할 수 있다.

① 발주자가 제1항에 따른 안전한 작업환경을 제공하지 아니한 경우
② 위원회가 제2항에 따라 발주자에게 안전설비의 설치 또는 보완을 명하였음에도 발주자가 이를 이행하지 아니한 경우

4. 제3항에 따라 작업이 중지된 작업장에서는 방사선투과검사를 실시하여서는 아니 된다.

5. 제3항에 따라 작업이 중지된 작업장에 대하여 발주자 및 허가사용자 또는 신고사용자가 작업을 재개하기 위한 이행사항·절차·방법 및 그 밖에 필요한 사항은 대통령령으로 정한다.

6. 발주자는 안전한 작업환경 조성을 위하여 방사선작업종사자의 실제 일일작업량을 위원회에 보고하여야 한다. 이 경우 보고 대상·방법 및 절차 등에 필요한 사항은 위원회규칙으로 정한다.

7. 방사성동위원소 등을 이동사용하여 방사선투과검사를 실시할 때 방사선안전관리자가 안전한 방사선투과검사의 수행을 위하여 발주자에게 필요한 조치나 협력을 요청할 경우 발주자는 이에 따라야 한다.

8. 제2항에 따른 안전설비의 세부기준 등에 필요한 사항은 위원회규칙으로 정한다.

9. 보고 :법 제98조제1항에 따라 원자력관계사업자·판독업무자와 원자로 및 관계시설의 건설 또는 운영에 참여하는 사업자가 위원회에 보고하여야 할 방사선안전관련 정기보고 사항과 보고기한은 별표 15와 같다.

9-1. 보고의 대행

1) 원자력관계사업자는 별표 15 제6호에 따른 방사선작업종사자의 개인별피폭방사선량 등의 보고는 위원회에 등록한 판독업무자로 하여금 대행하게 할 수 있다.
2) 원사력관계사업자는 제1항에 따라 피폭방사선량의 보고를 대행하게 하는 경우에는 그 보고대행 사실을 증명하는 서류를 한국원자력안전재단에 제출하여야 한다.

[별표 15]

## 원자력관계사업자 등이 보고하여야 할 사항과 보고기한(제127조 관련)

| 보고사항 | 보고기한 |
|---|---|
| 1. 발전용원자로설치자 · 발전용원자로운영자 및 연구용원자로등설치자 | |
| 방사선작업종사자의 방사선피폭 기록관리에 관한 사항을 제외한 방사선 관리에 관한 사항 | 매분기 경과 후 1개월 이내 |
| 2. 정련사업자 및 가공사업자 | |
| 방사성물질농도의 3개월간에 대한 평균치 | 매분기 경과 후 1개월 이내 |
| 3. 사용후핵연료처리사업자 | |
| 가. 방사성물질농도의 3개월간에 대한 평균치 및 최고치 | 매분기 경과 후 1개월 이내 |
| 나. 방출한 방사성물질량의 3개월간에 대한 평균치 및 최고치와 합계치 | 매분기 경과 후 1개월 이내 |
| 4. 핵연료물질사용자 | |
| 가. 핵연료물질의 재고량에 관한 보고서 | 해당 연도 경과 후 1개월 이내 |
| 나. 핵연료물질에 의하여 오염된 물질의 처리 · 저장 · 배출 및 처분 현황 | 매분기 경과 후 1개월 이내 |
| 5. 허가사용자 및 폐기시설 등 건설 · 운영자 | |
| 방사성물질등 또는 방사선발생장치의 생산 · 취득(설계승인서 등 관련 증명서류 포함) · 사용 · 판매 · 보유 · 보관 · 처리 · 저장 · 배출 및 처분 현황 | 매분기 경과 후 1개월 이내 |
| 6. 원자력관계사업자(신고사용자는 제외한다) | |
| 가. 개인선량계에 의한 방사선작업종사자의 피폭방사선량 | 매 분기 경과 후 1개월 이내 |
| 나. 직독식 개인선량계에 의한 방사선작업종사자의 피폭방사선량(방사선투과검사만 해당한다) | 매 작업 종료 시 마다 |
| 다. 방사선작업종사자의 건강진단 결과 | 건강진단 결과를 받은 해당 분기 경과 후 1개월 이내 |
| 라. 선량계의 훼손 · 분실 등으로 인하여 선량판독이 불가능하게 된 판독특이자 현황 | 발생 즉시 |
| 마. 방사선안전관리자 외의 방사선작업종사자의 직장교육 결과 | 직장교육을 실시한 해당 분기 경과 후 1개월 이내 |
| 7. 원자력관계사업자(신고사용자는 제외한다) 또는 그로부터 방사성물질등을 위탁받아 운반하는 자 | |
| 가. 국내에서 운반되는 운반물 현황 | 해당 연도 경과 후 1개월 이내 |
| 나. 국외에서 국내로 반입되는 운반물 현황 | 해당 연도 경과 후 1개월 이내 |
| 다. 국내에서 국외로 반출되는 운반물 현황 | 해당 연도 경과 후 1개월 이내 |
| 8. 업무대행자 | |
| 가. 방사능 오염제거 실적 | 매반기 경과 후 1개월 이내 |
| 나. 방사성동위원소등 및 방사성폐기물의 수거 · 처리 및 운반 실적 | 매반기 경과 후 1개월 이내 |
| 다. 사용시설 등의 설치 감리실적 | 매반기 경과 후 1개월 이내 |
| 라. 방사선안전관리실적 | 매반기 경과 후 1개월 이내 |
| 마. 방사선원 누설점검 실적 | 매반기 경과 후 1개월 이내 |
| 9. 판독업무자 | |
| 영 제2조제15호에 따른 판독특이자 현황 | 발생 즉시 |

### 9-2. 발주자 등의 작업의 재개

1) 발주자(이하 "발주자"라 한다) 및 허가 또는 신고사용자가 작업을 재개하기 위해서는 안전설비의 설치 등으로 작업이 중단된 사유가 해소되었음을 입증할 수 있는 서류를 위원회에 제출하여야 한다.
2) 위원회는 제1항에 따른 증명서류를 검토한 후 안전설비의 설치 또는 보완 명령이 적정하게 이행되었다고 판단되는 경우에는 발주자 및 허가사용자 또는 신고사용자에게 중지된 작업을 재개할 수 있음을 지체 없이 통지하여야 한다.

## 제60조 방사선발생장치 등의 설계승인 등

1. 방사선발생장치 또는 방사성동위원소가 내장된 기기(이하 "방사선기기"라 한다)를 제작하려는 자 또는 외국에서 제작된 방사선기기를 수입하려는 자는 방사선기기의 형식별로 설계에 대하여 총리령으로 정하는 바에 따라 위원회의 승인을 받아야 한다. 이를 변경하려는 때에도 또한 같다. 다만, 총리령으로 정하는 경미한 사항을 변경하려는 때에는 이를 위원회에 신고하여야 한다.

2. 제1항에도 불구하고 다음 각 호의 어느 하나에 해당하는 경우에는 위원회의 승인을 받지 아니하고 방사선기기를 제작하거나 수입할 수 있다.
   ① 제1항에 따라 승인을 받은 방사선기기와 동일한 형식의 방사선기기를 제작하거나 수입하려는 경우
   ② 시험용으로 시제품을 개발하거나 비영리 단체의 학술연구를 위한 경우로서 위원회가 정하여 고시하는 기준에 적합한 경우
   ③ 수출전용으로 방사선기기를 제작하는 경우로서 위원회가 정하여 고시하는 기준에 적합한 경우
   ④ 그 밖에 대통령령으로 정하는 경우

3. 제1항에 따른 승인을 받으려는 자는 방사선기기의 설계자료, 안전성평가자료, 품질보증계획서(방사선기기를 제작하려는 경우만 해당한다)와 그 밖에 총리령으로 정하는 서류를 첨부하여 위원회에 제출하여야 한다.

4. 제1항에 따른 방사선기기의 형식별 설계승인의 기준은 대통령령으로 정한다.

### 4-1. 방사선기기의 설계승인

1. 법 제60조제1항에 따른 방사선발생장치 또는 방사성동위원소가 내장된 기기(이하 "방사선기기

기"라 한다)의 형식별 설계승인의 기준은 다음 각 호와 같다.

① 방사선기기의 파손·마모 등에 의하여 방사선원이 쉽게 이탈되거나 방사선장해가 발생할 우려가 없을 것

② 방사선기기의 설계 및 구조가 위원회가 정하여 고시하는 기준에 맞을 것

2. 법 제60조제2항제4호에서 "대통령령으로 정하는 경우"란 다음 각 호의 어느 하나에 해당하는 경우를 말한다.

① 의료기기법 및 체외진단의료기기법에 따라 품목별 제조허가 또는 제조인증을 받거나 제조신고를 한 경우

② 의료기기법 및 체외진단의료기기법에 따라 품목별 수입허가 또는 수입인증을 받거나 수입신고를 한 경우

## 4-2. 방사선기기의 설계승인신청

1. 법 제60조제1항 전단에 따라 방사선기기의 설계승인(이하 "설계승인"이라 한다)을 받으려는 자는 별지 제74호서식의 신청서를 위원회에 제출하여야 한다.
2. 법 제60조제3항에 따른 방사선기기의 설계자료에는 다음 각 호의 사항을 적어야 한다.
   ① 설계의 개요 및 설명
   ② 설계도면
3. 법 제60조제3항에 따른 안전성평가자료에는 다음 각 호의 사항을 적어야 한다.
   ① 방사선기기의 개요 및 제원
   ② 방사선기기의 재질, 구조 및 안전성 평가
   ③ 방사선기기의 설치 및 운영절차
   ④ 방사선기기의 시험 및 유지·보수절차
4. 법 제60조제3항에 따른 품질보증계획서에는 제4조제4항 각 호의 사항을 적어야 한다.
5. 법 제60조제3항에서 "총리령으로 정하는 서류"란 제작국에서 인증된 제작검사 관련 증명서 또는 제작사가 발행한 품질보증 관련 증명서를 말한다.
6. 제5항에 따른 제작검사 관련 증명서 및 품질보증 관련 증명서는 외국에서 수입한 방사선기기의 경우에만 제출한다.
7. 위원회는 법 제60조제1항에 따라 방사선기기의 설계승인을 하였을 때에는 별지 제75호서식의 설계승인서를 신청인에게 발급하여야 한다.
8. 제2항부터 제5항까지의 규정에 따른 설계자료, 안정성평가자료, 품질보증계획서 등의 세부 기재사항과 작성방법은 위원회가 정하여 고시한다.

## 4-3. 설계승인번호

설계승인서의 승인번호는 다음 각 호에 따른 표시를 순차적으로 나열하여 명시한다.
(예: 12번째 제작판매업체에서 승인 받은(전체로는 85번째에 해당) 방사선발생장치를 두 번째 변경하는 경우: NSSC1.12RG85.02)

① NSSC: 설계승인 기관
② 1~4: 설계승인 신청업체별 구분
 가. 1: 제작판매
 나. 2: 수입판매
 다. 3: 국내구입판매
 라. 4: 방사선발생장치의 연구개발 목적 사용
③ RI/RG: 방사선기기의 구분
 가. RI: 방사성동위원소를 내장한 기기
 나. RG: 방사선발생장치
④ 001~999: 방사선기기(방사선발생장치 및 밀봉선원 내장기기 별) 승인 일련번호
⑤ 00~99: 설계승인의 변경회수

## 4-4. 설계승인신청-일반사항

1. 설계승인신청서에 첨부하여 제출하는 서류는 한글로 작성하여야 한다. 다만, 도면 또는 참고자료는 영문표기를 혼용할 수 있다.
2. 신청서에 첨부하여 제출하는 서류를 작성하는 데 참고한 문헌은 그 출처를 명기하여야 하며, 신청자의 명의로 발간한 문헌은 제출자료에 포함시켜야 한다.
3. 설계승인 신청자는 설계승인신청서류 가운데 대외적으로 공개되어서는 안 되는 서류에 대하여는 이러한 사실을 해당 서류에 표기하여 제출할 수 있다.
4. 설계승인 신청자는 설계승인의 심사업무를 촉진시키기 위하여 방사선이 방출되지 아니하는 모형 방사선기기를 제출할 수 있다.

## 4-4. 방사선기기의 설계변경승인

법 제60조제1항 후단에 따라 방사선기기의 설계변경 승인을 받으려는 자는 신청서에 다음 각 호의 서류를 첨부하여 위원회에 제출하여야 한다.

① 변경사항에 관한 서류
② 설계승인서

### 4-4-1. 적용범위

원자력안전법 및 원자력안전법 시행령이 적용되는 방사선기기는 다음 각 호와 같다.

① 법 제53조제1항에 따른 방사성동위원소 등의 생산 또는 판매허가를 받은 자로서, 판매하고자 하는 품목이 방사선기기에 해당하는 경우

② 판매할 때에는 방사성동위원소를 내장하지 아니하였어도 명백하게 방사성동위원소를 내장하기 위한 목적으로 제작된 기타 기기. 이 경우, 방사선기기의 제작은 자체적인 설계제작을 포함하여 조립제작 또는 제작된 기기의 개조를 망라한다.

③ 법 제53조제1항에 따라 방사선발생장치의 사용허가를 받은 자가 방사선발생장치의 연구개발을 목적으로 수입하려는 방사선발생장치

### 4-4-2. 적용배제

1. 법 제60조제2항제2호에서 "위원회가 정하여 고시하는 기준"이란 사전에 방사선기기의 설계·구매·제작 또는 개조·설치·운영 절차 및 안전관련 품목의 품질기준을 안전관리규정에 포함하여 법 제53조제1항에 따른 사용허가를 받은 경우로서 허가된 범위에서 자체 제작 또는 개조하는 것을 말한다. 이 경우에 방사선기기는 해당 시설의 일부로 간주한다.
2. 법 제60조제2항제3호에서 "위원회가 정하여 고시하는 기준"이란 사전에 해당 방사선기기 수출대상 국가, 수출 대수 및 수출기간, 수리를 위한 국내 반입 및 반출 절차, 수출되지 못한 방사선기기 처리방법 등에 관한 사항을 안전관리규정에 포함하여 법 제53조제1항에 따른 생산허가를 받은 경우를 말한다.
3. 법 제53조에 따른 판매허가를 받은 특정 판매업자에게 독점 공급하기 위하여 제작하는 방사선기기로서, 일반인에게 특정 판매업자의 명의로 판매하는 경우에는 특정 판매업자에게만 설계승인을 적용하여 중복적용을 배제한다.

## 5. 설계 및 구조기준

### 5-1. 설계의 일반기준

1. 방사선기기 자체의 결함으로 인하여 종사자 또는 일반인이 선량한도를 초과하여 방사선에 피폭되어서는 아니 된다.
2. 방사선기기는 운영·유지·수리 및 선원교체 등 일련의 방사선작업이 용이하도록 설계하여야 한다.
3. 방사선기기에 결함이 발생하는 경우에는 즉시 그 사실을 감지하여 의도하지 않은 방사선피폭을 제한하거나 감소시킬 수 있어야 하며, 특히 의료용 방사선기기의 경우에는 운영자의 실수를 방지할 수 있도록 설계하여야 한다.

## 5-2. 구조기준

외형 및 표면방사선량의 관점에서 방사선기기의 구조기준은 제16조부터 제19조까지의 규정을 적용한다. 이 경우 구조기준의 입증에 방사선작업이 수반되는 경우에는 이에 필요한 보조 장비와 적절한 기능범위 및 이용방법을 포함한 표준작업지침서를 구비하여야 한다.

### 5-2-1. 완전방호형

완전방호형에 대한 구조기준은 다음 각 호와 같다.

① 방사선원과 피사체 또는 시료는 정상적인 사용조건에서 고유 안전성이 항상 유지되는 고정 부착된 격리 구조물로 밀폐되어, 방사선방출 중에는 신체의 일부가 격리 구조물 내에 직접 접촉할 수 없도록 하여야 한다.

② 특수공구를 이용하지 않는 한 방사선기기의 분해가 가능하지 않아야 한다.

③ 개폐가 가능한 모든 격리 구조물이 정상적인 위치에 있지 않은 경우에는 방사선기기가 작동하지 않도록 하여야 한다.

④ 단순히 방사선기기를 고정하는 부분이외에는 방사선기기의 안전성 확보를 위한 별도의 장치가 필요하지 않아야 한다.

⑤ 방사선기기의 외부에 형성되는 방사선장에 의한 피폭방사선량이 최대가 되는 가동조건에서 모든 접촉부위의 표면방사선량은 시간당 1 $\mu$Sv를 초과하지 않아야 한다.

⑥ 방사선발생장치의 경우 가속관의 최대전압이 50 kV 이하이어야 한다.

### 5-2-2. 캐비닛형

캐비닛형에 대한 구조기준은 다음 각 호와 같다.

① 방사선원과 최소한 피사체 또는 시료의 조사되는 부분은 정상적인 사용 조건에서 고유 안전성이 항상 유지되는 고정 부착된 격리 구조물 내에 위치하여야 한다.

② 방사선방출 중에는 신체의 일부가 격리 구조물 내에 직접 접촉할 수 없거나, 만약 접촉 가능하더라도 접촉하는 곳의 피폭방사선량이 격리구조물 외부의 방사선량과 동일한 수준이거나 방사선 빔에 직접 노출되지 않도록 하여야 한다.

③ 공구를 이용한 분해 또는 개폐가 가능한 모든 격리 구조물이 정상적인 위치에 있지 않은 한 방사선기기가 작동하지 않도록 하여야 한다.

④ 단순히 방사선기기를 고정하는 부분이외에는 방사선기기의 안전성 확보를 위한 별도의 장치가 필요하지 않아야 한다.

⑤ 방사선기기의 외부에 형성되는 방사선장에 의한 피폭방사선량이 최대가 되는 가동 조건에서 모든 접촉 부위의 표면방사선량은 시간당 10 $\mu$Sv를 초과하지 않아야 한다.

### 5-2-3. 무인격리형

무인격리형에 대한 구조기준은 다음 각 호와 같다.

① 방사선원은 특정한 단일 목적으로 제작된 격리 구조물 내에 수납되어야 하며, 셔터의 개폐 또는 방사선원의 위치이동 등을 통하여 방사선의 방출을 제어할 수 있어야 한다.

② 수동조작을 통하여 셔터를 개폐하거나 방사선원의 위치를 이동하는 경우에는 방사선의 방출경로에 신체가 노출되지 않도록 방지대책을 강구하여야 한다.

③ 방사성동위원소가 내장된 기기의 경우 셔터를 닫거나 방사선원을 안전위치로 이동시킨 후, 방사선기기의 표면방사선량은 시간당 2 mSv를 초과하지 않아야 한다.

④ 방사선기기를 점유도가 낮은 위치에 고정설치하거나, 방사선원을 설치한 부근에서 종사자가 상시 체류하지 않아야 한다.

### 5-2-4. 휴대개방형

휴대개방형에 대한 구조기준은 다음 각 호와 같다.

① 작업수행에 필요한 방사선이외에 불필요하게 방출되는 방사선은 필터나 콜리메타 등을 이용하여 제거하거나 차단하여야 한다.

② 제어기와 방사선방출 부분이 분리되어 있는 경우에는 두 부분을 연결하는 케이블의 길이를 충분히 유지하여 방사선피폭을 저감시켜야 한다.

③ 방사성동위원소가 내장된 기기의 경우 셔터를 닫거나 방사선원을 안전위치로 이동한 후, 방사선기기의 표면방사선량은 시간당 2 mSv를 초과하지 않아야 하며, 방사선기기의 표면으로부터 1 m 떨어진 위치에서의 방사선량은 시간당 0.02 mSv를 초과하지 않아야 한다.

④ 휴대가 용이한 방사선기기에는 방사선기기 자체나 보조 운반 장치에 잠금 장치를 구비하여야 한다.

## 6. 경미한 사항의 변경신고

1) 법 제60조제1항 단서에서 "총리령으로 정하는 경미한 사항"이란 다음 각 호의 어느 하나에 해당하는 사항을 말한다.

① 승인을 받은 사람의 성명 및 주소(법인인 경우에는 그 명칭 및 주소와 대표자의 성명)

② 사업소의 명칭 및 소재지

③ 방사선기기의 설계변경이 없는 단순한 형식명칭의 변경

2) 법 제60조제1항 단서에 따라 변경신고를 하려는 자는 변경 후 30일 이내에 별지 제4호서식의 신고서에 다음 각 호의 서류를 첨부하여 위원회에 제출하여야 한다.

① 변경사항을 증명하는 서류

② 설계승인서

## 제61조(검사)

1. 제60조제1항에 따라 승인을 받은 자는 제작 또는 수입한 방사선기기를 승인받은 방사선기기의 형식별로 총리령으로 정하는 바에 따라 위원회의 검사를 받아야 한다. 다만, 다음 각 호의 어느 하나에 해당하는 경우에는 그러하지 아니하다.
   ① 검사에 합격한 방사선기기와 동일한 형식의 방사선기기를 제작하거나 수입하는 경우
   ② 제작국의 인허가 절차를 완료한 방사선기기를 수입하는 경우로서 위원회가 정하여 고시하는 기준에 적합한 경우

2. 제1항에 따른 검사의 기준에 필요한 사항은 위원회가 정하여 고시한다.

3. 허가 및 신고사용자는 다음 각 호의 어느 하나에 해당하는 방사선기기를 사용하여야 한다.
   ① 제1항 본문에 따른 검사에 합격되거나 제1항 단서에 따라 검사가 면제된 방사선기기
   ② 제60조제2항에 따라 설계에 대한 승인이 면제된 방사선기기

3-1. 방사선기기의 검사신청
  1) 법 제61조제1항 각 호 외의 부분 본문에 따른 검사를 받으려는 자는 신청서에 다음 각 호의 서류를 첨부하여 위원회에 제출하여야 한다.
   ① 시험 · 검사시설 및 장비명세서
   ② 시험 · 검사에 관한 설명서
   ③ 설계승인서
  2) 위원회는 법 제61조제1항 각 호 외의 부분 본문에 따른 검사의 결과가 법 제61조제2항에 따른 기준에 적합한 경우에는 설계승인서에 검사합격내용을 적어 재발급하여야 한다.

## 제62조(준용)

허가 · 신고사용자 및 업무대행자의 사업 승계와 신고에 관하여는 제19조 및 제43조를 준용한다. 이 경우 "발전용원자로설치자" 또는 "핵연료주기사업자"는 "허가 · 신고사용자 및 업무대행자"로 본다.

1. (준용규정)

허가사용자, 법 제53조제2항 전단에 따라 신고를 한 자 및 업무대행자에 관하여는 제15조의2 및 제38조를 준용한다. 이 경우 "허가증"은 법 제53조제2항 전단에 따라 신고를 한 자에 대해서는 "신고확인증"으로, 업무대행자에 대해서는 "등록증"으로 각각 본다.

# 제6장 폐기 및 운반

## 1. 방사성폐기물관리시설 등의 건설 · 운영 허가

### 제63조(방사성폐기물관리시설 등의 건설 · 운영 허가)

1. 방사성폐기물의 저장 · 처리 · 처분 시설 및 그 부속시설(이하 "방사성폐기물관리시설 등"이라 한다)을 건설 · 운영하려는 자는 대통령령으로 정하는 바에 따라 위원회의 허가를 받아야 한다. 허가받은 사항을 변경하려는 때에도 또한 같다. 다만, 총리령으로 정하는 경미한 사항을 변경하려는 때에는 이를 신고하여야 한다.

2. 제1항에 따라 허가를 받으려는 자는 허가신청서에 방사선환경영향평가서, 안전성분석보고서, 안전관리규정, 건설 및 운영에 관한 품질보증계획서와 그 밖에 총리령으로 정하는 서류를 첨부하여 위원회에 제출하여야 한다.
3. 제1항에 따른 허가 및 변경허가의 결격사유에 관하여는 제14조를 준용한다. 이 경우 제14조제3호 중 "제17조"는 "제66조"로 본다.

3-1. 방사성폐기물관리시설 등의 건설 · 운영 허가 신청 등

법 제63조제1항 전단에 따라 방사성폐기물의 저장 · 처리 · 처분 시설 및 그 부속시설(이하 "방사성폐기물관리시설 등"이라 한다)의 건설 · 운영 허가를 받으려는 자는 방사성폐기물관리시설 등 별로 총리령으로 정하는 바에 따라 허가신청서를 작성하여 위원회에 제출하여야 한다. 이 경우 방사성폐기물 처분시설의 건설 · 운영 허가를 받으려는 자는 다음 각 호의 사항을 고려하여 처분의 안전성을 평가한 후 제99조제2항 각 호의 범위에서 법 제64조제5호에 따른 방사성폐기물 처분시설의 폐쇄 후 관리기간을 설정하여 위원회에 제출하여야 한다.

① 처분방식
② 처분 깊이
③ 처분시설 설계특징
④ 처분폐기물의 종류 및 수량
⑤ 부지 특성
⑥ 주변의 사회적 특성
⑦ 처분시설의 폐쇄 후 관리활동

참고) ① 위원회는 허가신청을 받은 경우 24개월 이내에 허가 여부를 결정해야 한다.
② 다음 각 호의 기간은 ①에 따른 허가 처리기간에 산입하지 않는다.

가. 신청서류의 보완 또는 수정에 드는 기간
나. 그 밖에 안전성 확인을 위한 실험 등 부득이한 사유로 인하여 추가로 필요한 기간

3-2. 방사성폐기물관리시설 등의 건설·운영 허가의 신청 등

1) 법 제63조제2항에 따른 방사선환경영향평가서에는 다음 각 호의 사항을 적어야 한다.

2) 법 제63조제2항에 따른 안전성분석보고서에는 위원회가 정하여 고시하는 지침에 따라 다음 각 호의 사항을 적어야 한다.
① 시설의 개요 및 현황
② 부지특성
③ 시설의 설계 및 건설
④ 시설의 운영 및 관리
⑤ 부지폐쇄 및 폐쇄 후 관리
⑥ 안전성평가 및 사고분석
⑦ 방사선장해방어
⑧ 기술지침

3) 법 제63조제2항에 따른 안전관리규정에는 다음 각 호의 사항을 적어야 한다.
① 방사성폐기물의 저장·처리·처분시설 및 부속시설(이하 "방사성폐기물관리시설 등"이라 한다)의 운영·관리조직 및 그 기능에 관한 사항
② 방사선안전관리자의 선임·권한·책임 및 직무수행에 관한 사항
③ 방사성폐기물관리시설 등의 방사선작업종사자에 대한 안전관리교육에 관한 사항
④ 안전관리설비의 운전에 관한 사항
⑤ 방사성폐기물관리시설 등의 안전운전에 관한 사항
⑥ 방사선관리구역·보전구역 및 제한구역에서의 출입제한 등에 관한 사항
⑦ 배기감시설비 및 배수감시설비에 관한 사항
⑧ 방사선관리구역·보전구역 및 제한구역에서의 다음 각 목의 사항
가. 방사선량률
나. 방사성물질의 농도
다. 방사성물질에 의하여 오염된 물질의 표면오염도의 감시 및 오염제거에 관한 사항
⑨ 방사선측정기의 관리 및 방사선측정방법에 관한 사항
⑩ 방사선작업종사자 및 수시출입자에 대한 피폭방사선량의 평가 및 개인선량계의 관리에 관한 사항
⑪ 방사성폐기물관리시설 등의 순시 및 점검과 이에 따른 조치에 관한 사항
⑫ 방사성폐기물관리시설 등의 자체 점검에 관한 사항

⑬ 방사성폐기물의 운반 · 저장 및 그 밖의 취급에 관한 사항
⑭ 방사성폐기물의 처리에 관한 사항
⑮ 주변지역 등의 방사선감시에 관한 사항
⑯ 비상시 조치에 관한 사항
⑰ 방사성폐기물관리시설 등에 관계되는 안전관리기록에 관한 사항
⑱ 그 밖에 안전관리에 필요한 사항

4) 법 제63조제2항에서 "그 밖에 총리령으로 정하는 서류"란 다음 각 호의 서류를 말한다.
① 방사성폐기물관리시설 등의 건설 · 운영계획에 관한 서류
② 방사성폐기물의 저장 · 처리 및 처분방법에 관한 서류
③ 방사성폐기물관리시설 등에 저장 · 처리 또는 처분할 방사성폐기물의 종류 및 수량에 관한 서류
④ 방사성폐기물관리시설 등의 건설 · 운영에 관한 기술능력에 관한 설명서
⑤ 장비 및 인력을 확보하고 있음을 증명하는 서류

5) 위원회는 법 제63조제1항 본문에 따라 방사성폐기물관리시설 등의 건설 · 운영허가를 하였을 때에는 허가증을 신청인에게 발급하여야 한다.

6) 부속시설

법 제63조제1항 본문의 전단에 따른 부속시설은 방사선안전에 관계되는 시설로서 방사성폐기물의 인수시설 및 검사시설로 한다.

7) 변경허가 신청

법 제63조제1항 전단에 따라 방사성폐기물관리시설 등의 건설 · 운영 허가를 받은 자(이하 "방사성폐기물관리시설 등건설 · 운영자"라 한다)는 같은 항 본문의 후단에 따라 그 허가받은 사항의 변경허가를 받으려면 총리령으로 정하는 바에 따라 변경허가신청서를 위원회에 제출하여야 한다.

7-1) 허가의 변경

(1) 신청서에는 다음 각 호의 서류를 첨부하여야 한다.
① 허가신청서 첨부서류 중 변경되기 전의 것과 변경된 후의 비교표
② 공사계획 및 방사선장해방어계획(공사를 수반하는 경우에만 첨부한다)
③ 허가증(허가증의 기재사항을 변경하려는 경우에만 첨부한다)

7-2) 경미한 사항의 변경신고

(1) 법 제63조제1항 단서에서 "총리령으로 정하는 경미한 사항"이란 다음 각 호의 어느 하나에 해당하는 사항을 말한다.

① 허가를 받은 사람의 성명 및 주소(법인인 경우에는 그 명칭 · 주소 및 그 대표자의 성명)
② 방사성폐기물관리시설 등을 설치하는 사업소의 명칭
③ 방사성폐기물관리시설 등의 공사일정
④ 안전성분석보고서의 기재사항 중 시설의 개요 및 현황, 시설의 운영 및 관리 또는 방사선장해방어에 관한 사항
⑤ 제87조제5항에 따른 건설 및 운영에 관한 품질보증계획서의 기재사항 중 제4조제4항제2호부터 제18호까지에 관한 사항
⑥ 안전성분석보고서, 안전관리규정, 건설 및 운영에 관한 품질보증계획서, 방사성폐기물관리시설 등의 건설 · 운영계획에 관한 서류 및 방사성폐기물관리시설 등의 건설 · 운영에 관한 기술능력에 관한 설명서의 내용 중 품질보증체제의 조직이 아닌 일반조직 변경에 관한 사항
⑦ 오기(誤記), 누락 또는 그 밖에 이에 준하는 사유로서 그 변경 근거가 분명한 사항

(2) 법 제63조제1항 단서에 따라 변경신고를 하려는 자는 변경 후 20일 이내에 신고서에 다음 각 호의 서류를 첨부하여 위원회에 제출하여야 한다.
① 변경사항을 증명하는 서류
② 허가증

### 제64조(허가기준)

제63조제1항에 따른 허가기준은 다음 각 호와 같다.
① 총리령으로 정하는 방사성폐기물관리시설 등의 건설 · 운영에 필요한 기술능력을 확보하고 있을 것
② 방사성폐기물관리시설 등의 위치 · 구조 · 설비 및 성능이 위원회규칙으로 정하는 기술기준에 적합하여 방사성물질 등에 따른 인체 · 물체 및 공공의 재해방지에 지장이 없을 것
③ 방사성폐기물관리시설 등의 건설 · 운영 과정에서 발생되는 방사성물질 등으로부터 국민의 건강 및 환경상의 위해를 방지하기 위하여 대통령령으로 정하는 기준에 적합할 것
④ 대통령령으로 정하는 장비 및 인력을 확보하고 있을 것
⑤ 방사성폐기물 처분시설의 전부 또는 일부에 대한 폐쇄 후 관리계획이 300년 이하의 범위에서 대통령령으로 정하는 기간 동안 방사성폐기물 처분시설의 안전성 확보를 위하여 위원회규칙으로 정하는 관리 기준에 적합할 것

1. 허가기준

1) 법 제64조 제1항 제4호에서 "대통령령으로 정하는 장비 및 인력"이란 다음 각 호의 장비 및 인력을 말한다.

(1) 장비

① 방사선측정기 3대 이상

② 방사능측정기 3대 이상

③ 방사성폐기물 취급 및 운반 장비 1대 이상

(2) 인력

방사선취급감독자면허 소지자 또는 방사선관리기술사 1명 이상

2) 법 제64조 제1항 제5호에서 "대통령령으로 정하는 기간"이란 다음 각 호에 따른 방사성폐기물 처분시설의 폐쇄 후 관리기간을 말한다. 이 경우 동일 부지 안에 2개 이상의 방사성폐기물 처분시설을 운영하려는 경우에는 그 중 가장 긴 기간이 적용되는 방사성폐기물 처분시설의 폐쇄 후 관리기간을 그 부지의 모든 방사성폐기물 처분시설에 적용한다.

① 동굴처분을 하는 방사성폐기물 처분시설: 200년 이하

② 동굴처분 외의 천층처분을 하는 방사성폐기물 처분시설: 300년 이하

## 2. 폐기시설 등의 시설기준

### 2-1. 규칙 제64조(적용범위)

법 제64조제2호 및 법 제68조제1항제1호의 규정에 의한 방사성폐기물의 저장·처리·처분시설 및 그 부속시설(이하 "폐기시설등"이라 한다)의 위치·구조 및 설비에 관한 기술기준은 제65조부터 제68조까지, 제68조의2, 제69조부터 제74조까지의 규정을 적용한다.

### 2-2. 규칙 제65조(천층처분시설의 위치)

1) 중·저준위방사성폐기물 천층처분시설(천층처분시설)의 위치는 다음 각호의 기준에 적합한 곳이어야 한다.

① 인구밀집지역으로부터 떨어진 곳일 것

② 기상·수문조건(수문조건)·지표면 및 지질학적 상태를 고려하여 적합한 곳일 것

③ 지표수와 지하수로부터 가능한 한 멀리 떨어진 곳으로서 그 분포상태가 적합한 곳일 것

④ 지진, 생태학적 특징, 수자원의 이용 기타 제반 환경여건이 적합한 곳일 것

2) 제1항의 규정에 의한 중·저준위방사성폐기물 천층처분시설의 위치에 관한 세부기술기준은 원자력안전위원회가 정하여 고시한다.

### 2-3. 규칙 제66조 (심층처분시설의 위치)

1) 고준위방사성폐기물 심층처분시설(심층처분시설)의 위치에 관한 기준은 다음 각호와 같다.

① 인구밀집지역으로부터 떨어진 곳일 것
② 해안지역에 위치한 경우에는 해수에 의한 심각한 영향을 받지 아니하는 곳일 것
③ 처분시설의 안전을 위하여 주변지역이 지질학적으로 안정된 곳일 것
④ 기후변화 등이 처분시설의 안전성에 심각한 영향을 미치지 아니하는 심부에 위치할 것
⑤ 지층의 암석은 방사성물질의 이동을 억제할 수 있도록 침투성·다공성 및 확산성이 낮을 것
⑥ 지하매질(지하매질)은 방사성물질의 붕괴열 등이 처분시설의 안전성에 심각한 영향을 미치지 아니하는 것일 것
⑦ 지표수 및 지하수로부터 멀리 떨어진 곳일 것
⑧ 석유·천연가스 등 인화성 광물질의 매장지역으로부터 멀리 떨어진 곳일 것

2) 제1항의 규정에 의한 고준위방사성폐기물 심층처분시설의 위치에 관한 세부기술기준은 원자력안전위원회가 정하여 고시한다.

## 2-4. 규칙 제68조 (환기설비)

방사성물질에 의하여 오염된 공기로부터 방사선장해를 방지할 필요가 있는 폐기시설 등에는 다음 각호의 기술기준에 적합한 환기설비를 설치하여야 한다.

① 방사선장해를 방지하기 위하여 필요한 환기능력을 가질 것
② 방사성물질에 의하여 오염된 공기가 누설되지 않는 구조이고 역류할 우려가 없을 것
③ 배출되는 공기를 정화하는 장치를 설치한 경우에는 방사성물질에 의하여 오염된 공기의 정화 및 여과장치의 교체가 용이한 구조일 것
④ 흡기구는 방사성물질에 의하여 오염된 공기를 흡입하지 아니하도록 설치할 것

## 2-5. 규칙 제68조의2 (화재방호설비)

1) 폐기시설 등에 화재방호설비를 설치할 때에는 화재 및 폭발의 가능성을 낮추고 화재와 폭발로 인한 방사성물질의 확산 및 누출의 방지 능력에 현저한 지장을 초래하지 않도록 다음 각호의 심층방어개념을 적용하여야 한다.

① 화재 발생의 방지를 위하여 가능한 한 비가연성 또는 내화·내열 재료를 사용할 것
② 화재를 조기에 감지하고 신속하게 소화할 수 있는 소방시설을 설치할 것
③ 신속하게 진화되지 않는 화재 또는 소방시설의 고장·손상 또는 오동작으로 인하여 필수기능 수행을 수행하는 구조물, 계통, 기기에 대한 화재방호 능력을 충분히 확보할 것

2) 폐기시설 등의 화재방호에 대한 설계가 제1항의 심층방어개념을 준수하고 있음을 보장하기 위하여 설계 초기단계에 다음과 같은 사항이 고려된 화재위험도분석을 수행하여야 한다.

① 화재방호구역의 구분
② 소방시설
③ 가연성물질의 종류 및 크기(방사성폐기물의 경우 해당 시설의 최대 저장능력)
④ 화재위험성의 평가
⑤ 설계기준화재의 범주
⑥ 방사성물질 확산 및 유출방지 능력

3) 제2항의 규정에 의한 폐기시설 등의 화재위험도분석에 관한 세부기술기준은 원자력안전위원회가 정하여 고시한다.

## 2-6. 규칙 제69조 (방사성물질에 의한 오염의 방지)

폐기시설 등으로서 사람이 빈번히 출입하는 건물 등의 내부의 벽·바닥 기타 방사성물질에 의하여 오염될 우려가 있는 부분중 사람이 접촉할 우려가 있는 부분의 표면은 방사성물질에 의한 오염을 제거할 수 있는 것이어야 한다.

## 2-7. 규칙 제70조 (폐기물저장설비)

1) 방사성폐기물저장설비에 관한 기술기준은 다음 각호와 같다.
① 운전시에 발생하는 방사성폐기물을 저장할 수 있는 용량일 것
② 붕괴열 및 방사선 조사에 의하여 발생하는 열에 견디어야 하고 화학약품 등에 의하여 부식되는 경우에도 정상작동상태를 유지할 것
③ 방사성폐기물에 의한 오염이 확산되지 아니하도록 할 것

2) 액체상의 방사성폐기물을 저장하는 설비가 설치되는 시설에는 그 설비의 고장·손괴 등에 의하여 액체상의 방사성폐기물이 시설 밖으로 누설되는 것을 방지하기 위한 둑을 설치하여야 한다.

## 2-8. 규칙 제71조 (천층처분시설의 구조 및 설비)

1) 중·저준위방사성폐기물 천층처분시설의 구조 및 설비에 관한 기술기준은 다음 각호와 같다.
① 주위의 지질특성과 토양의 이온교환성을 고려하여 방사성물질의 이동을 최대로 억제할 수 있도록 설계·건설함으로써 폐쇄시까지 그 기능이 유지되도록 할 것
② 처분장소 주위에 물이 고일 가능성이 없도록 할 것
③ 주위의 지표수의 범람을 방지할 수 있도록 처분장소를 두껍게 복개할 것
④ 처분장소 주위에 방사성물질 감시설비를 설치할 것
⑤ 화재 또는 지진 등의 사고시에도 처분시설로부터 방사성물질이 누출되지 아니하도록 할 것

2) 제1항의 규정에 의한 중·저준위방사성폐기물 천층처분시설의 구조 및 설비에 관한 세부기술기준은 원자력안전위원회가 정하여 고시한다.

## 2-9. 규칙 제72조 (심층처분시설의 구조 및 설비)

1) 고준위방사성폐기물 심층처분시설의 구조 및 설비에 관한 기술기준은 다음 각호와 같다.

① 처분된 방사성폐기물로부터 발생하는 붕괴열 및 압력을 충분히 제어할 수 있도록 할 것

② 처분된 방사성폐기물이 임계에 도달할 가능성이 없도록 할 것

2) 제1항의 규정에 의한 고준위방사성폐기물 심층처분시설의 구조 및 설비에 관한 세부기술기준은 원자력안전위원회가 정하여 고시한다.

## 2-10. 규칙 제74조 (폐기물처리설비)

1) 방사성폐기물을 처리하는 설비에 관한 기술기준은 다음 각호와 같다.

① 제한구역 경계의 공기중 및 수중 방사성물질의 농도가 배출관리기준상의 제한값 이하가 되도록 폐기시설로부터 발생하는 방사성폐기물을 처리하는 능력을 보유하고 있을 것

② 방사성폐기물외의 폐기물을 처리하는 시설과 구별하여 설치할 것. 다만, 방사성폐기물외의 액체상의 폐기물을 처리하는 설비로 연결하는 경우 연결된 시설을 따라 역류할 우려가 없는 때에는 그러하지 아니하다.

③ 방사성폐기물이 누설되지 않는 구조이고 화학약품 등에 의하여 현저히 부식될 우려가 없는 것일 것

④ 기체상의 방사성폐기물을 처리하는 설비는 제70조제1항제3호의 규정을 준용하는 외에 배기통의 출구외의 곳에서 기체상의 방사성폐기물을 배출하지 아니할 것

⑤ 액체상의 방사성폐기물을 처리하는 설비가 설치되는 시설은 다음 각목의 기준에 적합할 것

가. 시설내부는 바닥면의 경사 또는 바닥면에 만들어진 배수로의 경사에 의하여 액체상의 방사성폐기물이 배수구로 흐르는 구조이고 액체상의 방사성폐기물의 누설확대를 방지하기 위한 둑이 설치되어 있을 것

나. 시설 밖으로 통하는 출입구 또는 그 주변부위에는 액체상의 방사성폐기물이 시설밖으로 누설되는 것을 방지하기 위한 둑이 설치되어 있을 것. 다만, 시설내부의 바닥면이 인접하는 바닥면 또는 지표면보다 낮아서 시설 밖으로 누설될 우려가 없는 때에는 그러하지 아니하다.

다. 배수통의 출구 외의 곳에서 액체상의 방사성폐기물을 배출하지 아니하도록 할 것

⑥ 고체상의 방사성폐기물을 처리하는 설비가 설치되는 시설은 원자력안전위원회가 정하여 고시하는 바에 따라 방사성폐기물을 처분에 적합한 형태로 고형화 또는 안정화하거나, 처분안전성이 입증된 용기에 장입할 수 있는 능력이 있을 것

2) 제1항의 규정에 의한 방사성폐기물 처리설비의 구조 및 설비에 관한 세부기술기준은 원자력안전위원회가 정하여 고시한다.

## 2-11. 부지

1) 심층처분시설의 부지는 해당 지역의 기상조건, 지표면의 상태, 지표수 및 지하수의 분포, 생태학적 특징 등 자연환경과 인문사회적 특성이 처분시설의 안전운영에 영향을 미치지 않는 곳이어야 한다.

2) 심층처분시설의 부지는 미래에 지하자원의 탐사나 지하개발, 고고학적 발굴과 같은 굴착활동이 일어날 가능성이 낮은 곳이어야 한다.

3) 심층처분시설에 위치하는 사용후핵연료의 인수저장시설은 사용후핵연료 중간저장시설의 위치에 관한 기술기준에 적합하여야 한다.

## 2-12. 지질학적 안정성

1) 심층처분시설의 부지는 지질학적으로 안정된 곳으로서 해당 처분시스템의 성능기간에 걸쳐 구조적인 변형이 일어날 가능성이 낮은 곳이어야 한다.

2) 심층처분시설의 부지는 활동성단층지역에 속하지 않아야 하고, 역사적으로 지진 발생빈도, 규모 및 진도가 낮아야 하며 성능기간에 걸쳐 그러할 것으로 예상되는 곳이어야 한다.

3) 심층처분시설의 부지는 성능기간에 걸쳐 지각의 융기나 침강 등 지각변동과 지열에너지의 방출이 격리성능에 영향을 미칠 가능성이 낮은 곳이어야 한다.

## 2-13. 처분시스템의 구성

1) 처분시스템은 다음 각 호의 다중 방벽과 이들이 제공하는 다중의 안전기능으로 구성되어야 한다.
   ① 해당 처분환경에서 방사성핵종의 누출을 제한하는 방사성폐기물 형태 및 특성
   ② 방사성폐기물에서 누출된 방사성핵종이 지하환경으로 유입되는 것과 지하수가 방사성폐기물과 접촉하는 것을 제한할 수 있는 공학적 방벽 등 설계 특징
   ③ 방사성핵종이 지하환경에서 이동하는 것과 생태계로 유출되는 것을 제한할 수 있는 천연방벽

2) 심층처분시설의 방사성폐기물 격리성능과 처분안전성은 제1항에 따른 다중 방벽과 다중 안전기능에 의해 구성되어야 하며 단일의 방벽과 단일의 안전기능에 의존해서는 아니 된다.

3) 처분시스템은 처분된 방사성폐기물을 회수할 필요나 처분시설의 폐쇄 후 회수할 여지가 없도록 하는 방식으로 개발되어야 하며, 방사성폐기물의 회수가 처분안전성의 일환으로 고려되지 않도록 하여야 한다.

## 2-14. 천연방벽

1) 심층처분시설의 모든 처분고는 석회암이나 이방성이 큰 불안정한 암종이 분포하지 않은 균질한 암반으로서 강도가 큰 단일의 기반암 내에 위치하여야 한다.

2) 심층처분시설의 처분고는 미래에 해당 지역에서 예상되는 지표면의 변화와 기후변화에 의해 심각한 영향을 받지 않도록 하고, 미래 인간침입의 가능성과 그 영향이 제한될 수 있도록 충분한 깊이에 위치하여야 한다.

3) 심층처분시설의 천연방벽은 역학적·수리지질학적·지화학적으로 안정된 매질로서 해당 방사성폐기물에 함유된 장반감기 방사성핵종의 이동을 지연시키고 방사성물질이 생태계로 유출하는 것을 제한하는 성질을 가져야 한다.

## 2-15. 공학적 방벽

1) 심층처분시설의 공학적 방벽은 방사성폐기물에 대하여 처분환경에서 방사성핵종의 유출을 장기간 제한할 수 있는 처분용기를 포함하여야 한다.

2) 심층처분시설의 공학적 방벽은 처분환경에서 다음 각 호의 기준을 만족하여야 한다.
   ① 다른 설계특징 및 천연방벽의 특성과 연계하여 처분시설 운영 중 및 폐쇄 후 방사성폐기물로 인한 붕괴열과 주변의 압력에 견딜 수 있을 것
   ② 방사성폐기물의 특성과 연계하여 폐쇄 후 정상자연현상 하에서 방사성핵종이 지하수 흐름에 따라 천연방벽으로 유입하는 것을 수천 년 이상 제한할 수 있을 것

* (성능목표치) 방사성폐기물 처분시설은 폐쇄 후 결정집단의 개인에게 미치는 방사선 영향으로 정상적인 자연현상으로 의한 연간선량은 0.1 mSv를 초과하지 않고, 자연적 또는 인위적 요인으로 비롯된 예상하기 어려운 현상으로 인한 연간 위험도는 $10^{-6}$ 이하로 제한되어야 한다.

* (성능평가기간) 성능목표의 부합여부를 수학적 예측모델로 평가할 경우 그 평가기간은 1,000년을 초과할 필요가 없다. 그러나 예측되는 위험이 상기기간 이전에 최고치에 도달하지 않을 때에는 상기기간 이후에 환경에로의 방사성핵종의 누출이 급격히 증가하지 않을 것이며, 개인에게 급성 방사선위험이 발생하지 않을 것이라는 타당성을 제시하여야 한다.

## 제65조 (검사)

1. 제63조제1항에 따라 방사성폐기물관리시설 등의 건설 · 운영 허가를 받은 자(이하 "방사성폐기물관리시설 등건설 · 운영자"라 한다)는 방사성폐기물관리시설 등의 설치 · 운영, 방사성폐기물의 저장 · 처리 · 처분, 특정핵물질의 계량관리에 관한 사항을 대통령령으로 정하는 바에 따라 위원회의 검사를 받아야 한다.

2. 위원회는 제1항에 따른 검사결과 다음 각 호의 어느 하나에 해당하면 방사성폐기물관리시설등건설 · 운영자에게 그 시정 또는 보완을 명할 수 있다.
   ① 제64조에 따른 허가기준 및 제68조제1항에 따른 기술기준에 미달될 때
   ② 제63조제2항에 따른 허가신청서의 첨부서류에 기재된 내용과 일치하지 아니하거나 제15조 계량관리규정에 위반될 때

### 2-1. 사용 전 검사

1) 방사성폐기물관리시설 등건설 · 운영자는 법 제65조제1항에 따라 방사성폐기물관리시설 등의 공사 및 성능에 관하여 위원회의 검사를 받아야 한다.
2) 제1항에 따른 검사 결과 방사성폐기물관리시설 등이 다음 각 호의 기준에 맞는 경우에는 합격으로 한다.
   ① 해당 공사가 법 제63조에 따른 허가 내용에 따라 이루어진 경우
   ② 방사성폐기물관리시설 등의 구조 · 설비 및 성능이 위원회규칙으로 정하는 기술기준에 맞는 경우
3) 제1항에 따라 검사를 받으려는 자는 총리령으로 정하는 바에 따라 검사신청서를 위원회에 제출하여야 한다.

### 2-2. 사용 전 검사의 신청 등

① 사용 전 검사를 받으려는 자는 신청서에 검사받으려는 시설의 개요와 공사일정을 적은 서류를 첨부하여 위원회에 제출하여야 한다.
② 제1항의 신청서는 시기마다 검사받으려는 날의 30일 전까지 제출하여야 한다.
③ 위원회는 사용 전 검사를 받은 자에 대하여 합격 여부를 통지하여야 한다.

### 2-3. 사용 전 검사의 시기

제101조제1항에 따라 사용 전 검사를 하는 경우 검사대상별 검사시기는 다음 각 호와 같다.

1) 토목 또는 건축구조물에 대해서는 공사를 착공하였을 때 및 공정별로 강도를 확인할 수 있거나 누설에 관계되는 시험이 가능하게 되었을 때

2) 방사선차폐 · 기밀 · 수밀 또는 내부식이 요구되는 재료 · 부품에 대해서는 기밀시험 · 수밀시험 · 강도시험 · 화학시험 또는 비파괴검사가 가능하게 되었을 때

3) 방사선관리설비 · 환기설비 · 폐기물처리설비 또는 계측제어설비에 대해서는 그 성능시험이 가능하게 되었을 때

4) 공사계획에 따른 모든 공사가 끝났을 때

## 3. 정기검사

1) 방사성폐기물관리시설 등 건설 · 운영자는 법 제65조제1항에 따라 방사성폐기물관리시설 등의 설치 · 운영 및 방사성폐기물의 저장 · 처리 · 처분에 관하여 총리령으로 정하는 바에 따라 정기적으로 위원회의 검사를 받아야 한다.

2) 제1항에 따른 정기검사를 받으려는 자는 그 신청서에 총리령으로 정하는 서류를 첨부하여 위원회에 제출하여야 한다.

3) 제1항에 따른 검사 결과 방사성폐기물관리시설 등이 다음 각 호의 기준에 맞는 경우에는 합격으로 한다.
   ① 구조 · 설비 및 성능이 방사성폐기물관리시설 등의 위치 · 구조 · 설비 및 성능이 위원회규칙으로 정하는 기술기준에 적합하여 방사성물질 등에 따른 인체 · 물체 및 공공의 재해방지에 지장이 없을 것과 법 방사성폐기물관리시설 등의 위치 · 구조 · 설비 및 성능에 따른 기술기준에 맞는 경우
   ② 방사성폐기물의 저장 · 처리 및 처분이 방사성폐기물의 저장 · 처리 또는 처분에 따른 기술기준에 맞는 경우

### 3-1. 정기검사의 신청 등

1) 정기검사를 받으려는 자는 신청서에 다음 각 호의 사항을 적은 서류를 첨부하여 위원회에 제출하여야 한다.
   ① 검사받으려는 시설의 개요
   ② 정기검사 수검계획서

2) 제1항에 따른 신청서는 검사받으려는 날의 30일 전까지 제출하여야 한다.
3) 위원회는 정기검사를 받은 자에 대하여 합격 여부를 통지하여야 한다.

3-2. 정기검사의 시기

정기검사는 1년마다 실시한다.

4. 처분검사

1) 방사성폐기물관리시설 등 건설·운영자는 방사성폐기물을 처분하려면 위원회가 정하는 바에 따라 처분검사를 받아야 한다.
2) 제1항에 따라 처분검사를 받으려는 자는 그 신청서에 총리령으로 정하는 서류를 첨부하여 위원회에 제출하여야 한다.
3) 제1항에 따른 검사 결과 방사성폐기물의 처분이 방사성폐기물의 저장·처리 또는 처분의 기술기준에 맞는 경우에는 합격으로 한다.

4-1. 처분검사신청

1) 신청서는 처분작업 개시 1개월 전까지 제출하여야 한다.
2) 위원회는 처분검사를 받은 자에 대하여 합격 여부를 통지하여야 한다.

## 2. 방사성폐기물관리시설 등의 건설·운영 허가의 취소 등

### 제66조 (방사성폐기물관리시설 등의 건설·운영 허가의 취소 등)

1. 위원회는 방사성폐기물관리시설 등 건설·운영자가 다음 각 호의 어느 하나에 해당하면 그 허가를 취소하거나 1년 이내의 기간을 정하여 그 건설공사 또는 운영의정지를 명할 수 있다. 다만, 제1호 또는 제4호에 해당하는 때에는 그 허가를 취소하여야 한다.
   ① 거짓이나 그 밖의 부정한 방법으로 허가를 받은 때
   ② 정당한 사유 없이 대통령령으로 정하는 기간 안에 그 허가받은 사업을 개시하지 아니하거나 1년 이상 계속하여 그 사업을 중단한 때
   ③ 제63조제1항 후단에 따라 허가받아야 할 사항을 허가받지 아니하고 변경한 때
   ④ 제63조제3항에 따라 준용되는 제14조제1호·제2호 및 제4호 중 어느 하나에 해당하게 된 때. 다만, 법인의 임원이 그 사유에 해당하게 된 경우 3개월 이내에 그 임원을 바꾼 때에는 그러하지 아니하다.

⑤ 제64조의 허가기준에 미달하게 된 때
⑥ 제69조에 따라 준용되는 제15조제1항을 위반한 때
⑦ 제65조제2항 · 제68조제2항 · 제92조제2항 또는 제98조제1항 · 제3항에 따른 명령을 위반한 때
⑧ 제68조제3항, 제89조제5항, 제94조, 제96조 또는 제106조제1항을 위반한 때
⑨ 제99조의 허가조건을 위반한 때

2. 제1항에 따른 사업정지에 관하여는 제17조제2항부터 제4항까지의 규정을 준용한다.

*(사업개시기간)

"대통령령으로 정하는 기간"이란 그 허가를 받은 날부터 2년을 말한다.

### 제67조 (기록과 비치)

방사성폐기물관리시설 등 건설 · 운영자는 총리령으로 정하는 바에 따라 방사성폐기물의 저장 · 처리 또는 처분에 관한 사항 등을 기록하여 이를 방사성폐기물관리시설 등에 비치하여야 한다.

### 제68조 (기준준수의무 등)

1. 방사성폐기물관리시설 등 건설 · 운영자는 다음 사항에 관하여 위원회규칙으로 정하는 기술기준을 준수하여야 한다.
   ① 방사성폐기물관리시설 등의 위치 · 구조 · 설비 및 성능
   ② 방사성폐기물의 저장 · 처리 또는 처분

2. 위원회는 방사성폐기물관리시설 등의 위치 · 구조 · 설비 및 성능과 방사성폐기물의 저장 · 처리 또는 처분이 제1항에 따른 기술기준에 적합하지 아니하다고 인정하면 방사성폐기물관리시설 등 건설 · 운영자에게 해당 시설의 수리 · 개선 · 이전 또는 업무의 정지, 취급방법의 변경과 그 밖의 안전에 필요한 조치를 명할 수 있다.

3. 방사성폐기물관리시설 등 건설 · 운영자 및 그 종업원은 제63조제2항에 따른 안전관리규정을 준수하여야 한다.

## 방사선안전관리 등의 기술기준에 관한 규칙

### 제84조 (적용범위)

법 제64조제5호 및 법 제68조제1항제2호의 규정에 의한 방사성폐기물 처분시설의 폐쇄 후 관리에 관한 기술기준과 방사성폐기물의 저장·처리 또는 처분에 관한 기술기준에 관하여는 제85조부터 제87조까지를 적용한다.

### 제85조 (천층처분시설에서의 저장·처리 또는 처분 및 폐쇄 후 관리)

1. 중·저준위방사성폐기물 천층처분시설에서의 저장·처리 또는 처분에 관한 기술기준은 다음 각호와 같다.
 ① 방사성폐기물은 방사선장해를 방지하기 위하여 적절한 용기에 넣거나 고형화할 것
 ② 방사성폐기물의 방사능농도 및 수량이 방사성물질의 종류에 따라 원자력안전위원회가 정하여 고시하는 세부기술기준의 한도를 초과하지 아니할 것
 ③ 방사성폐기물에는 눈에 띄기 쉬운 표면에 별표 1에 의한 방사능 표지를 부착하고, 방사성폐기물에 관한 기록과 대조할 수 있도록 정리번호를 표시할 것
 ④ 위치와 경계를 표시하고 보전구역을 설치하여 그 경계선에 별표 7에 의한 방사능표지를 설치할 것
 ⑤ 방사선작업종사자 및 수시출입자의 피폭방사선량이 선량한도를 초과하지 아니하도록 할 것
 ⑥ 시설을 폐쇄하는 경우에는 필요한 안전조치를 할 것

2. 중·저준위방사성폐기물 천층처분시설의 폐쇄 후 관리에 관한 기술기준은 다음 각 호와 같다.
 ① 폐쇄 후 관리의 방법은 다음 각 목의 활동을 포함 할 것
  가. 부지에 대한 방사선환경조사
  나. 부지특성에 대한 관찰과 지표구조물의 유지·보수
  다. 부지 안으로 일반인의 접근 제한
  라. 처분에 관한 기록의 비치 및 보존
  마. 그 밖에 해당 처분시설의 특성에 따라 폐쇄 후 관리를 위해 필요한 사항
 ② 폐쇄 후 관리기간 이후에는 관리활동 없이 처분안전성을 확보할 수 있을 것

3. 제1항의 규정에 의한 중·저준위방사성폐기물 천층처분시설에서의 저장·처리 또는 처분에 관한 세부기술기준과 제2항의 규정에 의한 중·저준위방사성폐기물 천층처분시설의 폐쇄 후 관리에 관한 세부기술기준은 원자력안전위원회가 정하여 고시한다.

### 第86条 (심층처분시설에서의 저장·처리 또는 처분)

1. 고준위방사성폐기물 및 사용후핵연료의 심층처분장소에서의 저장·처리 또는 처분에 관한 기술기준은 다음 각호와 같다.
 ① 처분장소 주위에 보전구역을 설치하고 제한구역의 설치에 관하여도 반드시 검토할 것
 ② 방사성폐기물에는 눈에 띄기 쉬운 표면에 별표 7에 의한 방사능 표지를 부착하고, 방사성폐기물에 관한 기록과 대조할 수 있도록 정리번호를 표시할 것
 ③ 방사선작업종사자 및 수시출입자의 피폭방사선량이 선량한도를 초과하지 아니하도록 할 것
2. 제1항의 규정에 의한 고준위방사성폐기물 및 사용후핵연료의 심층처분시설에서의 저장·처리 또는 처분에 관한 세부기술기준은 원자력안전위원회가 정하여 고시한다.

### 第87条 (처분시설안에서의 저장·처리)

폐기시설등의 운영시 발생되는 방사성폐기물의 저장·처리에 관한 기술기준은 다음 각호와 같다.

① 처리·저장작업은 방사선장해방어에 관한 지식과 경험을 갖춘 자의 감독하에 하도록 하고, 저장 및 처리에 종사하는 자에게는 작업복·장갑 등 필요한 방호장구를 착용시킬 것
② 처리·저장작업에 종사하는 자외의 자가 폐기시설에 출입하는 경우에는 감독자의 지시를 따르도록 할 것
③ 기체상의 방사성폐기물은 여과, 시간의 경과에 의한 방사능의 감쇠 또는 다량의 공기에 의한 희석 등의 방법으로 배기중의 방사성물질의 농도를 저하시킨 후 이를 배기시설에 의하여 배출할 것. 이 경우 배기구에서 배기중의 방사성물질의 농도를 감시함으로써 제한구역경계에서의 공기중 방사성물질의 농도가 배출관리기준의 제한값을 초과하지 아니하도록 하여야 한다.
④ 액체상의 방사성폐기물은 다음 각호의 1에 의한 방법에 따라 배출·저장할 것
 가. 배수시설에 의하여 배출할 것
 나. 방사선장해방지의 효과를 가진 저장조에 저장할 것
 다. 용기에 넣은 후 고형화하여 방사선장해방지의 효과를 가진 저장시설에 저장할 것
 라. 방사선장해방지를 위하여 원자력안전위원회가 정하여 고시하는 바에 따라 소각시설에서 소각할 것
⑤ 제④호 가목의 방법으로 배출하는 경우에는 배수시설에 있어서 여과, 증발, 이온교환수지 등에 의한 흡착, 시간의 경과에 의한 방사능의 감쇠 또는 다량의 물에 의한 희석 등의 방

법에 의하여 배수중의 방사성물질의 농도를 감소시킬 것. 이 경우 배수구에서 배수중의 방사성물질의 농도를 감시함으로써 제한구역경계에서의 수중방사성물질의 농도가 원자력안전위원회가 정하여 고시하는 배출관리기준상의 제한값을 초과하지 아니하도록 하여야 한다.

⑥ 제④호 나목의 방법으로 저장하는 경우 그 저장된 방사성폐기물의 붕괴열 등에 의하여 현저히 과열될 우려가 있는 경우에는 냉각을 위하여 필요한 조치를 할 것

⑦ 제④호 다목의 방법중 용기에 넣어 저장하는 경우 방사성폐기물을 넣은 용기는 다음 각목의 기준에 적합할 것

가. 물이 침투하지 아니하고, 부식에 견디며, 방사성폐기물이 누설되지 아니하는 구조일 것

나. 균열 또는 파손될 우려가 없을 것

다. 용기의 덮개는 쉽게 열리지 아니할 것

⑧ 제④호 다목의 방법중 고형화하여 저장하는 경우에는 고형화한 방사성폐기물의 확산 또는 누설을 방지할 수 있을 것

⑨ 제④호 다목의 방법중 방사성폐기물을 방사선장해방지의 효과를 가진 저장시설에 저장하는 경우에는 다음 각목의 기준에 따를 것

가. 방사성폐기물을 용기에 넣어 저장하는 경우 당해 용기가 균열 또는 파손될 우려가 있는 때에는 그 방사성폐기물의 전부를 흡수할 수 있는 재료로 당해 용기를 포장하거나 수용할 수 있는 밑받이를 당해 용기에 설치하여 오염의 확대를 방지할 것

나. 저장된 방사성폐기물의 붕괴열 등에 의하여 현저히 과열될 우려가 있는 경우에는 냉각을 위하여 필요한 조치를 할 것

다. 방사성폐기물을 넣은 용기나 고형화한 방사성폐기물에는 별표 7의 규정에 의한 방사성폐기물임을 나타내는 표지를 붙이고, 당해 방사성폐기물에 관하여 법 제80조의 규정에 의하여 기록된 내용과 대조할 수 있도록 하는 정리번호를 원자력안전위원회가 정하여 고시하는 세부기술기준에 따라 표시할 것

라. 저장시설에는 눈에 띄기 쉬운 곳에 관리상의 주의사항을 게시할 것

⑩ 고체상의 방사성폐기물은 다음 각목의 1에 의한 방법에 따라 폐기할 것

가. 방사선장해방지를 위하여 원자력안전위원회가 정하여 고시하는 바에 따라 소각시설에서 소각할 것

나. 용기에 넣거나 고형화하여 방사선장해방지의 효과를 가진 저장시설에 저장할 것

다. 나목의 방법으로 저장하기가 곤란한 대형기계 등의 방사성폐기물 또는 시간의 경과에 의한 방사능의 감쇠를 필요로 하는 방사성폐기물에 대하여는 방사선장해방지의 효과를 가진 저장시설에 저장할 것

⑪ 제⑩호 나목의 방법중 방사성폐기물을 용기에 넣어 저장하는 경우에는 제⑦호 및 제⑨호(가목의 경우를 제외한다)의 예에 따를 것

⑫ 제⑩호 나목의 방법중 방사성폐기물을 고형화하여 저장하는 경우에는 제⑧호 및 제⑨호(가목의 경우를 제외한다)의 예에 따를 것 ⑬ 제⑩호 다목의 방법에 의하여 저장하는 경우에는 제⑨호 나목 및 라목의 예에 따를 것

## 3. 방사성폐기물의 처분제한

### 제70조 (방사성폐기물의 처분제한)

1. 누구든지 방사성폐기물을 해양에 투기(投棄)하는 방법으로 처분할 수 없다.

2. 방사성폐기물처분시설등 건설·운영자가 아닌 자는 총리령으로 정하는 종류 및 수량의 방사성폐기물을 땅속에 천층(淺層)처분(동굴처분을 포함한다) 또는 심층(深層)처분 등의 방법으로 처분할 수 없다.

3. 제2항에 따른 방사성폐기물 외의 방사성폐기물의 처분은 대통령령으로 정하는 방법 및 절차에 적합하게 하여야 한다.

4. 제2항에 따른 방사성폐기물의 처분을 방사성폐기물관리시설등건설·운영자에게 위탁하려는 자는 총리령으로 정하는 인도(引渡)기준에 적합하게 하여야 한다.

4-1. 방사성폐기물의 처분제한

법 제70조제2항에서 "총리령으로 정하는 종류 및 수량의 방사성폐기물"이란 개인에 대한 연간 피폭방사선량이 10 μSv 이상이거나 집단에 대한 총피폭방사선량이 1 man·Sv 이상이 되는 것으로서 위원회가 정하는 핵종별 농도 이상인 방사성폐기물을 말한다.

4-2. 자체처분 신고

1) 계획서에는 위원회가 정하여 고시하는 지침에 따라 작성된 방사성폐기물 자체처분의 절차 및 방법에 관한 서류를 첨부하여야 한다.

4-3. 방사성폐기물 자체처분의 절차 및 방법

1) 법 제71조에 따른 원자력관계사업자(이하 "원자력관계사업자"라 한다)는 법 제70조제3항에

따라 다음 각 호의 어느 하나에 해당하는 방사성폐기물로서 핵종별 농도가 위원회가 정하는 값 미만이 된 것으로 위원회로부터 확인을 받은 방사성폐기물을 소각, 매립 또는 재활용 등의 방법으로 처분(이하 "자체처분"이라 한다)할 수 있다.

① 원자력관계사업자가 발생시킨 방사성폐기물

② 원자력관계사업자(방사성폐기물관리시설등건설 · 운영자는 제외한다)로부터 처분을 위탁받아 관리하고 있는 방사성폐기물

2) 제1)항에 따라 자체처분을 하려는 원자력관계사업자는 방사성폐기물을 자체처분할 때마다 총리령으로 정하는 바에 따라 자체처분계획서에 관계 서류를 첨부하여 위원회에 제출하여야 한다. 이를 변경하려는 경우에도 또한 같다.

3) 제2)항 전단에도 불구하고 다음 각 호의 기준을 모두 만족하는 방사성폐기물을 자체처분하려는 원자력관계사업자는 제2)항에 따른 자체처분계획서를 5년마다 위원회에 제출할 수 있다.

① 반감기(半減期)가 5일 미만인 단일 핵종만을 포함할 것

② 위원회가 정하여 고시하는 자체처분 허용기준에 적합할 것

4) 위원회는 제2)항 또는 제3)항에 따라 제출된 자체처분계획서가 위원회가 정하여 고시하는 자체처분의 방법 및 절차에 적합한지에 대하여 검토하고, 그 결과를 원자력관계사업자에게 통지하여야 한다.

5) 제4)항에 따라 자체처분계획서가 적합한 것으로 통지받은 원자력관계사업자는 해당 방사성폐기물을 자체처분할 수 있다.

6) 제5)항에 따라 자체처분을 한 자는 자체처분에 관한 기록을 자체처분일부터 5년간 보존하여야 한다.

### 4-4. 자체처분절차서

자체처분사업자는 다음 각 호의 사항을 포함한 방사성폐기물 자체처분 절차서를 마련하여, 그 절차서에 따라 자체처분에 관한 제반업무를 수행하여야 한다.

1) 자체처분 정책 및 전략

① 자체처분 원칙

② 자체처분이 정당화되는 근거

③ 자체처분 폐기물의 수량 및 방사능 최소화 전략

④ 자체처분 업무를 수행하는 조직, 책임 및 권한

2) 자체처분하고자 하는 폐기물의 특성과 관리방안

① 폐기물의 발생장소, 발생과정 및 예상 발생량

② 폐기물의 종류 및 형태

③ 폐기물에 함유될 수 있는 방사성핵종의 종류
④ 폐기물의 선별, 수거, 분리 및 저장방법
⑤ 핵종별 및 폐기물별 자체보관기간 및 자체보관기간의 평가방법(적용 가능한 경우에 한함)
⑥ 폐기물의 표면오염 관리방안

3) 자체처분 관련 기준을 만족함을 입증하는 방법
① 방사능 측정방법(대표시료 채취방법을 포함한다) 또는 방사능 평가방법(평가의 타당성에 대한 논거)
② 방사선 측정방법
③ 기타 이 규정의 제반 규정을 만족함을 입증하는 방법

4) 자체처분 방법 및 사전 조치
① 자체처분 방법
② 자체처분 전 조치사항
③ 자체처분으로 인하여 부수적으로 폐기물이 발생될 경우, 이 부수적인 폐기물의 관리방법

5) 기록 및 관리
① 기록의 종류 및 작성양식
② 기록의 보존방법 및 보존기간

### 4-5. 첨부서류

방사성폐기물 자체처분계획서에 첨부하여야 하는 서류는 다음 각 호와 같다.

① 자체처분 대상 폐기물의 종류 및 수량
② 자체처분 대상 폐기물의 발생원, 발생일시 또는 발생기간
③ 자체처분 대상 폐기물의 측정 대상별 표면 방사선량률, 핵종별 농도 및 그 산출근거
④ 자체처분 방법 및 예정 목적지(위탁 처리하고자 하는 경우 위탁업체를 포함한다)
⑤ 자체처분으로 인하여 부수적으로 발생되는 폐기물의 수량 및 관리방법
⑥ 자체처분에 따른 예상 피폭방사선량이 자체처분 허용선량을 만족함을 입증하는 자료(단 제6조제2항에 해당하는 경우에 한한다.)
⑦ 자체처분절차서

## 5. 방사성폐기물의 인도

1) 법 제70조제4항에 따른 방사성폐기물의 인도기준은 다음 각 호와 같다.
① 방사성폐기물은 종류 및 방사능 농도에 따라 분류하고, 처분장의 처분요건에 적합하도록 할 것

② 방사성폐기물은 처분 후의 안전성을 확보하기 위하여 고체 형태로 할 것
③ 포장물은 운반 및 취급 시 파손되지 아니하도록 구조적 건전성을 유지할 것
④ 포장내의 유리수(遊離水)는 최소화하고 고화체가 함유하고 있는 핵종의 침출률이 적절히 제한되도록 할 것
⑤ 방사성폐기물은 폭발 · 인화 및 유해성 물질 등에 따른 위험성이 제거되도록 할 것
⑥ 포장물 외부에 방사성폐기물에 대한 주요 정보를 알아보기 쉽게 표시할 것

2) 제1항에 따른 방사성폐기물의 인도방법 · 절차 및 그 밖의 필요한 사항은 위원회가 정하여 고시한다.

## 5-1. 폐기물의 형태

폐기물의 형태는 다음 각 호에 적합하여야 한다.

① 폐기물은 취급 시와 처분 후 안전성을 확보할 수 있도록 고체 형태이어야 한다.
② 폐기물은 물리적·화학적으로 안정하여야 하며 유동성이 없어야 한다.

## 6. 고형화의 조건

고형화 폐기물은 다음 각 호의 조건을 만족하여야 한다.

① 유동성이 있는 폐기물을 고형화 하는 경우에는 고형화 폐기물은 균질하게 고형화 되어야 한다.
② 고형화 폐기물은 함유하고 있는 방사성핵종의 침출이 처분 환경에서 제한될 수 있도록 적절한 방법으로 고형화 처리 및 포장되어야 한다.
③ 고형화 폐기물은 취급시 예상되는 상황과 처분시 예상되는 압력 및 온도 변화에서 그 구조적 건전성을 유지할 수 있도록 충분한 기계적 강도를 가져야 하며, 물과 접촉하는 환경에서 그 형체를 유지할 수 있어야 한다.

## 7. 포장물의 조건

포장물은 다음 각 호에 적합하여야 한다.

① 모든 폐기물은 비가연성 용기로 포장되어야 하며, 포장용기는 육안 검사 시 이상이 없어야 한다.
② 포장물은 처분 시 예상되는 상황에서 구조적 건전성을 유지할 수 있어야 하며 포장물 내에 기체 발생으로 내부 압력이 증가하는 경우에도 견딜 수 있어야 한다.

8. 유리수

포장물 내의 유리수는 최대한 제한되어야 하며, 폐기물 부피의 0.5%를 초과해서는 안 된다. 다만, 고건전성용기를 사용하는 경우에는 폐기물 부피의 1% 이상 초과해서는 안 된다.

9. 부식

부식성물질을 포함하는 폐기물은 부식성이 완화되어야 하며, 부식에 견딜 수 있도록 포장되어야 한다.

10. 폭발성물질 등

① 폭발성· 인화성· 발화성 물질 등을 포함한 폐기물은 적합하게 처리하여 이로 인한 위험성이 제거되어야 한다.

② 폐기물은 방사분해, 생물학적 및 화학적 반응에 의한 가스, 증기 및 액체를 발생시켜 포장물의 건전성이나 처분시설의 성능을 저하시켜서는 안 되며, 폐기물을 취급할 때 작업자의 안전을 저해하여서는 안 된다.

11. 유해성 물질

유해성 물질 등은 다음 각 호에 만족하여야 한다.

① 유독성이나 부패성 및 전염성 물질이 포함된 폐기물은 이러한 위험성이 제거되어야 한다.

② 킬레이트제 등을 포함하는 폐기물은 처리과정 중에 그 특성이 제거되거나 0.1% 이상 함유된 폐기물은 명시되어야 하며 처분시설 요건에 부합되도록 제한되어야 한다.

12. 방사성폐기물 분류

1) 「원자력안전법 시행규칙」제94조에서 “위원회가 정하는 핵종별 농도”라 함은 별표1의 핵종별 농도를 말한다.

2) 영 제2조제1호에서 “위원회가 방사능 농도를 고려하여 정하는 바”란 다음 각호와 같다.

① “중준위방사성폐기물”은 중·저준위방사성폐기물 중에서 방사능 농도가 별표 2의 핵종별 농도 이상인 것을 말한다.

② “저준위방사성폐기물”은 중·저준위방사성폐기물 중에서 방사능 농도가 자체처분 허용농도의 100배 이상이고 별표 16의 핵종별 농도 미만인 것을 말한다. 단, 별표 16에 규정되지 않은 핵종에 대해서는 처분시설 운영자의 인수기준에 따른 처분제한농도를 적용한다.

③ “극저준위방사성폐기물”은 중·저준위방사성폐기물 중에서 방사능 농도가 자체처분 허용농도 이상이고, 자체처분 허용농도의 100배 미만인 방사성폐기물을 말한다.

### 12-1. 방사성폐기물 처분방식

방사성폐기물의 처분방식은 다음 각 호와 같다.

① "심층처분"은 지하 깊은 곳의 안정한 지층구조에 천연방벽 또는 공학적 방벽으로 방사성폐기물을 처분하는 것을 말한다.

② "천층처분"은 다음 각목의 어느 하나에 해당하는 것을 말한다.

가. 동굴처분 : 지하의 동굴 또는 암반 내에 천연방벽 또는 공학적 방벽으로 방사성폐기물을 처분하는 것

나. 표층처분 : 지표면과 가까이에 천연방벽 및 공학적 방벽으로 방사성폐기물을 처분하는 것

다. 매립형처분 : 지표면과 가까이에 천연방벽으로 방사성폐기물을 매립하여 처분하는 것

### 12-2. 방사성폐기물의 처분제한

1) 방사성폐기물은 다음 각 호와 같이 처분되어야 한다.

① 극저준위방사성폐기물은 천층처분 또는 심층처분 방식으로 처분 할 수 있다.

② 저준위방사성폐기물은 매립형처분 방식으로 처분 할 수 없다.

③ 중준위방사성폐기물은 표층처분 또는 매립형처분 방식으로 처분 할 수 없다.

④ 고준위방사성폐기물은 천층처분 방식으로 처분 할 수 없다.

2) 제1)항에도 불구하고 원자력안전위원회가 방사성폐기물의 효율적 처분을 위해 필요하다고 인정하는 때에는 제1)항을 적용하지 아니할 수 있다.

### 12-3. 자체처분 허용기준

1) 자체처분 허용농도 미만인 방사성폐기물은 자체처분 할 수 있다.

2) 자체처분 허용선량을 만족하는 것이 입증된 방사성폐기물은 자체처분할 수 있다.

3) "위원회가 정하여 고시하는 자체처분 허용기준"이라 함은 다음 각 호와 같다.

① 제9조 및 제10조에 따른 기준을 만족시킬 것

② 제11조에 따른 절차가 수립되어 있을 것

③ 자체처분 방법 및 절차 등이 위원회로부터 적합한 것으로 판정된 검토결과를 통지받은 자체처분계획서의 내용과 변경이 없을 것

④ 자체처분 되는 방사성폐기물의 총량이 연간 1톤(또는 이에 상당하는 부피)을 초과하지 않을 것

## 13. 표지 및 표시 제거

이 규정의 제반 기준을 만족하는 방사성폐기물을 자체처분 할 때에는 자체처분하기 전에 방사성물질의 표지 및 표시를 제거하여야 한다.

## 14. 행위제한

1) 배출의 대상이 되는 액체 또는 기체 상태의 방사성폐기물은 자체처분 할 수 없다. 다만, 유기폐액, 폐유, 기타 유해화합물 함유 폐액 등 다른 법률에 따라 환경으로의 직접 배출이 금지된 액체 상태의 방사성폐기물은 그러하지 아니하다.

2) 자체처분 허용농도 또는 자체처분 허용선량을 만족시키기 위하여 임의적인 혼합 또는 희석의 방법으로 방사성폐기물을 처리하여서는 아니된다.

3) 방사성폐기물에 포함된 비방사성물질에 적용되는 다른 법률에 따라 금지된 방법으로 방사성폐기물을 자체처분 할 수 없다.

## 15. 자체처분 대상 폐기물의 관리

1) 자체처분사업자는 자체처분 하고자 하는 방사성폐기물(이하 "자체처분 대상 폐기물"이라 한다)을 별도로 구분하여 분리·저장하여야 하며, 다른 폐기물이 혼입되지 아니하도록 하여야 한다.

2) 자체처분사업자가 자체처분 허용농도 또는 자체처분 허용선량을 만족함을 자체적으로 확인한 방사성폐기물 중에서 방사선관리구역 반출기준을 만족하는 폐기물은 강우 또는 바람 등에 의한 오염의 확산가능성이 없는 사업소 내의 방사선관리구역 외부의 저장장소에 임시로 저장할 수 있다.

3) 자체처분 대상 폐기물은 취급·저장 또는 운반 과정에서 방사성물질등이 주변으로 전이되거나 확산되지 않도록 관리하여야 한다.

4) 매립 또는 소각할 예정인 자체처분 대상 폐기물은 가능한 한 부주의하게 재활용되지 않도록 관리하여야 한다.

5) 자체처분 대상 폐기물이 용기에 들어 있거나 포장한 경우에는 그 용기 또는 포장재 중에서 자체처분 후 회수되지 않을 용기 또는 포장재는 자체처분 대상 폐기물에 준하여 관리하여야 한다.

6) 자체처분으로 인하여 부수적으로 폐기물이 발생될 경우, 이 부수적인 폐기물의 관리방안을 사전에 마련하여야 한다.

## 16. 방사선 및 방사능의 측정·평가 기준

1) 자체처분 대상 폐기물의 방사선 및 방사능은 교정을 통하여 신뢰성이 확보된 측정기를 이용하여 측정하여야 한다.

2) 자체처분 대상 폐기물의 표면방사선량률은 부득이한 경우를 제외하고 자연방사선준위를 확인할 수 있는 지역에서 폐기물의 표면으로부터 10 cm의 거리에서 측정하여야 한다.

3) 방사성핵종별 방사능 농도를 측정하기 전에 별표 5에 규정된 방사성핵종별로 자체처분 허용농도 보다 충분히 낮은 수준으로 검출목표치를 수립하여야 하며, 실제 최소검출가능농도는 검출목표치 이하여야 한다.

4) 자체처분 대상 폐기물에 존재하는 모든 방사성핵종의 종류를 알고 있을 때에는 이론적 방법을 적용하여 핵종별 방사능 농도를 평가할 수 있다. 이 경우 핵종별 방사능 농도가 과소평가되지 않도록 하여야 한다.

## 4. 운반신고

### 제71조 (운반신고)

1. 발전용원자로설치자 · 발전용원자로운영자 · 연구용원자로등설치자 · 연구용원자로등운영자 · 핵연료주기사업자 · 핵연료물질사용자 · 핵원료물질사용자 · 허가사용자 · 신고사용자 · 업무대행자 및 방사성폐기물관리시설등건설 · 운영자(이하 "원자력관계사업자"라 한다)가 총리령으로 정하는 수량의 방사성물질등을 해당 사업소 밖의 장소나 외국으로부터 국내의 해당 사업소로 운반하려는 때에는 대통령령으로 정하는 바에 따라 위원회에 신고하여야 한다.

2. 총리령으로 정하는 수량의 방사성물질등을 실은 선박이나 항공기를 대한민국의 항구 또는 공항에 입항시키거나 대한민국의 영해를 경유하려는 자(선박의 경우만 해당한다)는 대통령령으로 정하는 바에 따라 미리 위원회에 신고하여야 한다. 신고한 사항을 변경하려는 때에도 또한 같다.

2-1. 운반신고

1) 법 제71조제1항에 따라 방사성물질등의 운반신고를 하려는 원자력관계사업자는 운반할 때마다 그 신고서에 총리령으로 정하는 서류를 첨부하여 위원회에 제출하여야 한다. 다만, 법 제53조제1항 본문에 따라 방사성동위원소등의 생산 · 판매 · 사용 또는 이동사용의 허가를 받은 자의 경우에는 총리령으로 정하는 기간을 단위로 하여 해당 신고서를 제출할 수 있다.

2) 위원회는 제1항에 따라 신고를 받은 경우 그 신고된 내용에 미비사항이 있거나 신고를 받은 방사성물질등의 운반이 인체 · 물체 및 공공의 안전을 해칠 우려가 있다고 인정할 때에는 이를 시정하거나 보완하게 할 수 있다.

3) 제1항에 따라 신고한 자가 그 신고한 사항을 변경하려면 미리 위원회에 변경신고서를 제출하여야 한다.

4) 제1항에 따른 신고는 운반을 개시하려는 날의 5일 전까지 하여야 한다.

### 2-1-1 운반신고

1) 법 제71조제1항에서 "총리령으로 정하는 수량의 방사성물질등"이란 다음 각 호의 어느 하나에 해당하는 방사성물질등을 말한다.
   ① B(U)형 운반물
   ② B(M)형 운반물
   ③ C형 운반물
   ④ 핵분열성물질 운반물
   ⑤ 방사성물질에 의하여 오염된 대형기계장치로서 운반용기로 포장하기에 부적합한 것
   ⑥ 1.6 $m^3$ 이상의 중 · 저준위방사성폐기물

2) 신고서는 아래 별지 제85호서식과 같다.

3) 제2항의 신고서에는 다음 각 호의 서류를 첨부하여야 한다. 다만, 제3호부터 제6호까지의 서류 중 종전의 운반신고 시 제출한 것으로서 1년이 지나지 아니한 것은 첨부하지 아니할 수 있다.
   ① 방사성물질 운반명세서
   ② 운반할 방사성물질등에 관한 설명서
   ③ 포장 및 운반 점검기록부 양식
   ④ 방사성물질등의 포장 또는 운반을 위한 용기(이하 "운반용기"라 한다) 및 특수형방사성물질의 설계승인서
   ⑤ 운반 절차서
   ⑥ 비상대응계획서

4) 총리령으로 정하는 기간이란 1년을 말한다.

5) 변경신고서는 아래 별지 제86호서식과 같다.

6) 제5항의 신고서에는 변경을 증명하는 서류를 첨부하여야 한다.

## 3. 외국선박 등의 운반신고

1) 법 제71조제2항에 따라 방사성물질등을 적재한 선박이나 항공기를 대한민국의 항구 또는 공항에 입항시키거나 대한민국 영해를 경유하려는 자는 방사성물질등을 적재하여 운항을 개시

하려는 날의 7일 전까지 총리령으로 정하는 서류를 첨부하여 위원회에 신고하여야 한다.

2) 위원회는 제1항에 따라 그 신고된 내용에 미비사항이 있거나 신고를 받은 방사성물질등의 운반이 인체·물체 및 공공의 안전을 해칠 우려가 있다고 인정할 때에는 이를 시정하거나 보완하게 할 수 있다.

3) 제1항에 따라 신고한 자가 그 신고사항을 변경하려면 그 변경하려는 사항을 위원회에 미리 신고하여야 한다.

## 3-1. 외국선박 등의 운반신고

1) 법 제71조제2항에서 "총리령으로 정하는 수량의 방사성물질등"이란 다음 각 호의 방사성물질등을 말한다.
   ① B(M)형 운반물
   ② B(U)형 운반물로서 위원회가 정하여 고시하는 수량을 초과하는 운반물
   ③ C형 운반물로서 위원회가 정하여 고시하는 수량을 초과하는 운반물
   ④ 그 밖에 위원회가 정하여 고시하는 방사성물질등

2) 총리령으로 정하는 서류란 다음 각 호의 사항이 기재된 서류를 말한다.
   ① 관련 증명서번호 및 표시를 포함하여 운반물의 확인이 가능한 정보
   ② 운송일, 도착예정일 및 예정경로를 포함한 운반정보
   ③ 방사성물질 또는 방사성 핵종의 명칭
   ④ 방사성물질 또는 방사성 핵종의 물리적 및 화학적 형태에 대한 정보
   ⑤ 특수형방사성물질 또는 저분산성방사성물질의 해당여부
   ⑥ 운반물에 포함된 베크렐 단위의 최대 방사능량. 다만, 핵분열성물질의 경우에는 그램 단위로 표기할 수 있다.

## 4. 비상대응계획

1) 법 제71조에 따른 원자력관계사업자(이하 "원자력관계사업자"라 한다) 또는 원자력관계사업자로부터 방사성물질등의 운반을 위탁받은 자는 제98조제1항 각 호의 방사성물질등을 운반하는 때에는 법 제74조제1항에 따른 비상대응계획을 수립하여야 한다.

2) 제1항에 따른 비상대응계획에는 다음 각 호의 사항이 포함되어야 한다.
   ① 비상대응 조직과 그 권한 및 임무
   ② 사고보고절차
   ③ 사고유형에 따른 조치계획

## 제72조 (포장 및 운반에 관한 기술기준)

방사성물질등을 철도 · 도로 · 선박 또는 항공기 등에 의하여 운반하거나 국내 또는 국제 우편으로 우송하는 경우에는 위원회규칙으로 정하는 포장 및 운반에 관한 기술기준에 적합하도록 하여야 한다.

### 1. 포장 및 운반의 기술기준

#### 제96조 (포장)

1. 운반물은 최초로 운반하기 전에 다음 각호의 기준에 적합하도록 하여야 한다.
 ① 운반물의 격납계통이 해당 압력하에서 그 정상작동상태를 유지하기 위하여 승인된 설계기준에 적합할 것
 ② B(U)형운반물·B(M)형운반물·C형 운반물 및 핵분열성물질운반물을 운반하는 경우 그 차폐·격납 및 열전달 특성이 승인된 설계기준에 적합할 것
 ③ 중성자 흡수물질이 운반물의 구성요소로 포함되어 있는 경우 핵분열성물질의 임계를 방지하기 위하여 중성자 흡수물질의 존재와 분포를 확인할 것

2. 운반물은 매 운반전에 다음 각호의 기준에 적합하도록 하여야 한다.
 ① 원자력안전위원회가 정하여 고시하는 인양장치의 기준을 만족시키지 아니하는 부착물은 이를 제거하거나 인양하는데 사용할 수 없도록 할 것
 ② B(U)형 운반물·B(M)형 운반물·C형 운반물의 경우 다음 각목의 기준에 적합할 것
  가. 해당 설계승인서에 명시된 모든 기준을 만족시키고 있을 것
  나. 온도 및 압력이 평형상태를 유지할 것
  다. 방사성물질이 누설될 가능성이 있는 격납계통의 모든 밀봉장치·밸브 및 개구부는 방사성물질이 누출되지 아니하도록 적절하게 밀봉되었는지를 검사 또는 시험할 것
 ③ 핵분열성물질 및 특수형방사성물질 운반물의 경우 해당 설계승인서에 명시된 기준에 적합할 것
 ④ 중성자에 의하여 조사된 핵분열성물질운반물의 경우 방사성물질에 대한 동위원소별 함유량을 확인하고 운반물의 밀봉을 입증하는 시험을 실시할 것
 ⑤ 운반물의 방사성물질이 저분산성방사성물질인 경우 해당 설계승인서에 명시된 기준에 적합할 것

#### 제97조 (방사성물질외의 물품)

방사성물질외의 물품의 포장·운반에 관한 기술기준은 다음 각호와 같다.

① 운반물은 당해 방사성물질 등의 이용을 위하여 필요한 물품외의 것과 함께 포장 또는 운반하지 아니할 것. 다만, 운반물과 상호작용하여 운반물의 안전성을 저해할 우려가 없는 경우에는 그러하지 아니하다.

② 방사성물질등의 운반에 사용되는 탱크 및 화물컨테이너는 그 내부 및 외부표면 300 ㎠ 이상에 대하여 측정한 제거성오염의 평균값이 베타·감마방출체 또는 저독성 알파방출체의 경우 ㎠당 0.4 Bq 이하, 그 외의 모든 알파방출체의 경우 ㎠당 0.04 Bq 이하로 제염되지 아니하는 한 이를 다른 물품과 함께 보관 또는 운반하지 말 것

## 제73조 (피폭관리 등)

원자력관계사업자는 방사성물질 등의 운반에 관계하는 작업자에게 방사선피폭의 점검과 안전교육을 실시하여야 한다.

## 제74조 (사고의 조치 등)

1. 원자력관계사업자 또는 원자력관계사업자로부터 방사성물질 등의 운반을 위탁받은 자는 방사성물질 등의 운반 또는 포장 중에 발생할 수 있는 사고에 대비하여 총리령으로 정하는 바에 따라 비상대응계획을 수립 · 시행하여야 한다.

2. 원자력관계사업자 또는 원자력관계사업자로부터 방사성물질 등의 운반을 위탁받은 자는 방사성물질 등의 운반 또는 포장 중 방사성물질 등의 누설 · 화재와 그 밖의 사고가 발생한 때에는 대통령령으로 정하는 바에 따라 필요한 안전조치를 취하고 지체 없이 이를 위원회에 보고하여야 한다.

2-1. 사고 시의 조치 등

1) 법 제74조제2항에서 "방사성물질 등의 누설 · 화재와 그 밖의 사고가 발생한 때"란 다음 각 호의 어느 하나에 해당하는 때를 말한다.

① 방사성물질 등의 누설 또는 일탈 등으로 환경오염이 우려되거나 방사선작업종사자의 안전이 위협받게 되었을 때

② 차량 또는 방사성물질 등의 화재로 인하여 방사성물질 등의 누설이 우려될 때

③ 방사선작업종사자 및 수시출입자가 선량한도 이상의 피폭되었을 때

④ 외국으로부터 반입된 포장물이 법과 이 영에 따른 운반기준에 맞지 아니하였을 때

⑤ 방사성물질 등을 도난당하거나 분실하였을 때
⑥ 방사성물질 등이 누출되어 인근주민의 긴급대피가 필요할 때

2) 원자력관계사업자나 방사성물질등의 운반을 위탁받은 자가 제1)항에 따른 사고가 발생한 경우에 하여야 할 안전조치에 대해서는 제136조를 준용한다.

3) 원자력관계사업자나 방사성물질 등의 운반을 위탁받은 자는 제1)항제⑤호 또는 제⑥호의 사고가 발생한 경우에는 그 지역을 관할하는 경찰관서에 즉시 신고하여야 한다.

## 제75조 (포장 및 운반 검사)

1. 원자력관계사업자 및 그로부터 방사성물질 등의 포장 또는 운반을 위탁받은 자는 제72조에 따른 기술기준의 준수에 관하여 대통령령으로 정하는 바에 따라 위원회의 검사를 받아야 한다.

2. 위원회는 제1항에 따른 검사결과 제72조에 따른 기술기준에 미달되면 그 시정 또는 보완을 명할 수 있다.

2-1. 포장 및 운반 검사

1) 원자력관계사업자 및 그로부터 방사성물질 등의 포장 또는 운반을 위탁받은 자로서 총리령으로 정하는 자는 총리령으로 정하는 바에 따라 정기적으로 법 제75조제1항에 따른 검사를 받아야 한다.

2) 원자력관계사업자 및 그로부터 방사성물질 등의 포장 또는 운반을 위탁받은 자는 총리령으로 정하는 방사성물질 등을 포장 또는 운반할 때마다 그 포장 또는 운반에 관하여 법 제75조제1항에 따른 검사를 받아야 한다.

3) 제1항 또는 제2항에 따른 포장 또는 운반 검사의 방법 · 절차 등에 관하여 필요한 사항은 위원회가 정하여 고시한다.

4) 제1항 또는 제2항에 따른 포장 또는 운반 검사를 받으려는 자는 총리령으로 정하는 바에 따라 검사신청서를 위원회에 제출하여야 한다. 다만, 위원회가 해당 연도의 정기검사계획을 수립하여 해당 사업자에게 통보한 경우에는 그러하지 아니하다.

5) 다음 각 호의 요건을 모두 갖춘 원자력관계사업자가 총리령으로 정하는 검사대상에 대하여 총리령으로 정하는 바에 따라 자체점검을 하고, 자체점검 결과에 대하여 위원회의 서면심사를 받아 합격한 경우에는 자체점검으로 제1항에 따른 정기검사를 갈음한다. 다만, 최초의 정기검사에 대해서는 그러하지 아니하다.

① 생산 또는 판매하는 방사성동위원소의 양이 총리령으로 정하는 기준량 미만일 것
② 직전 정기검사에서 시정 또는 보완명령을 받지 아니하였을 것
③ 정기검사 해당 연도의 1월 1일부터 기산하여 최근 3년간 보고(검사와 관련된 보고에 한정한다)가 누락되지 아니하였을 것
④ 정기검사 해당 연도의 1월 1일부터 기산하여 최근 5년간 방사선발생장치 또는 방사성물질등에 관한 도난·분실·화재, 그 밖의 사고가 발생하지 아니하였을 것
⑤ 제1항 및 제2항에 따른 검사 결과 또는 제5항에 따른 자체점검 결과에 대한 서면심사 결과 포장 또는 운반이 법 제71조에 따른 운반신고의 내용과 법 제72조에 따른 기술기준에 맞는 경우에는 합격으로 한다.
⑥ 위원회는 제5항에 따라 제출된 자체점검 결과에 대한 서면심사 결과 불합격한 검사대상에 대해서는 제1항에 따른 검사를 하여야 한다.

## 2-2. 포장·운반검사

1) 총리령으로 정하는 자란 다음 각 호의 자를 말한다.
① 발전용원자로운영자
② 연구용원자로등설치자(이하 "연구용원자로등설치자"라 한다)
③ 핵연료주기사업자(이하 "핵연료주기사업자"라 한다)
④ 방사성폐기물관리시설 등 건설·운영자(이하 "방사성폐기물관리시설등건설운영자"라 한다) 또는 방사성동위원소 등의 이동사용을 전문으로 하는 자
⑤ 방사성동위원소 생산 및 판매업자

2) 검사의 주기는 다음 각 호와 같다.
① 제1항제1호부터 제4호까지의 자: 매 1년
② 제1항제5호의 자
가. 밀봉된 방사성동위원소의 연간 생산·판매량이 370 TBq 이상인 경우: 매 1년
나. 밀봉된 방사성동위원소 외의 방사성동위원소(이하 "밀봉되지 아니한 방사성동위원소"라 한다)의 연간 생산·판매량이 37 TBq 이상인 경우: 매 1년
다. 밀봉된 방사성동위원소의 연간 생산·판매량이 370 TBq 미만인 경우: 매 3년
라. 밀봉되지 아니한 방사성동위원소의 연간 생산·판매량이 37 TBq 미만인 경우: 매 3년

3) 총리령으로 정하는 방사성물질 등이란 다음 각 호의 구분에 따른 방사성물질 등을 말한다.
① 제1항 각 호의 자가 포장 또는 운반하는 경우
가. 사용후핵연료
나. 위원회가 정하여 고시하는 바에 따라 특별운반이 승인된 방사성물질등

다. 운반하려는 방사성물질등의 방사능량이 위원회가 정하여 고시하는 A값의 30배를 초과하는 방사성물질 등

라. 1.6세제곱미터 이상의 중·저준위방사성폐기물

② 제1호에 해당하는 자 외의 자가 포장 또는 운반하는 경우

가. 제98조제1항제1호 또는 제2호에 해당하는 운반물

나. 제1호나목에 해당하는 방사성물질 등

2-3. 포장·운반검사의 서면심사 대상

총리령으로 정하는 기준량이란 다음 각 호의 구분에 따른 양을 말한다.

① 밀봉된 방사성동위원소의 연간 생산·판매량: 370 TBq

② 밀봉되지 아니한 방사성동위원소의 연간 생산·판매량: 37 TBq

2-4. 포장·운반에 대한 서면심사 등

1) 총리령으로 정하는 검사대상이란 다음 각 호의 사항을 말한다.

① 방사성물질 등의 포장·운반 및 점검 실적

② 방사성물질 등의 포장·운반관련 작업자 현황

③ 방사성물질 포장·운반관련 작업자의 피폭관리 및 교육 현황

④ 운반용기 보유 및 관리현황

⑤ 운반차량 보유 및 관리현황

⑥ 방사선측정장비 보유현황 및 그에 대한 검정·교정 현황

⑦ 보유하고 있는 안전관리기록 현황

⑧ 법 제72조에 따른 포장 또는 운반에 관한 기술기준에 적합하지 아니한 사항과 그 원인 및 조치에 관한 사항

2) 서면심사를 신청하려는 원자력관계사업자는 신청서에 자체점검결과를 첨부하여 위원회에 제출하여야 한다.

3) 위원회는 서면심사를 받은 자에 대하여 합격 여부를 통지하여야 한다.

## 5. 운반용기의 설계승인

### 제76조 (운반용기의 설계승인)

1. 원자력관계사업자가 총리령으로 정하는 수량의 방사성물질등의 포장 또는 운반을 위한 용기(이하 “운반용기”라 한다)를 제작하려는 때 또는 외국에서 제작된 운반용기를 수입하려

는 때에는 대통령령으로 정하는 설계기준에 따라 위원회의 승인을 받아야 한다. 이를 변경하려는 때에도 또한 같다. 다만, 총리령으로 정하는 경미한 사항을 변경하려는 때에는 이를 위원회에 신고하여야 한다.

2. 제1항의 승인을 받으려는 자는 승인신청서에 운반용기의 설계자료, 제작에 관한 품질보증계획서, 안전성분석보고서와 그 밖에 총리령으로 정하는 서류를 첨부하여 위원회에 제출하여야 한다.

### 2-1. 운반용기의 설계승인

1) 법 제76조제1항 본문의 전단에 따라 방사성물질등의 포장 또는 운반을 위한 용기(이하 "운반용기"라 한다)를 제작 또는 수입하려는 원자력관계사업자는 총리령으로 정하는 바에 따라 운반용기의 형식별로 설계의 승인(이하 이 장에서 "설계승인"이라 한다)을 받아야 한다. 다만, 설계승인을 받은 운반용기를 반복하여 제작하려는 경우에는 그러하지 아니하다.

2) 법 제76조제1항 본문의 전단에서 "대통령령으로 정하는 설계기준"이란 다음 각 호의 기준을 말한다.
   ① 운반용기의 파손·마모 등에 의하여 방사선원 또는 그 오염물이 쉽게 누설되거나 방사선장해가 발생할 우려가 없을 것
   ② 운반용기의 설계·재료 및 구조가 위원회가 정하여 고시하는 기준에 맞을 것

3) 위원회는 운반용기의 설계가 제2항에 따른 기준에 맞는 경우에는 그 승인신청자에게 총리령으로 정하는 바에 따라 설계승인서를 발급하여야 한다.

### 2-2. 운반용기의 설계승인 대상

법 제76조제1항 본문의 전단에서 "총리령으로 정하는 수량의 방사성물질등의 포장 또는 운반을 위한 용기"란 다음 각 호의 어느 하나의 운반물에 적용하는 용기를 말한다.
① B(U)형 운반물
② B(M)형 운반물
③ C형 운반물
④ 핵분열성물질 운반물

### 2-3. 설계승인신청

1) 법 제76조제2항에 따른 승인신청서는 별지 제89호서식과 같다.

2) 법 제76조제2항에 따른 제작에 관한 품질보증계획서는 제108조에 따른 제작검사 신청 시에 제출할 수 있다.

3) 법 제76조제2항에 따른 안전성분석보고서에는 다음 각 호의 사항을 적어야 한다.
   ① 운반용기의 개요 및 제원
   ② 운반용기의 재질 · 구조 · 열 · 격납 · 차폐 및 핵임계의 평가결과
   ③ 운반용기의 조작 및 운영절차
   ④ 운반용기의 시험 및 유지 · 보수절차
4) 법 제76조제2항에서 "총리령으로 정하는 서류"란 성능시험계획서를 말한다.
5) 법 제76조제2항에 따른 첨부서류의 작성기준 및 그 밖에 필요한 사항은 위원회가 정하여 고시한다.
6) 외국에서 설계승인을 받은 운반용기의 경우에는 법 제76조제2항에 따른 첨부서류 대신 해당 국가의 설계승인서를 승인신청서에 첨부하여 제출할 수 있다.
7) 법 제76조제1항 본문의 후단에 따라 설계변경승인을 받으려는 자는 별지 제90호서식의 신청서에 변경사항에 관한 서류를 첨부하여 위원회에 제출하여야 한다.

2-4. 설계승인 번호: 설계승인서의 승인번호 부여방법은 다음 각 호와 같다.
1) 설계승인서의 발급번호는 "VRI코드/고유번호/형식코드" 형태로 부여하되 다음 각 목에 적합하여야 한다.
   가. VRI코드는 국제차량등록코드로서 대한민국에 부여된 "ROK"를 표시할 것(예: ROK/고유번호/형식코드)
   나. 고유번호는 네자리 숫자로 다음과 같이 부여할 것(예: 0001)
   다. 형식코드는 다음과 같이 표시할 것(예: ROK/0001/AF)
      ① AF: 핵분열성물질에 대한 A형 운반용기
      ② B(U): 핵(U)형 운반용기 (핵분열성물질의 경우: B(U)F)
      ③ B(M): B(M)형 운반용기 (핵분열성물질의 경우: B(M)F)
      ④ C: C형 운반용기 (핵분열성물질의 경우: CF)
      ⑤ IF: 핵분열성물질에 대한 IP형 운반용기
      ⑥ S: 특수형방사성물질
      ⑦ LD: 저분산성 방사성물질
      ⑧ T: 운송
      ⑨ X: 특별승인
   라. 비핵분열성 또는 면제되는 육불화우라늄을 운반하는 운반용기로서 다목의 어느 경우에도 적용되지 않는 경우에는 다음의 형식코드를 적용할 것
      ① H(U): 편무승인
      ② H(M): 다변승인

마. 국제원자력기구(IAEA) 운반규정의 기술기준 적용년도를 1985년도 기술기준 이후부터 두 자리 숫자로 "-"뒤에 표시하여 형식코드에 추가할 것
(예: ROK/0001/AF-85, 또는 ROK/0001/AF-96)

2) 승인서에 대한 개정은 승인번호 다음에 "(Rev.개정번호)"로 표시하되, 최초 원본발급은 0으로 하여야 한다.
(예: ROK/0001/AF-96(Rev.0), ROK/0001/AF-96(Rev.1) 등)

3) 다변승인의 경우에는 다변승인 국가의 승인번호를 적절히 표시하여야 한다.
(예: A/132/B(M)F-96)

3. 경미한 사항의 변경신고

1) 법 제76조제1항 단서에서 "총리령으로 정하는 경미한 사항"이란 다음 각 호의 어느 하나에 해당하는 사항을 말한다.
① 승인을 받은 자의 성명 및 주소(법인인 경우에는 그 명칭 및 주소와 대표자의 성명)
② 사업소의 명칭 및 소재지

2) 법 제76조제1항 단서에 따라 변경신고를 하려는 자는 변경 후 30일 이내에 별지 제4호서식의 신고서에 다음 각 호의 서류를 첨부하여 위원회에 제출하여야 한다.
① 변경사항을 증명하는 서류
② 설계승인서

## 6. 검사

### 제77조 (운반용기의 검사 등)

1. 원자력관계사업자는 제76조제1항에 따라 승인을 받아 제작·수입된 운반용기 및 사용 중인 운반용기를 대통령령으로 정하는 바에 따라 위원회의 검사를 받아야 한다. 다만, 대통령령으로 정하는 바에 따라 검사가 면제되는 경우에는 그러하지 아니하다.

2. 원자력관계사업자는 제1항에 따른 검사에 합격된 운반용기를 사용하여야 한다.

2-1. 운반용기의 검사

1) 법 제77조제1항 본문에 따라 원자력관계사업자는 설계승인을 받아 운반용기를 제작하거나 외국에서 제작된 운반용기를 수입한 경우에는 제작검사를 받아야 한다.

2) 운반용기를 계속적으로 사용하려는 원자력관계사업자는 법 제77조제1항 본문에 따라 다음 각 호에 대하여 5년마다 사용검사(이하 "사용검사"라 한다)를 받아야 한다. 이 경우 사용검사의 시기 등에 대하여 필요한 사항은 위원회가 정하여 고시한다.

① B(U)형 운반용기, B(M)형 운반용기, C형 운반용기

② 핵분열성물질 운반용기

3) 사용검사를 받으려는 자가 총리령으로 정하는 바에 따라 자체점검보고서를 제출하여 위원회의 서면심사를 받은 경우에는 해당 자체점검보고서의 제출로 제2항에 따른 사용검사를 갈음한다.

4) 제1항 및 제2항에 따른 제작검사 및 사용검사의 검사기준과 제3항에 따른 자체점검보고서의 서면심사기준 등에 관하여 필요한 사항은 총리령으로 정한다.

5) 제1항부터 제3항까지의 규정에 따른 제작검사 · 사용검사 및 서면심사 결과 운반용기가 제4항에 따른 검사기준 및 서면심사기준에 맞는 경우에는 합격으로 한다.

## 2-2. 운반용기의 제작검사

1) 운반용기의 제작검사를 받으려는 자는 검사를 받으려는 날의 30일 전까지 신청서에 다음 각 호의 서류를 첨부하여 위원회에 제출하여야 한다.

① 품질보증계획서(설계승인 신청시 제출하지 아니한 경우에만 해당한다)

② 제작방법에 관한 설명서

③ 제작설비 명세서

④ 시험방법 · 검사방법에 관한 설명서

⑤ 시험 · 검사시설 또는 검사기기 명세서

2) 위원회는 제작검사를 받은 자에 대하여 합격 여부를 통지하여야 한다.

운반용기의 제작검사에 관한 검사기준은 다음 각 호와 같다.

① 설계승인을 받은 당시의 설계 · 재료 및 구조내용과 일치할 것

② 운반용기의 형식별 검사항목 및 방법 등이 위원회가 정하여 고시하는 기준에 적합할 것

## 3. 제작설비 등

1) 운반용기를 제작하고자 하는 원자력관계사업자는 운반용기의 설계승인서(이하 "설계승인서"라 한다)에 의하여 승인된 절차에 따라 운반용기를 제작하는데 필요한 제작설비(측정·시험 및 검사설비를 포함한다) 및 기술인력을 확보하여야 한다.

2) 제1항의 제작설비 및 기술인력은 운반용기 제작공정의 전부 또는 일부를 다른 제작자(이하 "하도급 업자"라 한다)에게 위탁하고자 하는 경우에 이를 하도급 업자의 제작설비 및 기술인력으로 갈음할 수 있다.

### 3-1. 제작검사 항목

1) 운반용기의 제작검사 항목은 다음 각 호와 같다.
   ① 구조 및 주요기능 부품에 대한 재료검사
   ② 주요 기능부위에 대한 용접검사 및 비파괴검사
   ③ 성능검사
   가. 내부와 외부의 외형검사
   나. 인양장치의 하중검사
   다. 수압 또는 공기압을 이용한 최대정상운전압력검사
   라. 격납경계에 대한 누설검사
   마. 방사선차폐 성능검사
   바. 열전달 성능검사. 다만, 방사성내용물로부터 발생되는 열이 없는 경우에는 제외한다.
   ④ 품질보증검사
2) 제1항의 규정에도 불구하고 설계승인서에서 운반용기의 설계특성을 고려하여 별도의 제작검사항목이 승인된 경우에는 해당 검사항목을 적용할 수 있다.
3) 제1항의 제작검사 항목 중 해당 운반용기의 사용목적이나 그 원리 또는 설계의 특성상 해당 운반용기에 그대로 적용하기가 적합하지 아니하거나 적용하지 아니하더라도 안전에 지장이 없는 경우에는 일부 규정을 적용하지 아니할 수 있다.

### 3-2. 제작검사 기준

운반용기 제작검사의 기준은 설계승인서에서 승인된 검사기준으로 한다.

## 4. 외국제작 운반용기

외국 해당 관계당국으로부터 설계승인을 받아 제작한 운반용기의 경우 제4조 및 제6조의 규정에도 불구하고 해당 관계당국의 설계승인서에서 승인된 제작검사항목 및 검사기준을 적용할 수 있다.

### 4-1. 운반용기의 사용검사

1) 운반용기의 사용검사를 받으려는 자는 신청서에 다음 각 호의 서류를 첨부하여 위원회에 제출하여야 한다.
   ① 운반용기의 보수명세서(보수한 경우에 한한다)
   ② 운반용기 자체점검보고서 및 점검절차서(서면심사를 받으려는 경우에만 해당한다)
2) 위원회는 사용검사를 받은 자에 대하여 합격 여부를 통지하여야 한다.

3) 운반용기의 사용검사에 관한 검사기준은 다음 각 호와 같다.
   ① 제작검사 합격 당시의 성능을 유지하고 있을 것
   ② 운반용기의 형식별 검사항목 및 방법 등이 위원회가 정하여 고시하는 기준에 적합할 것
4) 제1항제2호의 자체점검보고서에는 제3항 각 호의 검사기준에 적합함을 입증하는 서류를 첨부하여야 한다.
5) 자체점검보고서의 서면심사기준은 다음 각 호와 같다.
   ① 제3항 각 호의 기준에 적합할 것
   ② 제3항제2호의 검사항목별 검사절차가 적합할 것

## 4-2. 사용검사의 대상 및 시기

1) 운반용기 사용검사의 대상은 다음 각 호와 같다.
   ① B(U)형 운반용기·B(M)형 운반용기·C형 운반용기
   ② 핵분열성물질 운반용기
2) 운반용기에 대한 사용검사의 시기는 제작검사에 합격한 이후 5년마다로 한다.
3) 제2항의 규정에도 불구하고 해당 운반용기를 사용하지 아니하는 경우 사용검사를 받지 아니할 수 있다. 다만, 제작검사 또는 사용검사를 받은 지 5년을 초과한 운반용기를 다시 사용하고자 하는 경우 사용검사를 받은 이후에 사용하여야 한다.

## 4-3. 사용검사 항목

1) B(U)형·B(M)형·C형 운반용기 중에서 방사선비파괴검사를 위한 방사선조사기 겸용으로 사용하는 용기에 대한 사용검사 항목은 다음 각 호와 같다.
   ① 내부와 외부에 대한 외형 육안검사
   ② 인양장치의 하중검사(방사성내용물을 포함한 운반용기의 총 중량이 50 kg 이하인 경우에는 제외한다)
   ③ 방사선차폐 성능검사
   ④ 감손우라늄이 방사선 차폐체로 사용된 방사선조사기의 경우 S-튜브의 건전성에 대한 검사
   ⑤ 방사선조사기의 방사선원 고정장치 또는 잠금장치에 대한 건전성 검사
   ⑥ 제13조제1항에 따른 유지 및 보수 적합성 검사
2) 핵분열성물질 운반용기 중에서 사용전 핵연료집합체를 운반하는 용기에 대한 사용검사 항목은 다음 각 호와 같다.
   ① 제1항에 따른 검사항목
   ② 주요 용접부위에 대한 비파괴검사(방사성내용물을 포함한 운반용기의 총 중량이 50 kg 이

하인 경우에는 제외한다)

3) B(U)형·B(M)형·C형 또는 핵분열성물질 운반용기 중에서 제1항 및 제2항 이외의 운반용기에 대한 사용검사 항목은 다음 각 호와 같다.

① 제2항에 따른 검사항목
② 수압 또는 공기압을 이용한 최대정상운전압력검사
③ 격납계통에 대한 누설검사
④ 열전달 성능검사. 다만, 방사성내용물로부터 발생되는 열이 없는 경우에는 제외한다.

4) 제1항부터 제3항까지의 규정에 따른 사용검사 항목 중 해당 운반용기의 사용목적이나 그 원리 또는 설계의 특성상 해당 운반용기에 그대로 적용하기가 적합하지 아니하거나 적용하지 아니하더라도 안전에 지장이 없는 경우에는 일부 규정을 적용하지 아니할 수 있다.

## 4-4. 사용검사 기준

1) 내부와 외부에 대한 외형 육안검사의 기준은 다음 각 호와 같다.

① 운반용기(운반용기의 지지대 및 설치대 포함) 본체에 균열·변형 또는 손상이 없을 것
② 밸브·플러그·보강판·보강링 또는 스커트 등이 운반용기에 부착된 경우에 이들의 균열·변형 또는 손상이 없고 성능이 정상일 것
③ 운반용기에 선원을 내장하는 바스켓·장착대 또는 안내튜브 등이 설치된 경우에는 이들의 균열·변형 또는 손상이 없을 것
④ 운반용기에 선원을 고정하거나 잠그는 장치가 설치된 경우 이들의 기능이 정상적으로 유지될 것
⑤ 운반용기에 충격완충체가 부착되는 경우 충격완충체는 균열·변형 또는 손상이 없을 것
⑥ 운반용기에 부착된 명판은 읽기 쉽고 내구성이 있으며 견고하게 부착되어 있을 것

2) 인양장치 또는 결속장치의 하중검사의 기준은 다음 각 호와 같다.

① 인양장치 또는 결속장치에 방사성내용물을 포함한 운반용기 총 중량의 1.5배의 하중을 적용시킨 상태에서 10분 이상 유지할 것
② 제1호의 시험을 실시한 후에 인양장치 및 결속장치 등 하중 작용부위에 대한 육안검사를 실시하여 변형이나 손상이 발생되지 아니하고 비파괴검사를 실시하여 결함이 발견되지 아니할 것

3) 방사선차폐 성능검사의 기준은 다음 각 호와 같다.

① 제작검사 당시의 검사방법과 동일한 기준 또는 이와 동등한 검사기준을 적용하여 실시할 것
② 제1호의 검사에서 제작검사 당시의 차폐성능이 유지될 것

4) S-튜브의 건전성에 대한 검사 기준은 다음 각 호와 같다.
   ① 방사선조사기의 "S-튜브"에 대하여 문지름 시험을 실시할 것
   ② 문지름 시험 시료에 포함된 제거성 감손우라늄의 양을 분석할 것. 이때, 시료에 대한 분석은 감손우라늄 오염물질 200 Bq을 분별할 수 있는 성능의 장비와 방법을 사용할 것
   ③ 제2호의 분석결과 감손우라늄의 양이 200 Bq 미만일 것
   ④ 제2호의 분석결과 제3호의 제한치를 초과한 경우 해당 방사선조사기의 사용을 즉시 중단하고, "S-튜브"가 관통된 것으로 최종 판정되는 경우 불합격으로 할 것

5) 유지 및 보수 이행의 적합성 검사 기준은 설계승인신청시 제출된 문서와 해당 설계승인서에 따른다.

6) 주요 용접부위에 대한 비파괴검사의 기준은 다음 각 호와 같다.
   ① 운반용기(운반용기의 지지대 및 설치대 포함) 제작검사 당시의 검사방법과 동일한 기준 또는 이와 동등한 기준을 적용하여 실시할 것. 다만, 운반용기의 형태가 제작검사 당시의 검사방법을 적용할 수 없는 때에는 그와 동등한 검사방법이나 또는 승인을 받은 다른 검사방법을 적용할 수 있다.
   ② 제1호의 검사에서 결함이 발견되지 아니할 것.

7) 최대정상운전압력검사의 기준은 다음 각 호와 같다.
   ① 운반용기 설계시에 적용한 최대정상운전압력검사의 1.5배의 압력을 가한 후 10분 이상 동안 유지할 것
   ② 제1호의 시험에서 압력저하가 발생하지 아니할 것

8) 격납계통에 대한 누설검사의 기준은 다음 각 호와 같다.
   ① 제작검사 당시의 검사방법과 동일한 기준 또는 이와 동등한 검사기준을 적용하여 실시할 것
   ② 제1호의 검사에서 누설이 발생하지 아니할 것

9) 열전달 성능검사의 기준은 다음 각 호와 같다.
   ① 제작검사 당시의 검사방법과 동일한 기준 또는 이와 동등한 검사기준을 적용하여 실시할 것
   ② 제1호의 검사에서 제작검사 당시의 열전달 성능이 유지될 것

## 5. 자체 사용검사 대상

1) 자체점검보고서를 제출하여 원자력안전위원회의 서면심사를 받아 사용검사에 갈음할 수 있는 용기는 다음 각 호와 같다.
   ① B(U)형 또는 B(M)형 운반용기 중에서 방사선비파괴 검사용 방사선조사기 겸용으로 사용하는 운반용기

② 핵분열성물질 운반용기 중에서 사용전 핵연료집합체를 운반하는 운반용기
③ 육불화우라늄 운반용기(실린더) 등을 보호하기 위한 외부 보호용기

## 6. 운반용기의 검사 면제

1) 법 제77조제1항 단서에 따른 제작검사 또는 사용검사가 면제되는 경우는 다음 각 호와 같다.
   ① 외국에서 제작된 운반용기에 대하여 총리령으로 정하는 설계승인 및 제작검사 합격 관련 서류를 제출하여 위원회의 서면심사를 받아 합격한 경우
   ② 외국에서 사용검사를 받은 운반용기에 대하여 총리령으로 정하는 사용검사 합격 관련 서류를 제출하여 위원회의 서면심사를 받아 이에 합격한 경우
2) 제1항에 따른 제작검사 또는 사용검사의 면제에 필요한 사항은 총리령으로 정한다.

## 7. 제작검사 면제

1) 제작검사 합격을 입증하는 해당 국가의 서류는 다음 각 호와 같다.
   ① 외국 해당국가 규제기관에서 발급한 제작검사합격증명서 또는 이와 동등한 증명서
   ② 외국 제작업체의 운반용기 제작 및 검사 기록이 포함된 제작검사보고서 또는 이와 동등한 서류
2) 제작검사를 면제하는 기준은 다음 각 호와 같다.
   ① 외국 관계당국으로부터 발급 받은 설계승인서가 적합한 것일 것
   ② 운반용기의 구조 및 재료가 설계 승인된 도면과 일치할 것
   ③ 설계승인서에서 승인된 성능검사 및 시험기준에 적합할 것
   ④ 품질보증규정에 따라 제작되었을 것
3) 제2항 각 호의 사항을 입증하는 방법으로서 제1항제1호의 서류에 제2항 각 호의 사항이 포함되어 있다는 것이 명시되어 있는 경우에는 이를 인정할 수 있다.

## 8. 사용검사 면제

1) 사용검사 합격을 입증하는 해당 국가의 서류는 다음 각 호와 같다.
   ① 외국 해당국가 규제기관에서 발급한 사용검사합격증명서 또는 이와 동등한 증명서
   ② 외국 검사업체의 운반용기 보수내용 및 사용검사 기록이 포함된 사용검사보고서 또는 이와 동등한 서류
2) 사용검사를 면제하는 기준은 다음 각 호와 같다.
   ① 운반용기 보수내용이 설계 승인된 보수내용과 일치할 것

② 설계승인서에서 승인된 사용검사항목 및 기준에 적합할 것
③ 품질보증규정에 따라 보수 및 사용검사가 되었을 것

3) 제2항 각 호의 사항을 입증하는 방법으로서 제1항제1호의 서류에 제2항 각 호의 사항이 포함되어 있다는 것이 명시되어 있는 경우에는 이를 인정할 수 있다.

8-1. 검사면제의 신청

1) 총리령으로 정하는 설계승인 및 제작검사 합격 관련서류란 해당 국가의 설계승인서 및 제108조제1항 각 호의 서류에 갈음하는 제작검사 합격을 입증하는 해당 국가의 서류를 말한다.

2) 총리령으로 정하는 사용검사 합격 관련 서류란 제109조제1항 각 호의 서류에 갈음하는 사용검사 합격을 입증하는 해당 국가의 서류를 말한다.

3) 운반용기의 제작검사 또는 사용검사를 면제받으려는 자는 신청서에 각각 제1항 또는 제2항에 따른 서류를 첨부하여 위원회에 제출하여야 한다.

4) 서면심사의 기준에 관하여 필요한 사항은 위원회가 정하여 고시한다.

5) 위원회는 제3항에 따라 검사면제를 신청한 자에 대하여 검사면제 여부를 통지하여야 한다.

## 7. 방사성물질등의 포장 및 운반의 안전관리

## 제5장 방사성물질등의 포장 및 운반의 안전관리

### 제1절 운반물 및 운반용기의 기술기준

제89조 (적용범위)
법 제72조의 규정에 의한 방사성물질 및 그에 의하여 오염된 물질(이하 "방사성물질등"이라 한다)의 운반을 위한 운반물 및 운반용기의 기술기준에 관하여는 제90조부터 제93조까지를 적용한다.

제90조 (운반물의 종류)
운반하기 위하여 제시된 방사성물질등과 그 포장(이하 "운반물"이라 한다)의 종류는 방사성물질등의 종류와 그 한도량에 따라 다음 각호와 같이 분류한다.

① L형 운반물
② IP형 운반물(IP형 운반물은 IP-1형 운반물, IP-2형 운반물 또는 IP-3형 운반물로 구분한다)

③ A형 운반물

④ B형 운반물(B형 운반물은 B(U)형 운반물 또는 B(M)형 운반물로 구분한다)

⑤ C형 운반물

⑥ 핵분열성물질운반물

제91조 (운반물별 방사성물질의 한도량)

1) L형 운반물의 방사성물질등과 그 한도량은 다음 각호와 같다.

① 천연우라늄·감손우라늄 또는 천연토륨으로 제조된 물품인 경우로서 우라늄 또는 토륨의 외부표면이 금속 기타 견고한 물질로 된 비활성외장물로 싸여 있는 경우에는 한도량에 제한이 없음

② 천연우라늄·감손우라늄 또는 천연토륨으로 제조된 물품 이외의 방사성물질인 경우에는 그 한도량이 다음 각목의 값을 초과하지 아니하도록 할 것

가. 당해 방사성물질이 봉입되어 있거나 시계·전자기기 등 다른 제품의 구성부품으로 되어 있는 경우에는 각 품목 및 운반물에 대하여 별표 17의 2란 및 3란에 의한 값

나. 당해 방사성물질이 봉입되어 있지 아니하거나 다른 제품의 구성부품으로 되어 있지 아니한 경우에는 별표 17의 4란에 의한 값

③ 원자력안전위원회가 정하여 고시하는 핵분열성물질의 면제수량 또는 그 비율에 해당하는 물질

2) IP형 운반물의 방사성물질등과 그 한도량은 다음 각호와 같다.

① 운반물의 방사성물질이 저준위 비방사능물질인 경우 저준위 비방사능물질이 차폐되지 아니한 상태에서 당해 운반물로부터 3m 지점의 방사선량률이 시간당 10 mSv를 초과하지 아니하도록 할 것

② 운반물의 방사성물질이 표면오염물체인 경우 표면오염물체가 차폐되지 아니한 상태에서 당해 운반물로부터 3 m 지점의 방사선량률이 시간당 10 mSv를 초과하지 아니하도록 할 것

③ 비가연성 고체상태인 제2종 저준위 비방사능물질 또는 제3종 저준위 비방사능물질이 내장된 운반물을 항공운반하는 경우 그 방사능은 특수형방사성물질 이외의 물질에 적용하는 A값(이하 'A2'라 한다.)의 3천배를 초과하지 아니하도록 할 것

④ 운반물의 방사성물질의 수량은 별표 18에서 규정하는 지정된 운반수단에 대한 방사능 제한값을 초과하지 아니하도록 할 것

3) A형 운반물의 방사성물질등과 그 한도량은 다음 각호와 같다.

① 종류 및 방사능을 명확히 알고 있는 단일 방사성 핵종인 경우에는 그 한도량이 다음 각목의 값을 초과하지 아니하도록 할 것

가. 특수형방사성물질 : 특수형방사성물질에 적용하는 A값(이하 'A1'이라 한다.)

나. 특수형방사성물질 이외의 방사성물질 : $A_2$

② 종류와 각각의 방사능을 알고 있는 혼합 방사성 핵종의 경우에는 각 핵종별 $A_1$과 $A_2$에 대한 비의 합계가 1을 초과하지 아니하도록 할 것

4) B형 운반물의 방사성물질등과 그 한도량은 다음 각호와 같다.

① 해당 설계승인서에서 규정하는 제한값을 초과하지 아니하도록 할 것

② 항공기에 의하여 운반하는 경우 제1호의 기준 및 다음 각목에 의한 값을 초과하지 아니하도록 할 것

가. 저분산성방사성물질의 경우에는 해당 설계승인서에서 규정하는 값

나. 특수형방사성물질의 경우에는 $A_1$의 3천배 또는 $A_2$의 10만배중에서 낮은 값

다. 가목 및 나목 이외의 경우에는 $A_2$의 3천배

5) C형 운반물의 방사성물질등과 그 한도량은 제4항제2호 나목 및 다목에서 규정한 방사성물질등과 그 한도량을 초과하는 것으로서 당해 운반물을 항공기에 의하여 운반하는 경우 해당 설계승인서에서 규정하는 제한값을 초과하지 아니하여야 한다.

6) 핵분열성물질운반물은 핵분열성물질이 포함된 운반물로서 그 한도량은 다음 각호와 같다.

① 육불화우라늄(UF6)이 들어있지 아니한 핵분열성물질운반물의 경우에는 설계승인서에서 규정하는 제한값을 초과하지 아니하도록 할 것

② 육불화우라늄이 들어있는 핵분열성물질운반물의 방사성물질 한도량은 다음 각목의 기준에 적합하도록 할 것

가. 제1호에서 규정하는 제한값을 초과하지 아니할 것

나. 운반물의 육불화우라늄은 사용장소 주변의 최대온도를 감안하여 포화상태에 이르지 아니하도록 할 것

다. 육불화우라늄은 고체상태를 유지하고 내부압력은 주위압력보다 낮게 유지할 것

제92조 (운반용기의 종류)

1) 운반용기의 종류는 운반하고자 하는 운반물의 종류에 따라 구분하되, 제90조의 규정에 의한 운반물의 종류별로 각각 다음과 같이 구분한다.

① L형 운반용기

② IP형 운반용기(IP-1형 운반용기, IP-2형 운반용기 및 IP-3형 운반용기로 구분한다)

③ A형 운반용기

④ B형 운반용기{B(U)형 운반용기 및 B(M)형 운반용기로 구분한다}

⑤ C형 운반용기

⑥ 핵분열성물질운반용기

2) 제1항의 규정에 의한 각 운반용기의 기술기준은 원자력안전위원회가 정하여 고시한다.

제93조 (저준위 비방사능물질 및 표면오염물체의 구분)

1) 저준위 비방사능물질은 제1종 저준위 비방사능물질, 제2종 저준위 비방사능물질 및 제3종 저준위 비방사능물질로 구분한다.

2) 표면오염물체는 제1종 표면오염물체 및 제2종 표면오염물체로 구분한다.

3) 제1항 및 제2항의 규정에 의한 저준위 비방사능물질 및 표면오염물체의 구분기준은 원자력안전위원회가 정하여 고시한다.

*제5조(저준위비방사능물질)

1) 방사선규칙 제93조제3항에 따른 저준위 비방사능물질은 본질적으로 제한된 비방사능을 함유한 방사성물질을 말하며, 구분기준은 다음 각 호의 어느 하나와 같다.

① 제1종 저준위 비방사능물질의 기준은 다음 각 목의 어느 하나와 같다.

가. 우라늄, 토륨 광석 및 이들 광석의 농축물, 그리고 기타 천연적으로 존재하는 방사성 핵종을 사용하기 위하여 처리 또는 취급하는 광석

나. 조사(照射)되지 않은 고체상태의 천연우라늄·감손우라늄·천연토륨 또는 이들의 고체 또는 액체상태의 합성물이나 혼합물

다. A2 값이 제한되지 않는 핵분열성물질이외의 방사성물질. 다만, 제35조에 따른 핵분열성물질 면제기준에 해당되지 않는 핵분열성물질은 제외한다.

라. 방사능이 균일하게 분포되어 있으며 평균 비방사능이 별표 27에 규정된 면제물질에 대한 방사능 농도의 30배를 초과하지 않는 방사성물질. 다만, 제35조에 따른 핵분열성물질 면제기준에 해당되지 않는 핵분열성물질은 제외한다.

② 제2종 저준위 비방사능물질의 기준은 다음 각 목의 어느 하나와 같다.

가. 삼중수소의 농도가 리터당 0.8 TBq 이하의 물

나. 방사능이 균일하게 분포되어 있으며 평균 비방사능이 고체 및 기체에 대해서는 그램당 A2 값의 1만분의 1을, 액체에 대해서는 그램당 A2 값의 10만분의 1을 초과하지 않는 물질

③ 제3종 저준위 비방사능물질의 기준은 분말이외의 고화 폐기물 또는 방사화된 물질 등과 같은 고체상태의 것으로서 다음 각 목의 어느 하나와 같다.

가. 방사성물질이 고체 또는 고화물의 집합체에 균일하게 분포되어 있거나 콘크리트·역청 또는 세라믹 등과 같은 고체압축 결합매개체에 균일하게 분포되어 있을 것

나. 고체의 평균 비방사능이 그램당 A2 값의 2,000분의 1배를 초과하지 않을 것

다. 제19조에 따른 기준에 적합할 것

2) 제1항에 따른 평균 비방사능을 결정할 때에 저준위 비방사능물질을 둘러싸고 있는 외부 차폐체를 포함한 운반용기는 고려하지 않는다.

## 제6조(표면오염물체)

1) 방사선규칙 제93조제3항에 따른 표면오염물체는 자체적으로는 방사성물질이 아니나 그 표면상에 방사성물질이 분포되어 있는 고체상태의 물체를 말하며, 구분기준은 다음 각 호의 어느 하나와 같다.

① 제1종 표면오염물체의 기준은 다음 각 목의 어느 하나와 같다.

가. 접촉이 가능한 표면적에 대한 제거성 표면오염도는 다음에서 정하는 기준을 초과하지 않을 것

ⓐ 베타·감마방출체 및 저독성 알파방출체의 경우 ㎠당 4 Bq

ⓑ 기타 알파방출체의 경우 ㎠당 0.4 Bq

나. 접촉이 가능한 표면적에 대한 고착성 표면오염도는 다음에서 정하는 기준을 초과하지 않을 것

ⓐ 베타·감마방출체 및 저독성 알파방출체의 경우 ㎠당 40 kBq

ⓑ 기타 알파방출체의 경우 ㎠당 4 kBq

다. 접촉하기 어려운 표면적에 대한 제거성 표면오염도와 고착성 표면오염도의 합계는 다음에서 정하는 기준을 초과하지 않을 것

ⓐ 베타·감마방출체 및 저독성 알파방출체인 경우 ㎠당 40 kBq

ⓑ 기타 알파방출체인 경우 ㎠당 4 kBq

② 제2종 표면오염물체의 기준은 제1호에 따른 제한치를 초과하는 것으로서 다음 각 목의 어느 하나와 같다.

가. 접촉이 가능한 표면적에 대한 제거성 표면오염도는 다음에서 정하는 기준을 초과하지 않을 것

ⓐ 베타·감마방출체 및 저독성 알파방출체인 경우 ㎠당 400 Bq

ⓑ 기타 알파방출체인 경우 ㎠당 40 Bq

나. 접촉이 가능한 표면적에 대한 고착성 표면오염도는 다음에서 정하는 기준을 초과하지 않을 것

ⓐ 베타·감마방출체 및 저독성 알파방출체인 경우㎠당 800 kBq렐
ⓑ 기타 알파 방출체인 경우 ㎠당 80 kBq

다. 접촉하기 어려운 표면적에 대한 제거성 표면오염도와 고착성 표면오염도의 합계는 다음에서 정하는 기준을 초과하지 않을 것
ⓐ 베타·감마방출체 및 저독성 알파방출체인 경우 ㎠당 800 kBq
ⓑ 기타 모든 알파 방출체인 경우 ㎠당 80 kBq

2) 제1항 각 호의 제거성 표면오염도 및 고착성 표면오염도에 대한 평가는 300 ㎠ 이상의 표면적에 대하여 수행하여야 한다. 다만, 전체 표면적이 300 ㎠ 미만의 경우에는 그 전체 표면적으로 한다.

### 제98조 (위험물질 혼재의 제한 등)

1) 운반물은 다음 각호의 1에 정하는 물건 또는 물질과 혼재하여서는 아니된다.
① 화약류
② 고압가스
③ 휘발유·알코올·이황화탄소 기타 인화성 물질로서 인화점이 섭씨 50°이하인 것
④ 염산·황산·질산 기타 강산류로서 산의 함유량이 체적의 10%를 초과하는 것
⑤ 제1호부터 제4호까지의 규정에 의한 것외에 운반물의 안전한 운반에 지장을 초래할 우려가 있는 물건 또는 물질

2) 방사성 또는 핵분열성 이외에 폭발성·인화성·자연발화성·화학적독성 또는부식성 등 운반물내의 방사성물질에 대한 기타의 위험성도 고려하여야 한다.

### 제99조 (방사선량률)

운반물 또는 덧포장의 최대 방사선량률은 다음 각호의 1에 의한 제한값을 초과하지 아니하여야 한다.
① 외부표면에서는 시간당 2 mSv. 다만, 전용운반인 경우에는 시간당 10 mSv로 한다.
② 외부표면으로부터 1 m 떨어진 지점에서는 시간당 0.1 mSv. 다만, 전용운반인 경우를 제외한다.

### 제100조 (표면오염도)

운반물의 외부표면과 덧포장·화물컨테이너 및 탱크의 내·외부표면의 제거성 표면오염도는 임의의 표면 300 ㎠ 이상에 대하여 측정한 평균값이 베타·감마방출체 및 저독성 알파방출체는 ㎠ 당 4 Bq, 그외의 모든 알파방출체는 ㎠ 당 0.4 Bq을 초과하지 아니하여야 한다.

제101조 (오염 및 누출 관리)

1) 운반물이 손상 또는 누출되었거나 손상 또는 누출이 우려되는 경우 운반물에의 접근을 제한하여야 하며, 가능한한 신속하게 운반물의 오염정도 및 방사선량률을 평가하여야 한다. 이 경우 평가대상은 운반물, 운반수단 및 인근의 적재·하역구역 등 운반에 관련된 모든 사항을 포함하여야 한다.

2) 운반물이 손상 또는 누출된 경우 사람·재산 및 환경의 보호를 위한 조치를 하여야 한다.

3) 방사성물질이 손상 또는 누설된 운반물은 적절한 장소로 이동하여 수리 및 제염을 한 후 운반하여야 한다.

4) 방사성물질등의 운반을 위하여 일상적으로 사용하는 운반수단 및 장비는 오염상태를 주기적으로 점검하여야 한다.

5) 방사성물질등의 운반과정에 있어서 제100조의 규정에 의한 제한값 이상으로 오염되었거나 표면에서의 방사선량률이 시간당 5 ㎲v를 초과하는 운반수단·장비 및 관련부속물은 가능한한 신속하게 제염하여야 한다.

6) 제거성 표면오염도가 제100조의 규정에 의한 제한값을 초과하거나 제염후 표면의 고착성 오염으로 인한 방사선량률이 시간당 5 ㎲v를 초과하는 운반수단·장비 또는 관련부속물은 이를 재사용하여서는 아니된다.

7) 전용으로 방사성물질등을 운반하는 경우 덧포장·화물컨테이너·탱크 및 운반수단의 내부표면에 대하여는 제5항 및 제100조의 규정을 적용하지 아니한다.

제102조 (운반지수 및 핵임계안전지수)

1) 운반물 및 덧포장의 운반지수 및 핵임계안전지수는 다음 각호와 같다. 다만, 전용으로 운반하는 경우를 제외한다.
   ① 운반지수는 10을 초과하지 아니할 것
   ② 핵임계안전지수는 50을 초과하지 아니할 것

2) 제1항의 규정에 의한 운반지수 및 핵임계안전지수의 산출방법은 원자력안전위원회가 정하여 고시한다.

제103조 (핵임계 방지)

핵분열성물질운반물의 경우에는 포장·적재 또는 운반과정 중에 핵임계에 도달하지 아니하도록 조치를 하여야 한다.

### 규칙 제10조(운반지수의 산출)

방사선규칙 제102조제2항에 따른 운반물·덧포장·탱크·화물컨테이너에 대한 운반지수의 산출방법은 다음 각 호와 같다.

① 단일의 운반물·덧포장·화물컨테이너의 외부표면으로부터 1 m 거리에서의 시간당 밀리시버트(mSv/h) 단위로 나타내는 최대 방사선량률의 값에 100을 곱하여 수치를 구할 것.

② 탱크·화물컨테이너의 경우에는 제1호에서 산출한 수치에 다음 표의 해당 인자를 곱한 수치로 할 것

| 적하물의 제원 | 증배계수 |
|---|---|
| 1 $m^2$ 이하인 경우 | 1 |
| 1 $m^2$ 보다 크고 5 $m^2$ 이하인 경우 | 2 |
| 5 $m^2$ 보다 크고 20 $m^2$ 이하인 경우 | 3 |
| 20 $m^2$ 보다 클 경우 | 10 |

(주) : 제원은 적하물의 가장 큰 단면적을 말함

③ 제1호 및 제2호에 따라 구한 수치를 소수 둘째자리에서 올림하여 구한 수치를 운반지수로 할 것. 다만, 0.05이하의 값은 영(0)으로 한다.

④ 여러 개의 운반물이 포함된 덧포장·화물컨테이너 또는 운반수단 각각에 대한 운반지수는 포함되어 있는 모든 운반물의 운반지수를 합계하거나 또는 직접적인 방사선량률의 측정에 의하여 구할 것. 다만, 단단하지 않은 덧포장의 경우에는 모든 운반물의 운반지수의 합으로 할 것

### 제11조(핵임계안전지수의 산출)

방사선규칙 제102조제2항에 따른 핵임계 안전지수의 산출방법은 다음 각 호와 같다.

① 핵분열성물질 운반물의 핵임계 안전지수는 제33조 및 제34조에 의하여 산출한 두 개의 N의 값 중에서 작은 것을 50으로 나누어 결정된 수치로 할 것(즉, 핵임계안전지수 = 50/N)

② 무한갯수의 운반물이 미임계를 유지하는 경우 핵임계 안전지수의 값은 영(0)으로 할 것

③ 여러 개의 운반물이 포함된 화물에 대한 핵임계 안전지수는 포함되어 있는 모든 운반물의 핵임계 안전지수의 합으로 할 것

제104조 (운반물의 등급)
운반물 및 덧포장은 별표 19에 규정된 조건과 다음 각호의 기준에 따라 제1종 백색운반물, 제2종 황색운반물, 제3종 황색운반물로 구분하여 등급을 분류하여야 한다.

① 운반물 또는 덧포장의 분류등급은 운반지수 및 표면방사선량률을 고려하여 결정할 것

② 운반지수와 표면방사선량률의 조건 중에서 어느 하나가 다른 하나보다 더 높은 등급에 해당하는 경우에는 더 높은 등급으로 분류할 것

[별표 19]

## 운반물 및 덧포장의 등급 분류기준(제104조관련)

| 조건 | | 등급분류 |
|---|---|---|
| 운반지수 | 외부표면 임의점에서의 최대 방사선량률 | |
| 0 | 0.005 mSv/h 이하 | 제1종 백색운반물 |
| 0 초과 1 이하 | 0.005 mSv/h 초과 0.5 mSv/h 이하 | 제2종 황색운반물 |
| 1 초과 10 이하 | 0.5 mSv/h 초과 2 mSv/h 이하 | 제3종 황색운반물 |
| 10 이상 | 2 mSv/h 초과 10 mSv/h 이하 | 제3종 황색운반물 |

주 1. 이 경우는 반드시 전용으로 운반할 것

제105조 (표시)

1) 운반물의 표시에 관한 기술기준은 다음 각호와 같다.

① 포장의 외부에 읽기 쉽고 내구성이 있게 송하인 또는 수하인의 확인표시를 할 것

② 방사성물질을 운반하는 경우 국제연합번호 및 해당운반명을 운반용기의 외부에 읽기 쉽고 내구성이 있게 표시할 것

2) 운반물의 총 중량이 50 kg을 초과하는 경우에는 총 중량을 운반용기의 외부에 읽기 쉽고 내구성이 있게 표시하여야 한다.

제106조 (표지)

1. 운반물·덧포장 및 화물컨테이너의 표지에 관한 기술기준은 다음 각호와 같다.

① 제104조의 규정에 의하여 등급이 분류된 운반물에는 다음 각목에 의한 해당 표지를 부착할 것

가. 제1종 백색운반물은 제1종 백색 운반표지

나. 제2종 황색운반물은 제2종 황색 운반표지

다. 제3종 황색운반물은 제3종 황색 운반표지

# 제7장 방사선피폭선량의 판독 등

## 1. 판독업무자의 등록

### 제78조 (판독업무자의 등록)

1. 신체의 외부에서 피폭하는 방사선량의 판독에 관한 업무를 하려는 자는 위원회에 등록하여야 한다.

2. 제1항에 따라 등록한 자(이하 "판독업무자"라 한다)가 등록한 사항을 변경하려는 경우에는 이를 위원회에 신고하여야 한다.

3. 제1항에 따라 등록을 하려는 자는 그 신청서에 판독에 관한 품질보증계획서와 그 밖에 총리령으로 정하는 서류를 첨부하여 위원회에 제출하여야 한다.

4. 제1항에 따라 등록을 하려는 자에게는 제14조를 준용한다. 이 경우 제14조제3호 중 "제17조에 따라 허가가 취소된"은 "제81조에 따라 등록이 취소된"으로, 같은 조 제4호 중 "임원 중에"는 "대표자가"로 본다.

4-1. 판독업무자의 등록신청

1) 법 제78조제1항에 따라 피폭방사선량의 판독업무를 등록하려는 자는 사업소별로 신청서를 위원회에 제출하여야 한다.
2) 법 제78조제3항에 따른 품질보증계획서에는 위원회가 정하여 고시하는 지침에 따라 다음 각 호의 사항을 적어야 한다.
   ① 품질보증체계
   ② 판독취급관리자
   ③ 시설 및 장비
   ④ 판독방법 및 절차
3) 법 제78조제3항에서 "그 밖에 총리령으로 정하는 서류"란 다음 각 호의 서류를 말한다.
   ① 피폭방사선량의 판독에 필요한 장비 및 인력의 확보 등에 관한 제113조에 따른 기술적 능력을 입증하는 서류
   ② 장비의 성능을 입증하는 서류 및 성능시험 계획서
   ③ 판독시설의 목록

4) 법 제78조제3항에 따라 등록신청서를 제출받은 위원회는「전자정부법」따른 행정정보의 공동이용을 통하여 신청인의 사업자등록증을 확인하여야 한다. 다만, 신청인이 확인에 동의하지 아니하는 경우에는 사업자등록증 사본을 첨부하게 하여야 한다.

5) 위원회는 법 제78조제1항에 따른 판독업무의 등록을 한 자(이하 "판독업무자"라 한다)에 대하여 등록증을 발급하여야 한다.

## 4-2. 변경신고

법 제78조제2항에 따라 변경신고를 하려는 자는 변경신고의 사유가 발생한 날부터 30일 이내에 신고서에 다음 각 호의 서류를 첨부하여 위원회에 제출하여야 한다.

① 변경사항에 관한 서류

② 등록증

## 4-3. 등록기준

제78조제1항에 따른 등록기준은 다음 각 호와 같다.

① 총리령으로 정하는 판독시설의 설치 · 운영에 필요한 기술적 능력을 가지고 있을 것

② 제78조제3항에 따른 품질보증계획서의 내용이 총리령으로 정하는 기준에 적합할 것

## 4-3-1. 등록기준

1) 법 제79조제1호에서 "총리령으로 정하는 판독시설의 설치 · 운영에 필요한 기술적 능력을 가지고 있을 것"이란 다음 각 호의 능력을 모두 갖추는 것을 말한다.

① 기술인력 · 시설 및 취급기준에 적합할 것

**기술인력 · 시설기준 및 취급기준**(제113조제1항 관련)

| 구분 | 기준 |
|---|---|
| 1. 기술인력 | 가. 판독취급관리자: 방사선취급감독자면허 또는 방사선관리기술사 자격 소지자 또는 4년제 대학 졸업자 이상으로서 물리학, 화학공학, 전기 · 전자공학, 방사선학 또는 방사선방호와 관련된 분야를 전공하고 동일분야 판독업무 실무경력이 2년 이상인 사람 1명<br>나. 판독업무종사자: 개인선량계의 취급 종류별로 전문대학 이상의 졸업자로서 물리학, 전기 · 전자공학, 화학공학, 화학, 방사선학 또는 방사선방호와 관련된 분야의 전공자 또는 판독관련 업무경력이 1년 이상인 자 2인 이상 |
| 2. 시설기준 | 가. 개인선량계 측정결과의 재현성이 보장되는 자동 측정시설<br>나.「국가표준기본법」에 따른 교정시설. 다만,「국가표준기본법」제3조제17호에 따른 소급성(遡及性)을 유지할 수 있을 경우에는 교정시설을 갖추지 않을 수 있다.<br>다. 개인선량계(재사용이 가능한 것만 해당한다)의 기록선량을 초기화할 수 있는 자동 열처리(annealing) 시설<br>라. 측정의 연속성을 유지할 수 있는 무정전 전원시설 |

| | |
|---|---|
| | 마. 상대습도 65% 이하, 온도 20±5℃를 유지할 수 있는 판독시설<br>바. 화학약품이나 자연방사선에 따른 영향이 적고 개인선량계 제조회사가 권고한 습도 및 온도를 유지할 수 있는 선량계 보관시설 |
| 3. 취급기준 | 가. 판독의 안정성을 보장하기 위하여 개인선량계와 판독시스템의 상태 변화를 항상 확인하여야 한다.<br>나. 개인선량계의 측정방식 또는 측정부위에 대한 재현성과 균질성이 항상 보장되어야 한다.<br>다. 판독기를 사용하기 전에 품질관리용 선량계 또는 제작사가 제시하는 기준장치를 이용하여 판독기의 안정성 및 재현성을 확인하여야 한다.<br>라. 판독시스템에 대한 교정은 6개월 이내로 하고, 「국가표준기본법」 제3조제17호에 따른 소급성(遡及性)을 유지하여야 한다.<br>마. 개인선량계의 판독주기는 판독시스템의 특성에 따라 매월 또는 매분기를 유지하여야 하고 개인선량계는 수거 후 30일 이내에 판독을 완료하여야 한다.<br>바. 판독시스템은 기준 조사(照射)된 품질관리용 선량계에 대한 판독정도(判讀精度)가 95퍼센트(%) 신뢰도에서 ±10퍼센트(%) 범위 이내여야 한다.<br>사. 판독 결과의 신뢰성과 정확성을 유지하기 위하여 유효성이 증명된 선량평가 프로그램을 사용하여야 하며, 선량평가 프로그램은 방사선의 종류를 평가할 수 있어야 한다.<br>아. 개인선량계 및 판독시스템은 국제기준(ANSI, IEC, ISO) 및 한국산업규격에서 정한 기준과 판독기 제조사에서 권고하는 절차와 기준을 준수하여야 한다.<br>자. 기록준위 이하의 피폭방사선량은 "기록준위 이하"로 표기하여 관리하여야 한다.<br>차. 판독기 및 개인선량계는 제114조제1항에 따른 성능검사에 합격한 것을 사용하여야 한다. |

비고: 이 표에서 "기록준위"란 방사선작업종사자에 대한 피폭방사선량을 관리하기 위한 최소값으로서 원자력안전위원회가 정하는 값을 말한다.

② 판독시설 및 장비가 「국가표준기본법」 제3조제17호에 따른 소급성(遡及性)을 유지할 수 있을 것

"소급성(遡及性)"이란 연구개발, 산업생산, 시험검사 현장 등에서 측정한 결과가 명시된 불확정 정도의 범위 내에서 국가측정표준 또는 국제측정표준과 일치되도록 연속적으로 비교하고 교정(較正)하는 체계를 말한다.

③ 개인선량계 패용기간 동안 자연적으로 증가 또는 감소하는 피폭선량의 영향에 대한 평가를 할 수 있을 것

④ 피폭방사선량을 위원회가 정하여 고시하는 심부선량과 표층선량으로 구분하여 판독할 수 있을 것

"심부선량"이란 국제방사선단위측정위원회(ICRU)가 정하는 HP(10)으로서 인체의 몸통 표면아래 10 mm 깊이에서의 선량을 선량계로 판독한 것을 말한다.

"표층선량"이란 국제방사선단위측정위원회(ICRU)가 정하는 HS(0.07)으로서 인체의 피부 표면아래 0.07 mm 깊이에서의 선량을 선량계로 판독한 것을 말한다.

⑤ 판독시스템의 최저측정준위를 0.1밀리시버트 이하로 유지할 수 있을 것
⑥ 피폭방사선량의 기록에 대한 보안을 유지할 수 있을 것

2) 법 제79조제2호에서 "제78조제3항에 따른 품질보증계획서의 내용이 총리령으로 정하는 기준에 적합할 것"이란 품질보증계획서 작성 세부지침에 따라 위원회가 정하여 고시한 지침에 적합하게 작성된 것을 말한다.

## 품질보증계획서 작성 세부지침(제2조 관련)

1. 일반 사항

가. 품질보증계획서는 합리적이고 체계적인 내부품질체제를 확립하며 원자력안전위원회에 판독에 관한 업무를 등록한 자(이하 "판독업무자"라 한다)가 자체품질체제 개발지침으로 활용될 수 있도록 작성되어야 한다.

나. 품질보증계획서에는 실제로 운영되고 있는 품질체제의 요소와 운영방법이 기술되어야 하며, 동 기술내용은 일상적으로 이행되어야 한다.

다. 품질보증계획서에는 문서의 위치, 개정시기, 처리절차를 명시하고 각 쪽별로 작성 관리하여야 하며, 이를 위하여 각 쪽별로 제정 또는 개정된 번호와 일자 및 쪽수를 기재하여야 한다.

2. 작성구분 및 세부기준

품질보증계획서는 판독업무자의 품질체제 전반을 파악할 수 있고 일상적 업무에 적용이 용이하도록 다음 각 목과 같이 구분하여 작성하여야 한다.

가. 품질매뉴얼

1) 품질매뉴얼은 구체적인 사항까지 상세하게 기술할 필요는 없으나, 품질방침 및 품질체제의 기본적인 사항에 대해서는 간단명료하면서도 관련된 내용이 누락되지 아니하도록 기술하여야 한다.
2) 품질매뉴얼의 구성 및 주요내용은 별표와 같다.

나. 절차서

1) 절차서는 각 기능별 단위활동의 절차를 기술한 문서로서, 몇 개의 부문 또는 그룹에서 조직적으로 분담하여 수행하는 활동의 흐름, 역할, 권한, 책임, 정보의 흐름 및 상호관계 등에 관하여 기술하여야 한다.

2) 절차서에는 다음과 같은 사항이 포함되어야 한다. 다만, 판독업무자의 특성상 해당되지 아니하는 사항에 대해서는 그러하지 아니하다.

가) 기기관리
나) 판독업무처리
다) 물품관리
라) 구매관리
마) 품질참고치 또는 참고대상물 관리
바) 품질관리
사) 문서관리
아) 안전관리
자) 품질보증위원회 운영
차) 의뢰자 불만처리
카) 교육훈련
타) 내부 품질감사 절차
파) 예비용 판독기 가동
하) 소프트웨어 관리

다. 지시서

1) 구체적인 업무에 관한 지시문서로서 기록서식, 보고서식, 작업지시서 등을 통칭한다.
2) 지시서에는 다음과 같은 사항이 포함되어야 한다. 다만, 판독업무자의 특성상 해당되지 아니하는 사항에 대해서는 그러하지 아니하다.

가) 기기관리
나) 판독방법
다) 안전관리
라) 문서관리
마) 품질관리
바) 교육훈련
사) 의뢰자 불만처리
아) 내부 품질감사

## 5. 성능검사 신청 및 절차

판독성능검사(이하 "성능검사"라 한다)의 절차는 다음 각 호와 같다.

① 판독업무자는 품질보증계획서의 심사와 판독시설 및 장비 등에 대한 검사에 합격한 후 성능검사를 신청하여야 한다.

② 판독업무자는 신청서와 성능검사용 선량계를 검사개시 1개월전까지 한국원자력안전기술원장에게 제출하여야 한다.

③ 선량계는 판독업무자가 종사자등에게 지급하여 사용하고 있는 선량계 중에서 무작위로 선정한 것을 배지케이스에 넣어 제출하여야 한다.

④ 성능검사 소요기간은 3개월로 한다.

⑤ 선량계는 선량계 모델 및 범주별로 제출하고, 범주별로 15개씩 제출하되 예비용 선량계 40개를 추가로 제출하여야 한다.

⑥ 선량계에 대한 기준조사는 한국원자력안전기술원의 "선량계 기준조사 지침서"에 따른다.

⑦ 기준조사된 선량계는 15일 이내에 판독업무자에게 판독을 위하여 반송하고, 범주Ⅰ,Ⅱ 및 Ⅷ과 관련된 선량계에는 범주를 표시하여야 한다.

⑧ 판독업무자는 기준조사된 선량계를 반송받은 날부터 15일 이내에 판독결과를 한국원자력안전기술원장에게 제출하여야 한다.

⑨ 한국원자력안전기술원장은 판독업무자가 제출한 판독결과를 기준조사 자료와 비교하여 분석한 후, 그 결과를 원자력안전위원회에 제출하고 판독업무자에 대하여는 검사성적서를 발급하여야 한다.

## 5-1. 성능기준 등의 적용

1) 판독성능검사의 범주 및 합격기준은 다음 각 호와 같이 적용한다.

① 성능검사는 규칙 별표 3과 같이 8개의 범주로 구분하여 실시하며, 규칙 별표 3의 범주 모두 또는 별표 1의 범주를 적용한다.

② 각 범주별 성능검사 결과 범주Ⅰ 및 Ⅱ에 대해서는 허용준위값이 0.3이하인 경우에 합격으로 하며, 나머지 범주에 대해서는 허용준위값이 0.5이하인 경우에 합격으로 한다. 또한, 각 범주에서의 |B|값과 S값이 각각 0.35이하인 경우에 합격으로 한다.

③ 성능검사 결과 다음 각 목의 어느 하나에 해당하는 경우에는 불합격으로 한다.

가. 성능검사 결과 2개 이상의 범주에서 제2호의 규정에 의한 합격기준을 만족시키지 못하는 경우

나. 성능검사 결과 1개 범주에서 제2호의 규정에 의한 합격기준을 만족시키지 못하고 1차에 한하여 실시된 재 성능검사 결과에서도 어느 1개의 범주에서 합격기준을 만족시키지 못하는 경우

2) 성능검사의 주기는 다음 각 호와 같다.

① 판독업무 신규등록 이후에는 규칙 별표 20의 모든 범주에 대해서 2년 주기로 실시한다.

② 정기검사 및 시설을 변경할 때에는 규칙 별표 20의 범주 중에서 임의의 3개의 범주에 대하여 제6조의 규정에 따라 2년 주기로 1회에 1개월간 실시한다.

5-2. (재 성능검사) 재 성능검사의 기준 및 절차는 다음 각 호와 같다.

① 성능검사에서 1개 범주에서 불합격 판정을 받은 판독업무자는 다음과 같이 재 성능검사를 실시한다.

가. 범주 Ⅰ, Ⅱ 또는 Ⅷ인 경우에는 해당 범주와 1개의 추가범주

나. 범주 Ⅲ, Ⅳ, Ⅴ, Ⅵ 또는 Ⅶ인 경우에는 해당 범주와 2개의 추가범주

② 성능검사에서 1개 범주에서 불합격 판정을 받은 판독업무자는 규칙 별표 20 모든 범주에 대해서 재 성능검사를 실시한다.

③ 판독업무자는 한국원자력안전기술원장으로부터 재 성능검사 실시공문을 받은 후 30일 이내에 재 성능검사를 신청하여야 한다.

④ 재 성능검사 방법은 성능검사 신청 및 절차에 따라 실시한다. 다만, 선량계는 범주별로 15개를 제출하여야 하며 검사 소요기간은 1회에 1개월로 한다.

6. 부 판독기의 사용

1) 부 판독기의 사용기준 및 절차는 다음 각 호와 같다.

① 부 판독기는 주 판독기의 고장 등으로 정상적인 판독이 불가능 할 경우에만 사용하여야 하며, 부 판독기의 사용은 30일을 초과하여서는 아니 된다.

② 제1항의 규정에 따라 부 판독기를 사용하고자 하는 경우에는 사용개시 5일전까지 원자력안전위원회에 보고하여야 한다. 또한 30일을 초과하여 사용하고자 하는 경우에는 30일이 초과하기 5일전까지 원자력안전위원회에 보고하여야 한다.

③ 제2항의 규정에 따라 30일을 초과하여 부 판독기를 사용한 경우에는 부 판독기의 사용을 완료한 후 5일 이내에 원자력안전위원회에 완료보고를 하여야 한다.

2) 판독업무자는 부 판독기의 사용에 앞서 모든 범주에 대하여 성능검사를 받아야 하며, 성능검사의 소요기간은 3개월로 한다.

3) 부 판독기의 성능은 주 판독기와 동일하여야 하며, 성능검사에 합격한 후 최초의 성능을 유지하여야 한다.

4) 제3항에 따른 부 판독기에 대한 성능검사는 판독업무자의 자체 품질보증시험항목에 의한 검사 보고서로서 갈음할 수 있다.

7. 기록준위

1) 기술인력·시설기준 및 취급기준의 비고에서 “기록준위”란 종사자등에 대한 피폭방사선량을 관리하기 위한 최소값으로서, 그 값은 0.1 mSv이다.
2) 판독업무자는 기록준위 이하의 판독값에 대해서 국가기록으로 보고할 때 “기록준위 이하”로 표기하여 보고하여야 한다.

### 제80조 (검사)

1. 판독업무자는 판독업무 등을 대통령령으로 정하는 바에 따라 위원회의 검사를 받아야 한다.

2. 위원회는 제1항에 따른 검사결과 판독업무자가 제79조에 따른 등록기준에 미달되면 그 시정 또는 보완을 명할 수 있다.

2-1. 판독검사

1) 법 제78조제1항에 따라 판독에 관한 업무를 등록한 자(이하 “판독업무자”라 한다)는 법 제80조제1항에 따라 판독시설의 설치 · 운영 및 판독 성능에 대하여 총리령으로 정하는 바에 따라 위원회의 검사를 받아야 한다.
2) 제1항에 따른 검사는 판독업무를 개시하기 전에 실시하는 검사와 매년 정기적으로 실시하는 검사로 구분한다.
3) 제1항에 따른 검사를 받으려는 자는 검사신청서에 총리령으로 정하는 서류를 첨부하여 위원회에 제출하여야 한다. 다만, 위원회가 매년 정기적으로 실시하는 검사에 관하여 해당 연도 검사계획을 수립하여 판독업무자에게 통보한 경우에는 검사신청서를 제출하지 아니할 수 있다.
4) 제1항에 따른 검사의 기준 · 방법 및 절차 등에 관하여 필요한 사항은 위원회가 정하여 고시한다.
5) 제1항에 따른 검사 결과 제4항의 기준에 맞는 경우에는 합격으로 한다.

2-2. 판독검사의 신청

1) 판독성능검사의 범주 및 합격기준은 아래 별표 20과 같다. 이 경우 성능검사는 별표 20의 성능검사 범주별로 실시하여야 한다.
2) “총리령”으로 정하는 서류“란 다음 각 호의 구분에 따른 서류를 말한다.
   ① 판독업무 개시 전 검사 신청의 경우: 다음 각 목의 서류. 다만, 판독업무자 등록신청 시 제출한 서류는 제출하지 아니할 수 있다.

가. 판독시설 등의 목록과 개요
나. 판독시설 등에 관한 도면(상세단면도를 포함한다)
다. 보유장비 및 그 성능에 관한 자료
라. 보유인력에 관한 자료
② 정기검사 신청의 경우: 다음 각 목의 서류
가. 검사받으려는 시설의 개요
나. 수검계획서

3) 위원회는 판독검사에 합격한 자에 대하여는 그 사실을 통지하여야 한다.

## 2. 판독업무자 등록의 취소 등

### 제81조 (판독업무자 등록의 취소 등)

1. 위원회는 판독업무자가 다음 각 호의 어느 하나에 해당하면 그 등록을 취소하거나 1년 이내의 기간을 정하여 그 업무의 정지를 명할 수 있다. 다만, 제①호 또는 제⑤호에 해당하는 때에는 그 등록을 취소하여야 한다.
   ① 거짓이나 그 밖의 부정한 방법으로 등록을 한 때
   ② 정당한 사유 없이 대통령령으로 정하는 기간 안에 그 등록한 업무를 개시하지 아니하거나 1년 이상 계속하여 중단한 때
   ③ 신고를 하지 아니하고 등록한 사항을 변경한 때
   ④ 등록기준에 미달하게 된 때
   ⑤ 결석사유 제14조제1호 · 제2호 및 제4호 중 어느 하나에 해당하게 된 때. 다만, 법인의 대표자가 그 사유에 해당하게 된 경우 3개월 이내에 그 대표자를 바꾸어 선임한 때에는 그러하지 아니하다.
   ⑥ 제80조제2항 또는 제98조제1항 및 제3항에 따른 명령을 위반한 때

2. 제1항에 따른 업무의 정지 또는 사용금지를 명하여야 하는 경우에는 그 업무의 정지 또는 사용금지를 갈음하여 5억원 이하의 과징금을 부과할 수 있으며 과징금의 부과기준은 대통령령으로 정하고 과징금을 내야 할 자가 납부기한까지 과징금을 내지 아니하면 국세체납처분의 예에 따라 이를 징수하거나 과징금 부과처분을 취소하고 업무정지처분 또는 사용금지처분을 하여야 한다의 규정을 준용한다.

2-1. 사업개시기간

법 제81조제1항제2호에서 "대통령령으로 정하는 기간"이란 그 등록을 한 날부터 1년을 말한다.

## 제82조 (기록과 비치)

판독업무자는 총리령으로 정하는 바에 따라 판독시설 및 판독업무에 관한 사항 등을 기록하여 이를 공장 또는 사업소마다 비치하여야 한다.

## 제83조 (준용)

판독업무자의 사업 승계와 신고에 관하여는 제19조 및 제43조를 준용한다. 이 경우 "발전용원자로설치자" 또는 "핵연료주기사업자"는 "판독업무자"로 본다.

# 제8장 면허 및 시험

## 1. 면허 등

### 제84조 (면허 등)

1. 원자로의 운전이나 핵연료물질 · 방사성동위원소등의 취급은 대통령령으로 정하는 바에 따라 위원회의 면허를 받은 사람이나 「국가기술자격법」에 따른 방사선관리기술사가 아니면 이를 할 수 없다. 다만, 제106조제1항에 따른 교육 및 훈련을 받은 사람이 제2항 제3호부터 제7호까지의 면허를 받은 사람 또는 「국가기술자격법」에 따른 방사선관리기술사의 지시 · 감독하에 이를 운전하거나 취급하는 경우에는 그러하지 아니하다.
2. 제1항의 면허는 다음과 같이 구분한다.
   ① 원자로조종감독자면허
   ② 원자로조종사면허
   ③ 핵연료물질취급감독자면허
   ④ 핵연료물질취급자면허
   ⑤ 방사성동위원소취급자일반면허
   ⑥ 방사성동위원소취급자특수면허
   ⑦ 방사선취급감독자면허

2-1. 면허의 효력

법 제84조제2항 각 호의 면허를 취득한 사람 중 같은 항 제1호 및 제2호의 면허를 취득한 사람은 원자로의 운전업무에, 같은 항 제3호 및 제4호의 면허를 취득한 사람은 핵연료물질의 취급업무에, 같은 항 제5호부터 제7호까지의 규정에 따른 면허를 취득한 사람과 방사선관리기술사는 방사성동위원소등의 취급업무에 각각 종사할 수 있다.

2-2. 응시자격

1) 법 제84조제2항에 따른 면허 시험 응시자격은 학력과 경력(교육훈련을 포함한다)으로 구분한다.
2) 제1항에 따른 학력 및 경력은 별표 21과 같다.
3) 제1항 및 제2항에 따른 경력의 내용 및 산출방법은 위원회가 정하여 고시한다.

■ 원자력안전법 시행령 [별표 21]

## 면허 종류별 면허시험 응시자격(제118조제2항 관련)

| 면허의 종류 | 면허시험의 응시자격 |
|---|---|
| 1. 원자로조종감독자면허 | 가. 이공계 4년제 대학 졸업자 또는 이와 동등 이상의 학력이 있다고 교육부장관이 인정하는 사람이나 「국가기술자격법」에 따른 기사 이상의 자격을 가진 사람으로서 원자로조종에 관한 실무에 3년(원자력공학 또는 원자핵공학을 전공한 사람의 경우에는 2년) 이상 종사한 사람<br>나. 원자로조종사면허를 받은 후 원자로조종에 관한 실무에 2년 이상 종사한 사람<br>다. 외국에서 동일 기종에 관한 원자로조종감독자면허를 받았거나 이에 준하는 자격을 가진 사람 |
| 2. 원자로조종사면허 | 가. 이공계 4년제 대학 졸업자 또는 이와 동등 이상의 학력이 있다고 교육부장관이 인정하는 사람이나 「국가기술자격법」에 따른 기사 이상의 자격을 가진 사람으로서 원자로조종에 관한 실무에 1년(원자력공학 또는 원자핵공학을 전공한 사람의 경우에는 6개월) 이상 종사한 사람<br>나. 이공계 전문대학 2년 이상 수료자 또는 이와 동등 이상의 학력이 있다고 교육부장관이 인정하는 사람이나 「국가기술자격법」에 따른 산업기사 이상의 자격을 가진 사람으로서 원자로조종에 관한 실무에 2년(원자력공학 또는 원자핵공학을 전공한 사람의 경우에는 1년 6개월) 이상 종사한 사람<br>다. 고등학교 졸업자 또는 이와 동등 이상의 학력이 있다고 교육부장관이 인정하는 사람이나 「국가기술자격법」에 따른 기능사 이상의 자격을 가진 사람으로서 원자로조종에 관한 실무에 3년 이상 종사한 사람<br>라. 외국에서 동일 기종에 관한 원자로조종사면허를 받았거나 이에 준하는 자격을 가진 사람 |
| 3. 핵연료물질취급감독자면허 | 가. 이공계 4년제 대학 졸업자 또는 이와 동등 이상의 학력이 있다고 교육부장관이 인정하는 사람이나 「국가기술자격법」에 따른 기사 이상의 자격을 가진 사람으로서 핵물질 및 핵연료의 취급에 관한 실무에 2년(원자력공학 또는 원자핵공학을 전공한 사람의 경우에는 1년) 이상 종사한 사람<br>나. 핵연료물질취급자면허를 받은 후 핵물질 및 핵연료의 취급에 관한 실무에 2년 이상 종사한 사람<br>다. 외국에서 핵연료물질취급감독자면허를 받았거나 이에 준하는 자격을 가진 사람 |
| 4. 핵연료물질취급자면허 | 가. 이공계 4년제 대학 졸업자 또는 이와 동등 이상의 학력이 있다고 교육부장관이 인정하는 사람이나 「국가기술자격법」에 따른 기사 이상의 자격을 가진 사람<br>나. 이공계 전문대학 2년 이상 수료자 또는 이와 동등 이상의 학력이 있다고 교육부장관이 인정하는 사람이나 「국가기술자격법」에 따른 산업기사 이상의 자격을 가진 사람으로서 핵물질 및 핵연료의 취급에 관한 실무에 1년(원자력공학 또는 원자핵공학을 전공한 사람의 경우에는 6개월) 이상 종사한 사람<br>다. 고등학교 졸업자 또는 이와 동등 이상의 학력이 있다고 교육부장관이 인정하는 사람이나 「국가기술자격법」에 따른 기능사 이상의 자격을 가진 사람으로서 핵물질 및 핵연료의 취급에 관한 실무에 2년 이상 종사한 사람<br>라. 외국에서 핵연료물질취급자면허를 받았거나 이에 준하는 자격을 가진 사람 |

| | |
|---|---|
| 5. 방사성동위원소취급자일반면허 | 가. 이공계 전문대학 2년 이상 수료자 또는 이와 동등 이상의 학력이 있다고 교육부장관이 인정하는 사람이나 「국가기술자격법」에 따른 산업기사 이상의 자격을 가진 사람으로서 방사성동위원소등의 취급에 관한 실무에 1년 이상 종사한 사람<br>나. 고등학교 졸업자 또는 이와 동등 이상의 학력이 있다고 교육부장관이 인정하는 사람이나 「국가기술자격법」에 따른 기능사 이상의 자격을 가진 사람으로서 방사성동위원소등의 취급에 관한 실무에 2년 이상 종사한 사람<br>다. 외국에서 방사성동위원소취급자일반면허를 받았거나 이에 준하는 자격을 가진 사람으로서 위원회가 인정하는 사람 |
| 6. 방사성동위원소취급자특수면허 | 가. 의사 또는 치과의사의 면허를 가진 사람으로서 다음의 어느 하나에 해당하는 사람<br>1) 방사성동위원소등을 의학적으로 인체에 사용하는 실무에 1년 이상 종사한 사람<br>2) 방사선취급감독자면허를 가진 사람<br>나. 외국에서 방사성동위원소취급자특수면허를 받았거나 이에 준하는 자격을 가진 사람으로서 위원회가 인정하는 사람 |
| 7. 방사선취급감독자면허 | 가. 이공계 4년제 대학 졸업자 또는 이와 동등 이상의 학력이 있다고 교육부장관이 인정하는 사람이나 「국가기술자격법」에 따른 기사 이상의 자격을 가진 사람으로서 방사선장해 방어에 관한 실무에 2년 이상 종사한 사람<br>나. 방사성동위원소취급자일반면허를 받은 후 방사선장해 방어에 관한 실무에 2년 이상 종사한 사람<br>다. 방사성동위원소취급자특수면허를 가진 사람<br>라. 외국에서 방사선취급감독자면허를 받았거나 이에 준하는 자격을 가진 사람으로서 위원회가 인정하는 사람 |

## 2-3. 경력의 내용 및 산출방법

면허시험 응시자격 중 면허종류별 경력(교육훈련 포함)의 산출방법은 다음 각 호와 같다.

① 경력기간은 경력월수를 단위로 하여 계산하되, 15일 이상은 1개월로 계산하고 15일 미만은 계산하지 아니한다.

② 경력산출 기준일은 응시원서 접수마감일로 한다.

③ 해당 면허종류별 교육훈련 이수자 또는 해당 면허종류별 경력인정 대상자는 실무경력 1년으로 인정한다. 다만, 경력인정 대상자가 해당 면허종류별 교육훈련을 이수한 경우에는 교육훈련을 실무경력으로 인정하지 아니한다.

# 면허종류별 경력의 내용 및 산출 방법(제3조 관련)

| 면허 종류 | 경력의 내용 | 환산율 |
| --- | --- | --- |
| 1. 원자로조종감독자면허·원자로조종사면허 | 가. 다음 각 호의 어느 하나에 해당하는 기관에서 원자로의 운전 또는 시운전 업무에 직접 종사한 경력<br>1) 한국원자력연구원<br>2) 한국전력공사 및 한국수력원자력주식회사 원자력발전소<br>3) 경희대학교<br>나. 교육 및 훈련용 모의제어반(시뮬레이터)의 운전실무에 관한 교육 및 훈련을 담당한 강사로 근무한 경력 | 100% |
| | 가. 다음 각 호의 어느 하나에 해당하는 기관에서 원자로의 운전 또는 시운전에 관한 기술을 지원 또는 보조하는 업무에 종사한 경력<br>1) 원자력안전위원회 지역사무소(기존의 원자력안전위원회 원자력발전소 주재관실을 포함한다)<br>2) 한국전력공사 및 한국수력원자력주식회사 원자력발전소<br>나. 원자로의 운전에 관한 교육 및 훈련을 담당한 강사로 근무한 경력 | 80% |
| | 가. 다음 각 호의 어느 하나에 해당하는 기관에서 원자력발전소의 설계, 공사의 감독, 검사 또는 안전성 분석 및 심사, 기타 이와 유사한 업무에 종사한 경력<br>1) 원자력안전위원회<br>2) 한국원자력연구원<br>3) 한국원자력안전기술원<br>4) 한국전력공사, 한국수력원자력주식회사<br>5) 한국전력기술주식회사 | 50% |
| 2. 핵연료물질 취급감독자 면허·핵연료 물질취급자 면허 | 가. 원자력안전법(이하 "법"이라 한다) 제20조, 제30조, 제30조의2, 제35조, 제45조에 따라 허가 또는 지정 받은 기관에서 핵물질의 취급에 관한 업무에 종사한 자로서 법 제98조에 따라 개인 방사선피폭선량이 보고된 경력<br>나. 다음 각 호의 어느 하나에 해당하는 기관에서 핵물질의 안전규제에 관한 업무에 종사한 경력<br>1) 원자력안전위원회<br>2) 한국원자력안전기술원 | 100% |
| 3. 방사성동위원소취급자일반면허·방사성동위원소취급자특수면허·방사선취급감독자면허 | 가. 법 제53조제1항, 제54조 및 제63조의 규정에 의하여 허가를 받은 기관에서 방사성동위원소 등의 취급이나 방사선 장해방어에 관한 업무에 종사한 자로서 법 제98조의 규정에 따라 개인 방사선피폭경력이 보고된 경력<br>나. 1997. 6. 30일 당시 법 제53조제2항의 규정에 의하여 신고를 한 기관에서 방사성동위원소 등의 취급이나 방사선 장해방어에 관한 업무에 종사한 자로서 법 제98조의 규정에 따라 개인 방사선피폭경력이 보고된 경력<br>다. 다음 각 호의 어느 하나에 해당하는 기관에서 방사성동위원소 등의 안전규제에 관한 업무에 종사한 경력<br>1) 원자력안전위원회<br>2) 한국원자력안전기술원 | 100% |

| | | |
|---|---|---|
| | 가. 고등교육법 제14조에 규정하는 이공계 4년제 대학 및 전문대학 에 재직 중인 교직원으로서 1년 이상 교육 및 연구목적으로 사용하는 방사선투과검사관련 업무에 종사한 경력(단, 방사성동위원소취급자 일반면허에만 적용한다) | 80% |
| | 가. 진단용 방사선발생장치의 방사선 관련 업무에 종사한 자로서 1년 이상 연속된 개인 방사선피폭선량의 월별선량기록을 원자력안전위원회에게 제출하여 확인된 경력 | 50% |

## 2-4. 시험과목

[별표 22]

### 면허의 종류별 시험과목(제120조 관련)

| 면허의 종류 | 시험방법 | 시험과목 |
|---|---|---|
| 방사성동위원소취급자 일반면허 | 필기시험 | 방사성동위원소의 취급자로서 그 직무수행에 필요한 일반적 지식과 기술에 관하여 다음의 사항을 검정한다.<br>가. 원자력기초이론<br>나. 방사성동위원소 및 방사선의 취급기술에 관한 기초지식<br>다. 방사선장해 방어에 관한 기초지식<br>라. 원자력 관계 법령(법 및 방사선장해 방어 관계 법령에 한정한다) |
| 방사선취급감독자면허 | 필기시험 | 방사선의 취급감독자로서 그 직무수행에 필요한 전문적 지식과 기술에 관하여 다음의 사항을 검정한다.<br>가. 방사선에 의한 장해 및 그 방어<br>나. 원자력이론(물리학·화학·생물학 분야 중 방사선에 관한 것에 한정한다)<br>다. 방사성동위원소 및 방사선의 취급기술 및 측정기술<br>라. 원자력 관계 법령(법 및 방사선장해 방어 관계 법령에 한정한다) |

## 2-5. 시험 등의 면제

1) 법 제87조제2항에 따라 면제되는 필기시험의 범위는 다음과 같다.

   의사 또는 치과의사의 면허와 법 제84조제2항제7호의 면허를 받은 사람이 같은 항 제6호의 면허시험에 응시할 때에는 별표 22 제6호의 방사성동위원소취급자특수면허 시험과목 중 가목, 나목 및 라목을 면제한다.

2) 외국에서 이 영에 따른 면허와 동등 이상의 것으로 위원회가 인정하는 면허를 받은 경우에는 별표 22의 시험과목 중 원자력 관계 법령을 제외한 과목을 면제한다.

6. 교육훈련

## 면허종류별 교육 훈련(제3조 또는 제4조 관련)

| 면허종류 | 교육훈련 내용 | 기간 | 교육훈련 기관 |
|---|---|---|---|
| 1. 원자로조종감독자면허·원자로조종사면허 | 원자로조종에 관한 교육훈련 | 10주 이상 | 가. 한국원자력연구원<br>나. 한국전력공사, 한국수력원자력주식회사 |
| 2. 핵연료물질취급감독자면허·핵연료물질취급자면허 | 핵연료물질 취급에 관한 교육훈련 | 4주 이상 | 한국원자력연구원 |
| 3. 방사성동위원소취급자일반면허 | 다음 각 호의 1에 해당하는 교육훈련 내용<br>1) 방사성장해방어의기초에 관한 교육훈련<br>2) 방사선장해방어의 기초에 관한 통신교육훈련 | <br><br>4주 이상<br><br>9개월 이상 | 한국원자력연구원<br><br>가. 한국방사선진흥협회(기존의 한국동위원소협회를 포함한다)<br>나. 사단법인 한국원자력안전아카데미 |
| 4. 방사성동위원소취급자특수면허 | 방사선의 의학적 이용에 관한 교육훈련 | 4주 이상 | 한국원자력연구원 |
| 5. 방사선취급감독자면허 | 방사선장해방어의 감독에 관한 교육훈련 | 6주 이상 | 한국원자력연구원 |

### 제85조 (결격사유)

다음 각 호의 어느 하나에 해당하는 사람은 제84조에 따른 면허를 받을 수 없다.

① 18세 미만의 사람

② 피성년후견인

③ 이 법을 위반하여 금고 이상의 형의 선고를 받고 그 형의 집행이 종료되거나 집행을 받지 아니하기로 확정된 후 3년이 경과되지 아니한 사람이나 형의 집행유예를 선고받고 그 집행유예기간 중에 있는 사람

④ 면허가 취소된 후 2년이 경과되지 아니한 사람

⑤ 원자로 및 관계시설의 건설 및 개수·보수에 관한 업무, 원자로 및 관계시설의 재료·부품 등의 납품·검수에 관한 업무를 수행하는 자가 업무와 관련하여 형법 수뢰, 사전수뢰, · 제삼자뇌물제공·알선수뢰 및 뇌물공여등의 죄를 범하여 금고 이상의 형의 선고를 받고 그 형의 집행이 종료되거나 집행을 받지 아니하기로 확정된 후 5년이 경과되지 아니한 사람이나 형의 집행유예를 선고받고 그 집행유예기간 중에 있는 사람

## 2. 면허의 취소 등

### 제86조 (면허의 취소 등)

1. 위원회는 제84조에 따른 면허를 받은 사람이 다음 각 호의 어느 하나에 해당하면 그 면허를 취소하거나 3년 이내의 기간을 정하여 그 면허를 정지할 수 있다. 다만, 제①호 또는 제②호에 해당하는 경우에는 그 면허를 취소하여야 한다.
   ① 거짓이나 그 밖의 부정한 방법으로 면허를 받은 때
   ② 제85조제1호부터 제3호까지 및 제5호 중 어느 하나에 해당하게 된 때
   ③ 면허증을 교부받은 사람 다른 사람에게 대여하거나 부당하게 행사하여 위반한 때
   ④ 보수교육 위반한 때

2. 제1항에 따른 면허의 취소 또는 정지의 기준은 총리령으로 정한다.

2-1. 면허의 취소 등

법 제86조제2항에 따른 면허의 취소 또는 정지의 기준은 별표 23과 같다.

[별표 23]

**면허의 취소 또는 정지의 기준(제117조 관련)**

| |
|---|
| 1. 면허취소<br>가. 거짓이나 그 밖의 부정한 방법으로 취득한 경우<br>나. 법 제85조제1호부터 제3호까지의 어느 하나에 해당하게 된 경우<br>다. 면허를 2회 이상 다른 사람에게 빌려준 경우<br>라. 면허정지처분기간 종료 후 3년 이내에 정지처분에 해당하는 행위를 한 경우<br>마. 면허정지처분을 받고도 같은 기간 내에 면허증을 사용한 경우 |
| 2. 면허정지 3년<br>면허를 1회 6개월 이상 다른 사람에게 빌려준 경우 |
| 3. 면허정지 2년<br>면허를 1회 3개월 이상 6개월 미만 다른 사람에게 빌려준 경우 |
| 4. 면허정지 1년<br>면허를 1회 3개월 미만 다른 사람에게 빌려준 경우 |
| 5. 3년의 범위 내에서 보수교육을 이수할 때까지 면허정지<br>정당한 사유 없이 법 제106조제2항을 위반하여 보수교육을 받지 않은 경우 |

### 제87조 (면허시험)

1. 제84조에 따른 면허를 받으려는 사람은 위원회가 시행하는 면허시험에 합격하여야 한다.
2. 위원회는 제84조제2항 각 호의 어느 하나에 해당하는 면허를 받은 사람 또는 외국에서 이에 준하는 면허를 받은 사람이 같은 조 제1항에 따른 면허를 받으려는 때에는 대통령령으로 정하는 바에 따라 제1항에 따른 면허시험의 전부 또는 일부를 면제할 수 있다.
3. 제1항에 따른 면허시험에 응시한 사람이 그 시험에 관하여 부정한 행위를 한 경우에는 해당 시험을 무효로 하고, 그 시험의 응시 일부터 3년간 그 면허시험의 응시자격을 정지한다.
4. 제1항에 따른 면허시험의 응시자격 · 시험과목 · 시험방법과 그 밖에 필요한 사항은 대통령령으로 정한다.

### 제88조 (면허증)

1. 위원회는 제87조에 따른 면허시험에 합격한 사람에게 총리령으로 정하는 바에 따라 면허증을 교부하여야 한다.
2. 제1항에 따라 면허증을 교부받은 사람은 이를 다른 사람에게 대여하거나 부당하게 행사하여서는 아니 된다.

2-1. 면허증의 재교부

법 제88조제1항에 따라 면허증을 교부받은 사람 중 그 면허증을 훼손 또는 분실하였거나 기재사항이 변경되어 면허증의 재교부를 받으려는 사람은 다음 각 호의 사항을 적은 재교부신청서를 위원회에 제출하여야 한다.

① 성명 및 주소
② 면허증교부연월일 및 그 번호
③ 재교부를 받으려는 사유

# 제9장 규제 · 감독

## 1. 제한구역의 설정

### 제89조 (제한구역의 설정)

1. 국가가 원자로 및 관계시설, 핵연료주기시설 또는 방사성폐기물관리시설 등을 설치하는 때에는 방사선에 따른 인체 · 물체 및 공공의 재해를 방어하기 위하여 일정 범위의 제한구역을 설정할 수 있다.

2. 제1항에 따른 제한구역에서는 일반인의 출입이나 거주의 제한을 명할 수 있다.

3. 제1항에 따른 제한구역의 설정범위와 제2항에 따른 출입이나 거주의 제한에 필요한 사항은 대통령령으로 정한다.

4. 제2항에 따른 제한으로 인하여 발생한 손실은 정당한 보상을 하여야 한다. 이 경우 그 지급에 필요한 사항은 대통령령으로 정한다.

5. 국가 외의 원자로 및 관계시설, 핵연료주기시설 또는 방사성폐기물관리시설 등을 설치 · 운영하려는 자는 일정 범위의 부지를 대통령령으로 정하는 바에 따라 확보하여 그 범위에서 제1항에 따른 제한구역을 설정하고 그 제한구역에는 일반인의 출입이나 거주를 제한하여야 한다.

5-1. (제한구역의 설정범위 등)

1) 법 제89조제3항에 따른 제한구역의 설정범위는 지형 및 그 밖의 자연조건을 고려하여 위원회가 관계 기관의 장과 협의한 후 설정한다. 다만, 열출력 10 MW 이하인 연구용등 원자로시설에 대해서는 제한구역을 설정하지 아니할 수 있다.

2) 법 제89조제5항에 따른 부지확보는 소유권 취득 또는 지상권 설정의 방법으로 하여야 한다. 다만, 국유 · 공유의 도로, 철도, 도랑, 하천, 해양, 임야 및 공원에 대해서는 원자로 및 관계시설, 핵연료주기시설 또는 방사성폐기물관리시설 등을 설치 · 운영하려는 자가 일반인의 출입 및 통행에 대한 통제를 할 수 있는 경우로서, 위원회가 관련 시설의 안전운영에 지장이 없다고 인정하는 경우에는 부지가 확보된 것으로 본다.

## 2. 위해시설 설치제한

### 제90조 (위해시설 설치제한)

1. 건설허가, 운영허가, 핵연료주기사업의 허가 등, 또는 방사성폐기물관리시설 등의 건설.운영허가에 따른 허가를 받아 원자로 및 관계시설, 핵연료주기시설 또는 방사성폐기물관리시설 등이 건설 또는 운영되고 있는 부지로부터 대통령령으로 정하는 범위에 해당 시설의 운영에 위해가 되는 시설의 설치를 허가·인가 또는 승인하려는 관계 행정기관의 장은 위원회와 미리 협의하여야 한다.

2. 제1항에 따라 관계 행정기관의 장이 위원회와 협의하여야 하는 대상시설은 대통령령으로 정한다.

2-1. 위해시설 설치제한의 범위 및 대상시설

1) 법 제90조제1항에서 "대통령령으로 정하는 범위"란 원자로 및 관계시설, 핵연료주기시설 또는 방사성폐기물관리시설 등의 중심으로부터 반경 8 km까지의 범위를 말한다. 다만, 제2항 제1호의 시설의 경우에는 16 km까지의 범위를 말한다.

2) 법 제90조제2항에 따라 관계 행정기관의 장이 그 시설의 설치를 허가·인가 또는 승인하려는 경우 위원회와 협의하여야 하는 대상시설은 다음 각 호와 같다.

① 공항시설법에 따른 공항

② 군사기지 및 군사시설 보호법에 따른 군사시설 중 포사격장 및 미사일기지

③ 하천법에 따른 하천시설 중 댐 및 하구둑

④ 그 밖에 폭발, 진동, 유독성 물질 배출 등으로 인하여 원자로 및 관계시설, 핵연료주기시설 또는 방사성폐기물관리시설 등의 안전에 중대한 지장을 줄 우려가 있다고 인정되는 시설로서 위원회가 관계 행정기관의 장과 협의하여 고시하는 시설

## 3. 방사선장해방지조치

### 제91조 (방사선장해방지조치)

1. 원자력관계사업자는 방사선장해를 방지하기 위하여 대통령령으로 정하는 바에 따라 다음 각 호의 조치를 하여야 한다.

① 방사선량 및 방사성오염의 측정

② 건강진단
③ 피폭관리
④ 방사성물질의 방출량 및 피폭방사선량을 가능한 한 합리적으로 낮게 유지하기 위하여 필요한 조치

2. 원자력관계사업자는 방사선작업종사자 및 대통령령으로 정하는 수시출입자의 피폭방사선량이 대통령령으로 정하는 선량한도를 초과하지 아니하도록 필요한 조치를 하여야 한다.

3. 원자력관계사업자는 방사선장해를 받은 사람 또는 방사선장해를 받은 것으로 보이는 사람에게 원자력이용시설에의 출입제한과 그 밖의 보건상 필요한 조치를 하여야 한다.

## 3-1. 측정

1) 원자력관계사업자(신고사용자는 제외한다. 이하 이 조, 제132조, 제133조, 제148조 및 제148조의3에서 같다)는 방사선량 및 방사성오염의 측정법에 따라 총리령으로 정하는 방사선장해의 우려가 있는 장소에 대한 방사선량 및 방사성물질등에 의한 오염상황을 측정하여야 한다.

2) 방사선량 및 방사성오염의 측정법에 따라 원자력관계사업자는 총리령으로 정하는 바에 따라 원자력이용시설에 출입하는 사람의 피폭방사선량 및 방사성물질에 의한 오염상황을 측정하여야 한다.

3) 원자력관계사업자는 제1항 및 제2항의 측정 결과에 관하여 기록의 작성, 보존, 그 밖의 총리령으로 정하는 조치를 하여야 한다.

## 3-2. 측정장소 및 측정대상

1) "총리령으로 정하는 방사선장해우려가 있는 장소"란 다음 각 호의 장소를 말한다.

① 방사선량의 경우

가. 사용 · 분배 · 저장 및 폐기시설
나. 고정된 방사선차폐시설 안에 있는 밀봉된 방사성동위원소 또는 방사선발생장치
다. 방사성폐기물의 저장 · 처리 및 처분시설
라. 방사선관리구역
마. 비정상적으로 방사성물질이 누출된 장소

② 방사성물질등에 따른 오염상황의 경우

가. 방사선관리구역에 있어서 공기 중의 방사성물질농도와 오염되거나 오염의 우려가 있는 물체의 표면

나. 방사선관리구역으로부터 반출하는 물품의 표면

다. 배기구 또는 배수구

라. 비정상적으로 방사성물질이 누출된 장소

2) 피폭방사선량 및 방사성물질등에 따른 오염상황의 측정대상은 다음 각 호와 같다.

① 피폭방사선량의 경우

가. 방사선작업종사자

나. 수시출입자

다. 방사선관리시설에 일시적으로 출입하는 자로서 선량한도를 초과하여 피폭될 우려가 있는 자

② 방사성물질에 따른 오염상황의 경우

가. 방사선작업종사자의 손 · 발 · 작업복 · 보호구 그 밖에 오염의 우려가 있는 부위의 표면

나. 수시출입자의 손 · 발 · 작업복 · 보호구 그 밖에 오염의 우려가 있는 부위의 표면

3) 제1항 및 제2항에 따른 측정장소 및 측정대상에 대한 측정방법은 다음 각 호와 같다.

① 방사선량 및 오염상황은 방사선측정에 가장 적합한 장소에서 측정할 것

② 방사선에 따른 인체내부의 피폭은 공기 중 또는 음료수 중의 방사성물질의 농도 및 양을 측정하거나 필요한 정밀검사를 통하여 산출할 것

## 3-3. 건강진단

1) 법 제91조제1항제2호에 따라 원자력관계사업자는 총리령으로 정하는 바에 따라 원자력이용시설의 방사선작업종사자 및 수시출입자에 대하여 건강진단을 실시하여야 한다.

2) 원자력관계사업자는 제1항의 건강진단의 결과에 관하여 기록의 작성 · 보존 그 밖에 총리령으로 정하는 조치를 하여야 한다.

## 3-4. 건강진단

1) 건강진단에서는 다음 각 호의 사항을 검사하여야 한다.

① 직업력 및 노출력

② 방사선 취급과 관련된 병력

③ 임상검사 및 진찰

가. 임상검사: 말초혈액 중의 백혈구 수, 혈소판 수 및 혈색소의 양

나. 진찰: 눈, 피부, 신경계 및 조혈기계 등의 증상

④ 말초혈액도말검사와 세극등현미경검사(제1호부터 제3호까지의 규정에 따른 검사 결과 건강수준의 평가가 곤란하거나 질병이 의심되는 경우에만 해당한다)

2) 영 제132조제1항에 따른 건강진단의 실시시기는 다음 각 호와 같다.
   ① 방사선작업종사자 및 수시출입자가 최초로 해당 업무에 종사하기 전
   ② 해당 업무에 종사 중인 방사선작업종사자 및 수시출입자에 대하여는 매년. 다만, 전년도 건강진단을 실시한 때부터 12개월간의 피폭방사선량이 영 별표 1 제3호에 따른 선량한도를 초과하지 아니하는 경우에는 그 해의 제1항제1호 및 제2호에 대한 검사를 생략할 수 있다.
   ③ 방사선작업종사자 및 수시출입자의 피폭방사선량이 선량한도를 초과한 때

3) 제2항에도 불구하고 방사선 유해인자에 대한 배치전건강진단을 받은 경우에는 건강진단을 받은 것으로 보고, 방사선 유해인자에 대한 특수건강진단을 받은 경우에는 건강진단을 받은 것으로 본다.

## 4. 피폭관리

1) 원자력관계사업자는 법 제91조제1항제3호 및 같은 조 제2항에 따라 방사선작업종사자 및 수시출입자의 개인피폭선량이 선량한도를 초과하지 아니하도록 총리령으로 정하는 바에 따라 피폭선량 평가 및 피폭관리를 하여야 한다.
2) 법 제91조제2항에서 “대통령령으로 정하는 수시출입자”란 수시출입자를, “대통령령으로 정하는 선량한도”란 선량한도를 각각 말한다.

## 4-1. 피폭방사선량 평가 및 관리

원자력관계사업자는 방사선작업종사자 및 수시출입자에 대하여 다음 각 호에 따라 피폭방사선량을 평가하고 관리하여야 한다.

① 방사선작업종사자가 방사선관리구역에 출입하는 때에는 위원회가 정하여 고시하는 개인선량계를 착용하도록 할 것
② 수시출입자가 방사선관리구역에 출입하는 때에는 위원회가 정하여 고시하는 개인선량계를 착용하도록 할 것
③ 제1호 및 제2호에 따른 개인선량계 중 판독이 필요한 개인선량계는 위원회가 정하여 고시하는 기간마다 교체하여 판독하도록 할 것
④ 제3호에 따른 개인선량계의 판독은 판독업무자가 수행하도록 할 것
⑤ 방사선작업종사자 또는 수시출입자 중 판독특이자가 발생한 때에는 위원회가 정하여 고시하는 바에 따라 필요한 조치를 할 것

## 5. 개인선량계의 구분

1) “위원회가 정하여 고시하는 개인선량계”란 다음 각 호의 어느 하나를 말한다. 다만, 측정기와 판독부가 일체형으로 구성되어 있어 측정결과를 즉시 확인할 수 있는 능동형 선량계는 제외한다.
   ① 감광 또는 흑화작용 등 화학작용을 이용한 선량계
   ② 형광 또는 섬광 등 여기작용을 이용한 선량계
   ③ 분자구조결함 등 결함유발을 이용한 선량계

2) “위원회가 정하여 고시하는 개인선량계”란 제1항 각 호에 따른 선량계 또는 다음 각 호의 어느 하나를 말한다.
   ① 기체, 액체 및 고체전리 등 전리 작용을 이용한 선량계
   ② 섬광 원리를 이용한 선량계
   ③ 기타 개인이 휴대할 수 있는 누적선량계

3) 제1항에도 불구하고 방사선투과검사 방사선작업종사자는 방사선경보기 및 직독식개인선량계(방사선경보기로 알람도시메터를 갖추지 아니한 경우만 해당한다)를 제1항에 따른 선량계와 함께 착용하여야 한다.

## 5-1. 선량계의 교체 및 선량판독

1) 원자력관계사업자(이하 “사업자”라 한다)는 방사선작업종사자가 착용한 선량계를 다음 각 호의 기간에 선량판독하여야 한다.
   ① 감광 또는 흑화작용 등 화학작용을 이용한 선량계 : 1개월을 초과하지 않는 기간
   ② 형광 또는 섬광 등 여기작용을 이용한 선량계 : 3개월을 초과하지 않는 기간
   ③ 분자구조 ㅌ결함 등 결함유발을 이용한 선량계 : 3개월을 초과하지 않는 기간

2) 제3조에 따라 수시출입자가 착용한 선량계의 선량판독은 제1항의 기간을 초과하지 않는 기간 내에서 출입 종료시에 수행한다.

## 5-2. 선량계 착용 등

1) 선량계는 종사자등의 가슴 부위에 착용하는 것을 원칙으로 한다. 이 경우 종사자등의 신체조건 및 작업 조건을 고려하여 종사자등의 피폭방사선량을 대표할 수 있어야 한다.

2) 사업자는 선량판독의 신뢰성을 확보하기 위하여 선량계의 착용 및 관리에 대한 절차를 마련하여야 한다.

6. "판독특이자" 란 다음 각 호의 어느 하나에 해당하는 사람을 말한다.

① 선량한도를 초과하여 방사선에 피폭된 사람
② 선량계의 훼손·분실 등으로 인하여 선량판독이 불가능하게 된 사람
③ 위원회가 정하는 선량계 교체주기를 2개월 이상 지난 후 선량계를 제출한 사람

## 6-1. 판독특이자에 대한 조치

1) 판독특이자에 대한 판독업무자 또는 사업자의 조치는 다음의 각 호와 같다.

① 판독업무자는 판독특이자가 발생한 경우, 판독특이자의 인적사항 및 선량판독 결과 등을 즉시 한국원자력안전기술원장(이하 "안전기술원장"이라 한다)에게 보고하여야 하며, 선량판독을 위탁받은 판독업무자의 경우 동시에 해당 사업자에게 그 사실을 통보하여야 한다.
② 판독특이자가 발생한 해당 사업자는 발생 사실을 인지한 날부터 20일 이내에 보고서를 작성하여 안전기술원장에게 보고하여야 한다.

2) 사업자는 판독특이자의 피폭방사선량이 확정될 때까지 선량한도가 초과하지 않도록 판독특이자에 대한 피폭을 최소화하기 위한 조치를 취하여야 한다.

3) 확정된 판독특이자의 해당 사업자는 다음 각 호의 내용을 안전기술원장에게 피폭방사선량 확정 후 1년간 반기별로 보고하여야 한다. 다만, 안전기술원장은 판독특이자의 안전을 위하여 지속적으로 관리할 필요가 있다고 판단하는 경우에는 그 기간을 연장할 수 있다.

① 건강검진 결과 등 방사선 장해 관련 사항
② 비방사선작업으로의 전환 등 조치내용 및 관리 현황

## 6-2. 판독특이자의 조사·평가

1) 안전기술원장은 보고서 내용을 기초로 하여 사업자 추정선량을 평가하여야 한다.

2) 안전기술원장은 제1항의 사업자 추정선량을 평가하기 위하여 필요하다고 판단될 때에는 해당 사업자 또는 판독업무자에게 추가 정보나 자료의 제출을 요구할 수 있으며 현장조사를 실시할 수 있다.

* "사업자 추정선량"이란 해당 사업자가 판독특이자에 대한 조사·평가 결과 실제 피폭이 아닌 것으로 판단되거나 선량판독이 불가능한 경우에는 해당 판독특이자에 대한 자료 및 방사선작업 조건 검토, 동일 작업의 평가 등에 근거하여 합리적으로 추정한 피폭방사선량을 말한다.

## 7. 피폭방사선량의 확정·관리

1) 안전기술원장은 사업자 추정선량 평가 결과를 심의·확정하기 위하여 피폭방사선량평가위원회(이하 "선량평가위원회"라 한다)를 구성하여 운영하여야 한다.

2) 안전기술원장은 제1항의 선량평가위원회에서 심의·확정한 종사자등의 피폭방사선량을 선량평가위원회에서 확정한 날부터 10일 이내에 원자력안전위원회에 보고하고 해당 사업자 및 한국원자력안전재단(이하 "안전재단"이라 한다) 이사장에게 통보하여야 한다.

## 7-1. 피폭기록 관리

안전재단 이사장은 종사자등의 피폭기록에 대한 관리체계를 구축·운영하여야 하며 다음 각 호의 업무를 수행한다.

① 종사자등의 등록·해지에 관한 기록의 관리

② 종사자등의 피폭기록 관리 및 피폭이력 제공

③ 종사자등의 업종별·연도별 피폭방사선량 현황 등 피폭기록 관련 통계의 생산·관리

## 7-2. 피폭방사선량 분석 등

1) 안전재단 이사장은 종사자등의 피폭방사선량 분석을 위해 다음 각 호의 업무를 수행한다.

① 피폭방사선량 기록 분석

② 판독특이자 조사·평가결과 분석

③ 방사선 피폭 사건정보 분석

④ 피폭방사선량 저감을 위한 분석 및 연구

⑤ 선량분포 통계에 영향을 미치는 원인 및 관련 정보 수집 분석

2) 안전기술원장은 제1항의 업무 수행을 위해 다음 각 호의 자료를 안전재단 이사장에게 제공하여야 한다. 단 제1호 및 제2호의 자료는 선량평가위원회 또는 사건등급평가위원회 개최 후 1개월 이내에 제공하여야 한다.

① 판독특이자 조사·평가결과

② 방사선 피폭 사건정보

③ 기타 피폭방사선량 분석을 위해 필요한 자료

3) 제1항의 업무 수행을 위해 판독업무자는 안전재단 이사장에게 다음 각 호의 자료를 매 분기 경과 후 3개월 이내에 제출하여야 한다.

① 종사자등이 착용한 선량계의 판독결과

② 선량평가 알고리즘 변경사항

③ 종사자등의 착용 선량계의 반응값 및 백그라운드선량계 판독정보

④ 판독시스템 교정 기록 등 판독시스템 및 선량계 기초자료

4) 안전재단 이사장은 제1항의 내용이 포함된 연간보고서를 해당년도 사업종료 후 3개월 이내에 원자력안전위원회에 제출한다.

7-3. 피폭저감화 조치

원자력관계사업자는 법 제91조제1항제4호에 따라 원자력이용시설의 정상운전 및 비정상상태(사고의 경우는 제외한다)에서 원자력이용시설에 종사하는 방사선작업종사자 및 수시출입자와 시설 주변 주민의 방사선피폭을 최소화하기 위하여 위원회가 정하는 바에 따라 다음 각 호의 조치를 하여야 한다.

① 방사선 작업 특성에 부합하는 방호조치
② 방사선차폐 및 시설의 적절한 배치
③ 선량 저감에 효과적인 재료 및 기기의 사용
④ 적절한 작업공간의 확보

8. 방사선장해를 받은 사람 등에 대한 조치

법 제91조제3항에 따라 원자력관계사업자가 하여야 할 조치는 다음 각 호와 같다.

① 방사선작업종사자 또는 수시출입자가 방사선장해를 받았거나 받은 것으로 보이는 경우에는 지체 없이 의사의 진단 등 필요한 보건상의 조치를 하고, 그 방사선장해의 정도에 따라 방사선관리구역 출입시간의 단축, 출입금지 또는 방사선피폭 우려가 적은 업무로의 전환 등 필요한 조치를 하여야 한다.
② 방사선관리구역에 일시적으로 출입하는 사람이 방사선장해를 받았거나 받은 것으로 보이는 경우에는 지체 없이 의사의 진단 등 필요한 보건상의 조치를 하여야 한다.

## 4. 장해방어조치 및 보고

### 제92조 (장해방어조치 및 보고)

1. 원자력관계사업자는 다음 각 호의 어느 하나에 해당하면 대통령령으로 정하는 바에 따라 안전조치를 하고 그 사실을 지체 없이 위원회에 보고하여야 한다.
   ① 지진·화재와 그 밖의 재해에 따라 원자력이용시설이나 방사성물질 등에 위험이 발생하거나 발생할 염려가 있을 때
   ② 원자력이용시설의 고장 등이 발생한 때
   ③ 방사선장해가 발생한 때

2. 위원회는 제1항에 따라 보고를 받은 때에는 해당 원자력관계사업자에게 원자력이용시설의 사용정지, 방사성물질 등의 이전·오염의 제거와 그 밖의 방사선장해를 방지하기 위하여 필요한 조치를 명할 수 있다.

3. 제1항에 따라 원자력관계사업자가 위원회에 보고하여야 할 사항 및 절차 등에 관한 사항은 위원회가 정하여 고시한다.

2-1. 장해방어조치 및 보고

1) 법 제92조제1항에 따라 원자력관계사업자가 하여야 할 안전조치는 다음 각 호와 같다.

① 지진 · 화재 · 홍수 · 태풍 및 유해가스 누출 등의 재해로 인하여 원자력이용시설의 안전성이 위협을 받고 있거나 방사선작업종사자가 안전운영과 관련된 직무를 수행하는 데에 위협을 받을 경우에는 그 원인을 제거하고 피해 확대 방지를 위한 조치를 하여야 한다.

② 원자력이용시설 등의 고장 등이 발생하여 원자력이용시설의 안전성이 위협을 받을 경우에는 고장 등의 원인을 제거하여 정상상태로 복구하여야 한다. 다만, 정상복구가 불가능할 경우에는 고장 등의 확대 방지를 위한 조치를 하여야 한다.

③ 방사성물질이 비정상적으로 누설되어 시설경계(제한구역경계가 설정되어 있는 경우에는 제한구역경계를 말한다)에서 공기 중 및 수중 농도가 위원회가 정하는 배출관리기준에 따른 제한값을 초과하거나 방사선작업종사자 또는 수시출입자가 선량한도를 초과하여 피폭된 경우에는 다음 각 목의 조치를 하여야 한다.

가. 원자력이용시설 및 제한구역 내부에 있는 사람 또는 부근에 있는 사람에 대한 피난경고

나. 방사선장해를 받은 사람 또는 받을 우려가 있는 사람에 대한 구출 · 피난 등의 긴급조치

다. 방사성물질등에 의하여 오염이 발생한 경우 오염 확대의 방지 및 오염 제거

라. 방사성물질등을 다른 장소에 옮길 여유가 있을 경우에는 안전한 장소로의 이전과 그 장소 주위에 위원회규칙으로 정하는 표지 설치 및 관계자 외의 출입 또는 접근의 금지

마. 방사선긴급작업을 하는 경우에는 적절한 보호용구의 사용 및 방사선피폭시간 단축 등으로 긴급작업에 종사하는 사람에 대한 위원회가 정하는 기준 이상의 방사선피폭의 방지

2) 원자력관계사업자가 제1항의 안전조치를 한 때에는 위원회가 정하는 바에 따라 다음 각 호의 사항을 위원회에 보고하여야 한다.

① 법 제92조제1항의 상황이 발생한 일시 및 장소와 그 원인

② 발생하였거나 발생할 우려가 있는 방사선장해의 상황

③ 안전조치의 내용 및 계획

3) 위원회는 제1항제3호나목에 따른 긴급조치를 하는 방사선응급의료구호 관련자에게 위원회가 정하여 고시하는 바에 따라 방사선응급구호에 대한 전문교육을 실시할 수 있다.

## 5. 방사성물질등 또는 방사선발생장치의 소지 및 양도 · 양수 제한

### 제94조 (방사성물질 등 또는 방사선발생장치의 소지 및 양도 · 양수 제한)

다음 각 호의 어느 하나에 해당하는 경우 외에는 방사성물질 등 또는 방사선발생장치를 소지하거나 양도 · 양수할 수 없다. 다만, 국제약속에 따라 국가가 핵물질을 양도 · 양수하거나 국가로부터 양수하는 경우에는 그러하지 아니하다.

① 원자력관계사업자가 이 법에 따라 허가 또는 지정을 받거나 신고를 한 범위에서 방사성물질등 또는 방사선발생장치를 양수 · 소지하거나 다른 원자력관계사업자에게 양도하는 경우

② 건설허가의 취소, 운영허가의 취소, 허가등의 취소, 사용 또는 소지허가의 취소등, 생산 · 판매 · 사용 또는 이동사용 허가 등의 취소 등 및 방사성폐기물관리시설등의 건설 · 운영허가의 취소 등에 따라 허가 또는 지정이 취소된 원자력관계사업자가 그 허가 또는 지정이 취소되었거나 사용이 금지된 때에 소지하고 있던 방사성물질등 또는 방사선발생장치를 총리령으로 정하는 바에 따라 소지하거나 다른 원자력관계사업자에게 양도하는 경우

③ 해당 사업 또는 업무를 폐지한 원자력관계사업자가 그 사업 또는 업무를 폐지한 때에 소지하고 있던 방사성물질등 또는 방사선발생장치를 총리령으로 정하는 바에 따라 소지하거나 다른 원자력관계사업자에게 양도하는 경우

④ 원자력관계사업자로부터 방사성물질등 또는 방사선발생장치의 운반을 위탁받은 자가 그 위탁받은 방사성물질등 또는 방사선발생장치를 소지하는 경우

⑤ 원자력관계사업자의 종업원이 그 직무상 방사성물질등 또는 방사선발생장치를 소지하는 경우

⑥ 원자력관계사업자가 사망하여 그 상속인이 방사성물질등 또는 방사선발생장치를 소지하는 경우. 다만, 해당 상속인이 피성년후견인 또는 파산선고를 받고 복권되지 아니한 사람, 법을 위반하여 금고 이상의 형의 선고를 받고 그 형의 집행이 종료되거나 집행을 받지 아니하기로 확정된 후 2년이 경과되지 아니한 자나 형의 집행유예를 선고받고 그 집행유예기간 중에 있는 자, 허가가 취소된 후 2년이 경과되지 아니한 자 중 어느 하나에 해당하는 경우는 제외한다.

1. 방사성물질 등 또는 방사선발생장치의 양도 · 양수의 기간 등

1) 법 제94조제2호 및 제3호에 따른 방사성물질 등 또는 방사선발생장치의 양도 및 양수는 각각 양도 및 양수의 사유가 되는 사실이 발생한 날부터 30일 이내에 하여야 한다.

2) 법 제94조제1호부터 제3호까지에 따라 방사성물질 등 또는 방사선발생장치를 양도 · 양수한 때에는 지체 없이 양도 · 양수신고서를 위원회에 제출하여야 한다.

3) 제2항의 신고서에는 다음 각 호의 서류를 첨부하여야 한다.

① 설계승인서 등 관련 증빙서류 사본
② 방사성동위원소의 누설점검기록 사본

1-1. 방사성물질 등 또는 방사선발생장치의 소지

법 제94조제2호 및 제3호에 따른 방사성물질 등 또는 방사선발생장치의 소지는 각각 그 사유가 발생한 날부터 30일 이내인 경우로 한정된다.

## 6. 허가 등의 취소 또는 사업폐지 등에 따른 조치

### 제95조 (허가 등의 취소 또는 사업폐지 등에 따른 조치)

1. 이 법에 따라 허가 또는 지정이 취소(사용금지를 포함한다)되거나 사업 또는 사용을 폐지한 원자력관계사업자는 대통령령으로 정하는 바에 따라 방사성물질등 또는 방사선발생장치의 양도 · 보관 · 배출 · 저장 · 처리 · 처분 · 오염제거 · 기록인도와 그 밖의 방사선장해방어를 위하여 필요한 조치를 하고, 그 조치한 날부터 30일 이내에 이를 위원회에 신고하여야 한다.

2. 위원회는 원자력관계사업자가 제1항에 따른 조치를 하지 아니하거나 그러한 조치에도 불구하고 방사성물질등 또는 방사선발생장치로부터 지역 주민 또는 주변 환경을 보호하기 위하여 필요하다고 인정하는 경우에는 방사성물질등 또는 방사선발생장치의 수거 및 오염된 시설의 해체 등 필요한 조치를 할 수 있다.

3. 위원회는 제2항에 따른 조치에 소요되는 비용을 해당 원자력관계사업자에게 부담하게 할 수 있다.

3-1. 허가 등의 취소 또는 사업폐지 등에 따른 조치

1) 법 제95조제1항에 따른 허가 취소 등의 경우에 원자력관계사업자가 하여야 할 조치는 다음 각 호와 같다.

① 원자력관계사업자가 소유하고 있는 방사성물질 또는 방사선발생장치를 다른 원자력관계사업자에게 양도하여야 한다.
② 방사성물질에 의한 오염은 제거하여야 한다.
③ 방사성물질에 의하여 오염된 물질은 방사성폐기물관리시설등건설 · 운영자에게 양도하여야 한다.
④ 총리령으로 정하는 기록은 안전재단에 인도하여야 한다.

2) 법 제95조제1항에 따른 허가 또는 지정이 취소되거나 사업 또는 사용을 폐지(사망 또는 해산으로 인한 폐지를 포함한다)한 원자력관계사업자는 총리령으로 정하는 바에 따라 그 신고서를 위원회에 제출하여야 한다.

### 3-1-1. 허가등의 취소 또는 사업의 폐지 등에 따른 조치

"총리령으로 정하는 기록"이란 다음 각 호의 기록을 말한다.

① 방사성물질등에 따른 오염상황의 측정기록

② 방사선작업종사자 및 수시출입자의 건강진단 기록

### 3-2. 허가취소 등에 따른 신고

1) 신고서에는 다음 각 호의 서류를 첨부하여야 한다.

① 방사선발생장치 또는 방사성물질 등에 관한 조치사항에 관한 서류

② 방사선작업종사자 및 수시출입자의 건강진단기록 등의 인도에 관한 서류

③ 허가증 또는 신고확인증(분실한 경우에는 그 사유서)

## 제96조 (원자력이용시설의 취급제한)

누구든지 18세 미만인 사람으로 하여금 원자력이용시설이나 방사성물질등을 취급하게 하여서는 아니 된다. 다만, 교육훈련 등의 목적으로 위원회가 인정하면 그러하지 아니하다.

## 제97조 (도난 등의 신고)

원자력관계사업자는 그가 소지하는 방사선발생장치 또는 방사성물질등에 관하여 도난·분실·화재, 그 밖의 사고가 발생된 경우 지체 없이 그 사실을 위원회에 신고하여야 한다.

## 제98조 (보고·검사 등)

1. 위원회는 이 법의 시행을 위하여 필요하다고 인정하면 원자력관계사업자·판독업무자와 원자로 및 관계시설의 건설 또는 운영에 참여하는 사업자와 국제규제물자를 취급하거나 관련 연구를 수행하는 자로서 대통령령으로 정하는 자에게 그 업무에 관한 보고 또는 서류의 제출 및 제출된 서류의 보완을 명할 수 있다.

* "대통령령으로 정하는 자"란 다음 각 호의 자를 말한다.

① 법 제2조제17호에 따른 국제규제물자 중 위원회가 정하는 물자를 취급하는 자
② 위원회가 정하는 핵연료주기 관련 공정이나 계통개발에 관련된 연구개발활동을 수행하는 자

2. 위원회는 제1항에 따라 보고받은 내용 및 제출된 서류의 현장 확인을 위하여 필요한 경우, 원자력이용시설의 안전을 위하여 특히 필요하다고 인정하는 경우 또는 이 법에 따른 각종 검사를 수행하기 위하여 필요하면 소속 공무원으로 하여금 그 사업소 · 공장 · 선박 · 연구시설 또는 부지 등에 출입하여 장부 · 서류 · 시설과 그 밖의 필요한 물건을 검사하게 하거나 관계인에게 질문하게 할 수 있으며, 시험을 위하여 필요한 최소량의 시료를 수거하게 할 수 있다.

3. 위원회는 제2항에 따라 검사 등을 실시한 결과 이 법과 국제약속을 위반한 사항이 있으면 그 시정 또는 보완을 명할 수 있다.

4. 국제약속에 따라 국제원자력기구가 지정하는 자 또는 국제규제물자공급 당사국 정부가 지정하는 자는 위원회가 지정하는 소속 공무원의 감독하에 국제약속으로 정한 범위에서 국제규제물자를 취급하거나 관련 연구를 수행하는 자의 사업소 · 공장 · 선박 · 연구시설 및 부지 등에 출입하여 장부 · 서류 · 시설과 그 밖의 필요한 물건을 검사하고, 관계인에게 질문하거나 시험을 위하여 필요한 최소량의 시료를 수거할 수 있다.

5. 국제원자력기구가 지정하는 자는 위원회가 지정하는 소속 공무원의 감독하에 국제약속으로 정한 범위에서 국제규제물자의 이동을 감시하기 위한 설비를 설치하거나 봉인을 할 수 있다.

6. 위원회는 대통령령으로 정하는 바에 따라 국제규제물자의 이동을 확인하거나 정보를 관리하기 위하여 필요한 조치를 할 수 있다.

7. 제2항 및 제4항부터 제6항까지의 규정에 따라 검사하거나 국제규제물자의 이동을 감시 · 확인하기 위하여 직무를 수행하는 자는 그 권한을 나타내는 증표를 관계인에게 내보여야 한다.

1-1. 보고

법 제98조제1항에 따라 원자력관계사업자 · 판독업무자와 원자로 및 관계시설의 건설 또는 운영에 참여하는 사업자가 위원회에 보고하여야 할 방사선안전관련 정기보고 사항과 보고기한은 별표 24와 같다.

[별표 24]

## 원자력관계사업자 등이 보고하여야 할 사항과 보고기한(제127조 관련)

| 보고사항 | 보고기한 |
|---|---|
| 1. 발전용원자로설치자 · 발전용원자로운영자 및 연구용원자로등설치자 | |
| 방사선작업종사자의 방사선피폭 기록관리에 관한 사항을 제외한 방사선 관리에 관한 사항 | 매분기 경과 후 1개월 이내 |
| 2. 정련사업자 및 가공사업자 | |
| 방사성물질농도의 3개월간에 대한 평균치 | 매분기 경과 후 1개월 이내 |
| 3. 사용후핵연료처리사업자 | |
| 가. 방사성물질농도의 3개월간에 대한 평균치 및 최고치 | 매분기 경과 후 1개월 이내 |
| 나. 방출한 방사성물질량의 3개월간에 대한 평균치 및 최고치와 합계치 | 매분기 경과 후 1개월 이내 |
| 4. 핵연료물질사용자 | |
| 가. 핵연료물질의 재고량에 관한 보고서<br>나. 핵연료물질에 의하여 오염된 물질의 처리 · 저장 · 배출 및 처분 현황 | 해당 연도 경과 후 1개월 이내<br>매분기 경과 후 1개월 이내 |
| 5. 허가사용자 및 폐기시설 등 건설 · 운영자 | |
| 방사성물질등 또는 방사선발생장치의 생산 · 취득(설계승인서 등 관련 증명서류 포함) · 사용 · 판매 · 보유 · 보관 · 처리 · 저장 · 배출 및 처분 현황 | 매분기 경과 후 1개월 이내 |
| 6. 원자력관계사업자(신고사용자는 제외한다) | |
| 가. 개인선량계에 의한 방사선작업종사자의 피폭방사선량 | 매 분기 경과 후 1개월 이내 |
| 나. 직독식 개인선량계에 의한 방사선작업종사자의 피폭방사선량(방사선투과검사만 해당한다) | 매 작업 종료 시 마다 |
| 다. 방사선작업종사자의 건강진단 결과 | 건강진단 결과를 받은 해당 분기 경과 후 1개월 이내 |
| 라. 선량계의 훼손 · 분실 등으로 인하여 선량판독이 불가능하게 된 판독특이자 현황 | 발생 즉시 |
| 마. 방사선안전관리자 외의 방사선작업종사자의 직장교육 결과 | 직장교육을 실시한 해당 분기 경과 후 1개월 이내 |
| 7. 원자력관계사업자(신고사용자는 제외한다) 또는 그로부터 방사성물질등을 위탁받아 운반하는 자 | |
| 가. 국내에서 운반되는 운반물 현황 | 해당 연도 경과 후 1개월 이내 |
| 나. 국외에서 국내로 반입되는 운반물 현황 | 해당 연도 경과 후 1개월 이내 |
| 다. 국내에서 국외로 반출되는 운반물 현황 | 해당 연도 경과 후 1개월 이내 |
| 8. 업무대행자 | |
| 가. 방사능 오염제거 실적 | 매반기 경과 후 1개월 이내 |
| 나. 방사성동위원소등 및 방사성폐기물의 수거 · 처리 및 운반 실적 | 매반기 경과 후 1개월 이내 |

| | |
|---|---|
| 다. 사용시설 등의 설치 감리실적 | 매반기 경과 후 1개월 이내 |
| 라. 방사선안전관리실적 | 매반기 경과 후 1개월 이내 |
| 마. 방사선원 누설점검 실적 | 매반기 경과 후 1개월 이내 |
| 9. 판독업무자 | |
| 영 제2조제15호에 따른 판독특이자 현황 | 발생 즉시 |

1-2. 보고의 대행

1) 원자력관계사업자는 별표 24 제6호에 따른 방사선작업종사자의 개인별피폭방사선량 등의 보고는 위원회에 등록한 판독업무자로 하여금 대행하게 할 수 있다.

2) 원자력관계사업자는 제1항에 따라 피폭방사선량의 보고를 대행하게 하는 경우에는 그 보고대행 사실을 증명하는 서류를 한국원자력안전재단에 제출하여야 한다.

# 제10장 보칙

## 1. 종업원에 대한 보호

### 제102조 (종업원에 대한 보호)

원자력관계사업자 또는 판독업무자는 그가 사용하는 종업원이 다음 각 호의 어느 하나에 해당하는 행위를 한 것을 이유로 해고하거나 불이익을 주어서는 아니 된다.

① 운영허가 또는 연구용원자로 등의 운영허가에 따른 운영기술지침서, 핵연료주기사업의 허가등, 핵연료물질의 사용등 허가, 방사성동위원소등 또는 방사성폐기물관리시설등의 건설·운영허가에 따른 안전관리규정 및 판독업무자의 등록에 따른 판독에 관한 품질보증계획서를 준수하기 위한 행위

② 원자력관계사업자 또는 판독업무자가 제1호에 따른 운영기술지침서 · 안전관리규정 및 판독에 관한 품질보증계획서를 위반하였거나 위반할 우려가 있는 경우에 이를 위원회 또는 위원회의 권한을 위임받거나 위탁받은 기관의 장에게 알려주는 행위

③ 검사에 따른 검사 또는 조사에 응하기 위하여 증언을 하거나 증거를 제출하는 행위

④ 방사선안전관리자의 업무행위 또는 방사선안전관리자가 방사선안전관리에 관하여 조치 · 권고하거나 안전관리에 필요한 조치나 협력을 요청하는 행위

### 제103조 (주민의 의견수렴)

1. 다음 각 호의 어느 하나에 해당하는 자(이하 이 조에서 "신청자"라 한다)는 제10조제2항 · 제5항, 제20조제2항 또는 제63조제2항에 따른 방사선환경영향평가서를 작성할 때 방사선환경영향평가서 초안을 공람하게 하거나 공청회 등을 개최하여 위원회가 정하는 범위의 주민의 의견을 수렴하고 이를 방사선환경영향평가서의 내용에 포함시켜야 한다. 이 경우 주민의견수렴 대상지역을 관할하는 지방자치단체의 장 또는 대통령령으로 정하는 범위의 주민의 요구가 있으면 공청회 등을 개최하여야 한다.

   ① 허가 또는 승인을 받으려는 자

   ② 발전용원자로 및 관계시설의 설계수명기간이 만료된 후에 그 시설을 계속하여 운전하기 위하여 변경허가를 받으려는 자

   ③ 방사성폐기물 처분시설 또는 사용후핵연료 저장시설의 건설 · 운영 허가를 받으려는 자

2. 승인을 받으려는 자가 해체계획서를 작성할 때 해체계획서 초안을 공람하게 하거나 공청회 등을 개최하여 위원회가 정하는 범위의 주민의 의견을 수렴하고 이를 해체계획서의 내용

에 포함시켜야 한다. 이 경우 주민의견수렴 대상지역을 관할하는 지방자치단체의 장 또는 대통령령으로 정하는 범위의 주민의 요구가 있으면 공청회 등을 개최하여야 한다.

3. 신청자 또는 승인을 받으려는 자는 주민의 의견을 수렴하려면 총리령으로 정하는 바에 따라 미리 방사선환경영향평가서 초안 또는 해체계획서 초안을 작성하여야 한다.

4. 제1항, 제2항 및 제3항에 따른 주민의견수렴의 방법 · 절차와 그 밖에 필요한 사항은 대통령령으로 정한다.

5. 신청자 또는 승인을 받으려는 자는 대통령령으로 정하는 바에 따라 제1항 및 제2항에 따른 주민의 의견수렴에 드는 비용을 부담하여야 한다.

1-1. 방사선환경영향평가서초안의 작성 등

1) 법 제103조제3항에 따른 방사선환경영향평가서 초안(이하 "평가서초안"이라 한다)에는 다음 각 호의 사항을 적어야 한다.

① 사업의 개요

② 방사선환경영향을 평가하기 위한 시설 및 그 부지 주변지역의 환경현황

③ 시설의 건설 및 운영으로 인하여 주변환경에 미치는 방사선영향의 예측

④ 시설의 건설 및 운영 중 시행할 방사선환경감시계획

⑤ 운전 중 사고로 인하여 환경에 미치는 방사선영향

2) 제1항에 따른 사항 외의 평가서초안의 기재사항과 그 작성방법 등에 관하여 필요한 사항은 위원회가 정하여 고시한다.

## 2. 환경보전

### 제104조 (환경보전)

1. 다음 각 호의 어느 하나에 해당하는 시설의 설치자 및 운영자는 총리령으로 정하는 바에 따라 방사선환경조사 및 방사선환경영향평가를 실시하여 이를 위원회에 보고하고, 보고일로부터 30일 이내에 공개하여야 한다.

① 발전용원자로

② 열 출력 100 kw 이상의 연구용원자로

③ 핵연료주기시설

④ 사용후핵연료 중간저장시설

⑤ 방사성폐기물 처분시설

2. 위원회는 제1항에 따른 방사선환경조사 및 방사선환경영향평가의 결과를 확인하기 위하여 연 1회 이상 방사선환경조사를 실시할 수 있다.
3. 위원회는 제1항에 따른 보고결과 또는 제2항에 따른 방사선환경조사의 실시결과 그 주변 환경에 나쁜 영향을 미칠 우려가 있다고 인정하면 제1항에 따른 시설의 설치자 및 운영자에게 환경보전에 필요한 조치를 명할 수 있다.
4. 위원회는 제2항에 따른 방사선환경조사의 실시결과를 국회 소관 상임위원회에 제출하여야 한다.

1-1. 보고

원자력안전법 제104조제1항에 따른 사업자의 환경조사 및 환경영향평가 결과 보고는 다음 각 호에 따른다.

① 환경조사 결과에서 다음 각 목에 해당하는 사항을 발견한 경우에는 발견 후 1주일 이내에 별지 서식에 따라 보고하여야 한다.

가. 고정지점에서 연속측정 중인 공간감마선량률의 1시간 평균치가 최근 3년 이상 자료(그 이하의 경우에는 확보된 자료만)의 평균치보다 10 $\mu$R/h를 초과한 경우

나. 조사계획에 의한 시료채취지점에서의 방사능분석결과가 최근 3년 이상 자료(그 이하의 경우에는 확보된 자료만)의 평균치의 5배를 초과한 경우

다. 최근 3년 동안 최소검출가능농도 미만으로 계측된 환경 시료에서 인공방사성 핵종이 검출된 경우

② 전반기에 수행한 환경조사 결과는 해당연도 9월 30일까지 보고서로 작성하여 제출한다.

③ 매년의 환경조사 및 환경영향평가를 수행한 종합적 결과는 다음 해 3월 31일까지 보고서로 작성하여 제출하고, 그 보고서를 사업자의 인터넷 홈페이지에 게재할 수 있다.

## 3. 전국 환경방사능 감시

### 제105조 (전국 환경방사능 감시)

1. 위원회는 국내외 방사능 비상사태를 조기에 탐지하여 방사선으로부터 국민의 건강을 보호하고 환경을 보전하기 위하여 대통령령으로 정하는 바에 따라 국토 전역에 대하여 환경상의 방사선 및 방사능을 감시하고 그 결과를 평가하여야 하며, 그 평가 결과 특이사항이 있는 경우 방사선환경영향평가를 실시할 수 있다.

2. 위원회는 제1항에 따른 업무를 체계적으로 수행하기 위하여 중앙방사능측정소 및 지방방사능측정소를 설치·운영할 수 있다.

3. 제2항에 따른 측정소의 설치·운영에 필요한 사항은 총리령으로 정한다.

1-1. 전국 환경방사능 감시

위원회는 법 제105조제1항에 따라 국토 전역에 대한 환경상의 방사선 및 방사능을 감시·평가하기 위하여 다음 각 호의 업무를 수행한다.

① 전국토 환경방사능의 조사·평가
② 해양 환경방사능의 조사·평가
③ 전국토 환경방사선 자동감시망의 운영

1-2. 방사선환경조사 및 평가

1) 법 제104조제1항에 따른 방사선환경조사 및 방사선환경영향평가는 다음 각 호의 기준에 따라 수행하여야 한다.
① 방사선환경조사는 사전에 방사선환경조사계획을 수립하여 수행할 것
② 방사선환경조사에 관한 품질관리계획을 수립하여 주기적으로 방사선환경조사수행결과에 대한 검증을 수행할 것
③ 시설의 운영으로 인한 영향을 평가할 수 있도록 충분한 공간적, 시간적 범위를 정하여 방사선환경을 조사할 것
④ 방사선환경조사결과를 바탕으로 시설의 운영에 따른 방사선환경영향을 평가할 것

2) 제1항에 따른 방사선환경조사 및 방사선환경영향평가 수행에 필요한 세부사항은 위원회가 정하여 고시한다.

1-3. 방사능측정소의 설치·운영

1) 제105조제1항에 따른 환경상의 방사선 및 방사능 감시·평가법 및 법 제105조제2항에 따른 중앙방사능측정소는 방사선환경조사에 따라 환경상의 방사선 및 방사능 감시·평가를 위탁받은 기관(이하 "권한수탁기관"이라 한다)에 설치하며, 지방방사능측정소는 위원회가 필요에 따라 설치·폐쇄한다.
2) 제1항에 따른 중앙방사능측정소 및 지방방사능측정소에는 권한수탁기관의 장이 임명하는 측정소장을 두며, 그 운영에 관한 세부적인 사항은 권한수탁기관의 장이 정한다.

2-1. 환경상의 위해방지

국민의 건강 및 환경상의 위해를 방지하기 위한 기준은 다음 각 호와 같다.

① 시설에서 배출되는 액체 및 기체 상태의 방사성물질의 농도가 위원회가 정하는 기준에 맞을 것

② 그 밖에 방사선 위해 방지를 위하여 위원회가 정하는 기준에 맞을 것

2-1-1. 환경상의 위해방지

1) “그 밖에 방사선 위해 방지를 위하여 원자력안전위원회가 정하는 기준”이란 다음 각 호와 같다.

① 해당 시설의 설계에 적용할 기준

가. 기체상태의 방출물에 의한 제한구역 경계에서의 연간선량

ⓐ 감마선에 의한 공기의 흡수선량 : 0.1 mGy

ⓑ 베타선에 의한 공기의 흡수선량 : 0.2 mGy

ⓒ 외부피폭에 의한 유효선량 : 0.05 mSv

ⓓ 외부피폭에 의한 피부등가선량 : 0.15 mSv

ⓔ 입자상 방사성물질, $^{3}H$, $^{14}C$ 및 방사성옥소에 의한 인체 장기 등가선량 : 0.15 mSv

나. 액체상태의 방출물에 의한 제한구역 경계에서의 연간 선량

ⓐ 유효선량 : 0.03 mSv

ⓑ 인체 장기 등가선량 : 0.1 mSv

2) 동일부지 내에 다수의 원자력관계시설을 운영하는 경우에 적용할 기준

가. 제한구역 경계에서의 연간 선량

ⓐ 유효선량 : 0.25 mSv

ⓑ 갑상선 등가선량 : 0.75 mSv

## 4. 교육훈련

### 제106조 (교육훈련)

1. 원자력관계사업자는 방사선작업종사자와 방사선 관리 구역에 출입하는 사람에게 대통령령으로 정하는 바에 따라 원자력이용에 따르는 안전성 확보 및 방사선장해방지에 필요한 교육 및 훈련을 실시하여야 한다.

2. 제84조에 따라 면허를 받은 사람은 대통령령으로 정하는 바에 따라 위원회가 실시하는 보수교육을 받아야 한다.

3. 원자력관계사업자와 원자력관련 연구를 수행하는 기관은 대통령령으로 정하는 사람에게 총리령으로 정하는 바에 따라 위원회가 실시하는 원자력통제에 관한 교육을 받게 하여야 한다.

1-1. 방사선작업종사자 및 수시출입자 교육

1) 원자력관계사업자는 법 제106조제1항에 따라 방사선작업종사자에 대해서는 신규교육과 정기교육을 실시하여야 한다. 이 경우 신규교육은 작업 종사 전에 실시하여야 한다.

2) 제1항에 따른 교육은 기본교육과 직장교육으로 구분하여 실시한다. 이 경우 직장교육은 방사선안전관리자 외의 방사선작업종사자를 대상으로 한다.

3) 원자력관계사업자는 수시출입자에 대하여 기본교육 또는 직장교육을 실시할 수 있다.

4) 제2항 및 제3항에 따른 기본교육은 안전재단에서 받도록 하여야 하며, 직장교육은 해당 원자력관계사업자가 자체적으로 실시하되 위원회가 지정하여 고시하는 기관에 위탁하여 실시할 수 있다.

5) 제1항부터 제3항까지의 규정에 따른 교육의 과정 및 시간 등은 총리령으로 정한다.

6) 보수교육에 따른 보수교육을 받은 자는 제1항에 따른 해당 연도의 정기교육을 받은 것으로 본다.

1-2. 교육계획의 제출

1) 안전재단은 매년 11월 30일까지 다음 각 호의 사항이 포함된 다음 해의 기본교육계획을 위원회에 제출하고, 위원회의 승인을 받아야 한다.

① 연간 교육일정, 교육과정, 교육대상, 과정별 이수과목과 시간 등에 관한 사항
② 예산 및 결산에 관한 사항(교육훈련분야만 해당한다)
③ 강사, 교육시설 · 장비 현황 및 확충계획
④ 교육비 및 교재비에 관한 사항
⑤ 교육의 평가방법 및 결과에 따른 조치사항

2) 위원회는 안전재단이 제1항에 따라 승인받은 교육계획을 제대로 이행하지 아니하는 경우에는 개선 또는 보완을 요구할 수 있다.

3) 안전재단은 교육 실시결과를 다음 해 1월 31일까지 위원회에 보고하여야 한다.

1-3. 방사선관리구역 출입자 교육

원자력관계사업자는 법 제106조제1항에 따라 방사선관리구역에 출입하는 사람에 대해서는 출입할 때마다 방사선장해방지 등에 대하여 안전수칙을 알려주는 등 필요한 교육을 실시하여

야 한다. 다만, 제148조에 따른 교육을 받은 방사선작업종사자 또는 수시출입자는 제외할 수 있다.

1-4. 방사선작업종사자 및 수시출입자 교육

1) 신규교육과 정기교육은 각각 다음 각 호의 구분에 따른 사항을 포함하여 실시한다. 이 경우 교육대상자의 방사선안전 지식수준과 경험 등을 고려하여 교육의 내용과 방법을 다르게 할 수 있다.

(1) 기본교육

가. 원자력시설 이용에 따른 안전관리
나. 방사성물질등의 취급
다. 방사선장해방어
라. 방사선안전 관계법령
마. 그 밖에 이용업체의 특성에 따른 교육

(2) 직장교육

가. 이용업체의 방사선안전관리규정
나. 이용업체의 방사선원 및 방사선장비의 특성
다. 그 밖에 이용업체의 특성에 따른 교육

2) 기본교육은 방사선안전관리자, 방사선안전관리자 이외의 방사선작업종사자 및 수시출입자 교육으로 구분하여 실시하여야 한다.

3) 교육을 받은 사람에 대해서는 평가를 실시할 수 있다.

4) 직장교육계획에는 다음 각 호의 사항이 포함되어야 한다.

(1) 자체교육의 경우

가. 교육일정
나. 교육대상별 교재
다. 강사에 관한 사항
라. 교육시설에 관한 사항
마. 평가에 관한 사항

(2) 위탁교육의 경우: 위탁의 내용 및 수탁기관

5) 교육의 과정 및 시간은 별표 25와 같다.

■ 원자력안전법 시행규칙 [별표 25]

## 교육의 과정 및 시간(제138조제6항 관련)

<table>
<tr><th rowspan="3">교육과정</th><th colspan="2">신규교육 시간</th><th colspan="4">정기교육 시간</th></tr>
<tr><th rowspan="2">기본교육</th><th rowspan="2">직장교육</th><th colspan="3">기본교육</th><th rowspan="2">직장교육</th></tr>
<tr><th>1. 방사선안전 관리자</th><th>2. 방사선안전관리자 외의 방사선작업종사자</th><th>3. 수시출입자</th></tr>
<tr><td>일반분야</td><td>8시간 이상</td><td>4시간 이상</td><td>매년 3시간 이상</td><td>매년 3시간 이상</td><td>매년 3시간 이상</td><td>매년 3시간 이상</td></tr>
<tr><td>방사선투과 검사분야</td><td>12시간 이상</td><td>6시간 이상</td><td>매년 5시간 이상</td><td>매년 5시간 이상</td><td>매년 5시간 이상</td><td>매년 5시간 이상</td></tr>
</table>

비고

1. 「산업안전보건법」 제31조제1항에 따른 교육(같은 법 시행규칙 별표 8의2 제1호라목의 33에 해당하는 작업에 종사하는 근로자를 대상으로 하는 교육으로 한정한다)을 받은 사람에 대해서는 해당 교육 시간만큼 해당연도 정기교육 중 직장교육을 받은 것으로 본다.
2. 「산업안전보건법」 제31조제3항에 따른 특별교육(같은 법 시행규칙 별표 8의2 제1호라목 33에 해당하는 작업에 종사하는 근로자를 대상으로 하는 교육으로 한정한다)을 작업 종사 전에 받은 사람에 대해서는 해당 교육 시간만큼 신규교육 중 직장교육을 받은 것으로 본다.

### 1-5. 보수교육

1) 법 제84조제2항제1호 및 제2호에 따른 면허 중 발전용원자로 또는 열출력 10 Mw 이상의 연구용원자로의 운전에 관련된 면허를 받은 사람과 법 제84조제2항제3호부터 제7호까지의 규정에 따른 면허를 받은 사람으로서 핵연료물질 또는 방사성동위원소등의 취급업무에 종사하는 사람은 총리령으로 정하는 바에 따라 3년(면허취득일 또는 직전의 보수교육을 받은 날부터 기산하여 3년이 되는 날이 속하는 해의 1월 1일부터 12월 31일까지를 말한다)마다 법 제106조제2항에 따른 보수교육(補修敎育)을 받아야 한다.

2) 원자력관계사업자는 종업원 중 법 제84조제2항에 따른 면허를 받은 사람에 대하여 제1항에 따른 보수교육을 받는 데에 필요한 편의를 제공하여야 하며, 이를 이유로 임금을 줄이거나 그 밖의 불이익처분을 하여서는 아니 된다.

3) 위원회는 제1항에 따른 보수교육과정수료자에 대하여 그 면허수첩에 교육이수 사실을 확인해 주어야 한다.

4) 제1항에 따른 보수교육을 받아야 하는 사람이 다음 각 호의 어느 하나에 해당하는 경우에는 다음 각 호의 구분에 따른 보수교육을 받은 것으로 본다.
① 노형, 용량급 및 핵증기공급계통의 공급사가 동일한 원자로에 대하여 면허를 모두 받은 사람이 면허에 관한 보수교육을 받은 경우: 면허에 관한 보수교육
② 면허를 모두 받은 사람이 면허에 관한 보수교육을 받은 경우: 면허에 관한 보수교육
③ 서로 다른 2개 이상의 면허를 받은 사람이 보수교육을 받은 경우: 나머지 면허에 관한 보수교육

1-5-1. 보수교육의 신청

1) 보수교육을 받으려는 자는 교육실시 1개월 전까지 신청서를 해당 교육훈련기관의 장에게 제출하여야 한다.

2) 보수교육은 다음 각 호의 구분에 따라 실시하여야 한다.
① 발전용원자로 또는 열출력 10 Mw 이상의 연구용원자로의 운전에 관련된 면허를 받은 사람: 5일 이상
② 면허를 받은 사람으로서 핵연료물질 또는 방사성동위원소등의 취급업무에 종사하는 사람: 2일 이상

1-6. 원자력통제 교육대상자

법 제106조제3항에서 "대통령령으로 정하는 사람"이란 다음 각 호의 어느 하나에 해당하는 사람을 말한다.
① 다음 각 목의 어느 하나에 해당하는 원자력관계사업자의 종업원으로서 특정핵물질의 계량관리 업무를 수행하는 사람
가. 발전용원자로설치자
나. 발전용원자로운영자
다. 연구용원자로등설치자 및 연구용원자로등운영자
라. 핵연료주기사업자
마. 핵연료물질사용자
② 위원회가 정하는 핵연료주기 관련 공정이나 계통개발에 관련된 연구개발과제의 연구책임자

1-7. 원자력통제교육

1) 법 제106조제3항에 따른 원자력통제에 관한 교육(이하 "원자력통제교육"이라 한다)은 신규교육과 보수교육으로 구분하여 실시한다.

2) 원자력통제교육의 교육시간, 교육방법 및 교육내용은 다음과 같다.

3) 법 제6조에 따라 설립된 한국원자력통제기술원의 장은 매년 12월 31일까지 다음 해의 원자력통제교육에 관한 계획을 수립하고, 교육대상자 또는 그 사용자에게 교육일정 등을 통지하여야 한다.

## 원자력통제교육의 교육시간, 교육방법 및 교육내용(제141조 관련)

| 교육대상 | 교육시간 | | 교육방법 | 교육내용 |
|---|---|---|---|---|
| | 신규교육 | 보수교육 | | |
| 가. 발전용원자로설치자<br>나. 발전용원자로운영자<br>다. 연구용원자로등설치자 및 연구용원자로등운영자<br>라. 핵연료주기사업자<br>마. 핵연료물질사용자 | 16시간 이상 | 매년 8시간 이상(3회 이상 보수교육을 이수한 때에는 매년 2시간 이상) | 이론교육을 원칙으로 하되, 필요한 경우 실습교육을 병행할 수 있다. | · 원자력통제에 관한 법령 및 국제협약<br>· 원자력통제 정책에 관한 사항<br>· 핵물질 등의 안전조치에 관한 사항<br>· 핵물질 등 국제규제물자의 수출입통제에 관한 사항<br>· 원자력통제 관련 국제협력에 관한 사항<br>· 검사장비에 관한 사항<br>· 핵물질 등의 계량관리 보고에 관한 사항 |
| 핵연료주기 관련 공정이나 계통개발에 관련된 연구개발과제의 연구책임자 | 8시간 이상 | 매년 4시간 이상(3회 이상 보수교육을 이수한 때에는 매년 2시간 이상) | 이론교육을 원칙으로 하되, 필요한 경우 실습교육을 병행할 수 있다. | · 원자력통제에 관한 법령 및 국제협약<br>· 원자력통제 정책에 관한 사항<br>· 핵물질 등의 안전조치에 관한 사항<br>· 핵물질 등 국제규제물자의 수출입통제에 관한 사항<br>· 원자력통제 관련 국제협력에 관한 사항 |

비고: 신규교육은 특정핵물질의 계량관리 업무를 담당하는 종업원으로 임용된 때부터 또는 연구개발과제의 연구책임자가 된 때부터 각각 1년 이내에 받아야 한다.

## 제107조 (수출입의 절차)

원자로 및 관계시설, 핵물질, 방사성동위원소등의 수출입절차는 위원회가 산업통상자원부장관과 협의하여 정하는 바에 따른다.

1. (수출입의 절차)
   1) 원자로 및 관계시설, 핵물질, 방사성동위원소등의 수출입을 하려는 자 중 국제규제물자 또는 이와 관련된 기술을 수출입하려는 자는 법 제107조에 따라 원자력 관련 국제조약, 협정, 협약 및 의정서 등에서 규정하고 있는 절차 및 의무사항을 지켜야 한다.
   2) 제1항의 절차 및 의무사항의 이행에 필요한 사항은 위원회가 산업통상자원부장관과 협의하여 별도로 정할 수 있다.

## 제107조의2 (국제협력)

1. 위원회는 원자력안전 및 핵안보의 증진을 위하여 국제기구, 외국정부 또는 그 밖의 기관과의 국제협력을 촉진하기 위한 시책을 마련하고 추진할 수 있다.

2. 정부는 제1항에 따른 국제협력에 관한 시책을 효율적으로 추진하기 위하여 이를 전문적으로 지원할 기관을 지정하고 그 지원업무 수행에 필요한 경비의 전부 또는 일부를 출연하거나 보조할 수 있다.

3. 제2항에 따른 전문기관의 지정과 지원 등 국제협력 촉진에 필요한 사항은 대통령령으로 정한다.

## 제108조 (비밀누설금지)

이 법에 따른 직무에 종사하거나 종사하였던 위원회의 위원 및 「원자력안전위원회의 설치 및 운영에 관한 법률」 제15조에 따른 전문위원회의 위원 또는 공무원은 그 직무상 알게 된 원자력에 관한 비밀을 누설하거나 이 법의 시행을 위한 목적 이외에 이를 이용하여서는 아니 된다.

### 제109조 (원자력안전 관계 공무원에 대한 수당)

원자력안전에 종사하는 공무원은 「국가공무원법」에 따른 보수와 그 밖의 수당 외에 대통령령으로 정하는 바에 따라 연구수당 · 위험근무수당 또는 보건수당을 받을 수 있다.

### 제110조 (보상)

원자력이용과 이에 따른 안전관리 중에 방사선에 의하여 신체 또는 재산에 피해를 입은 자는 대통령령으로 정하는 바에 따라 정당한 보상을 받는다.

1. (보상)

법 제110조에 따라 원자력이용과 이에 따른 안전관리 중에 방사선에 의하여 신체 또는 재산에 피해를 입은 자에 대해서는 다음 각 호의 구분에 따라 보상하여야 한다.

① 원자력관계사업자와 그 종업원이 업무상 입은 손해에 대해서는 원자력관계사업자가 정하여 위원회가 인가한 보상기준에 따른다.

② 공무원이 원자력 관계 업무를 수행하는 과정에서 입은 손해에 대해서는 「공무원 재해보상법」으로 정하는 바에 따른다.

③ 제1호 및 제2호 외의 자에 대해서는 「원자력 손해배상법」으로 정하는 바에 따른다.

## 5. 방사선작업종사자 등의 업무상 질병 인정범위에 관한 규정

**제7조(결정적 영향)** 대량의 방사선에 단기간에 피폭되거나 장기간에 걸쳐 피폭된 후 다음 각 호의 결정적 영향이 발생한 경우에는 이를 방사선 피폭에 의한 업무상질병으로 인정한다.

① 단기간에 고선량에 피폭된 후 발생한 혈액이상(빈혈, 백혈구감소증, 혈소판감소증 또는 출혈성 경향)

② 급성 또는 만성 방사선피부장해

③ 전리방사선에 의한 것으로 인정되는 수정체의 혼탁 또는 백내장

④ 기타 전리방사선에 의해 국소적으로 나타나는 신체장해

**제8조(백혈병)** 최초로 방사선에 피폭된 후 2년이 경과하고 방사선 피폭이 종료된 후 20년이 경과되지 아니한 방사선작업종사자 등에게 만성림프성백혈병을 제외한 백혈병이 나타나고, 방사선 피폭과 질병과의 인과확률이 33%를 초과하는 경우에는 이를 방사선 피폭에 의한 업

무상질병으로 인정한다. 다만, 벤젠 등 화학물질, 유전적 요인 등 다른 원인에 의해 발생하였다는 확실한 증거가 있는 경우에는 그러하지 아니하다.

**제9조(고형암)**

1. 최초의 방사선에 피폭된 후 5년이 경과한 방사선작업종사자 등에게 다음 각 호에 해당하는 암이 나타나고, 방사선 피폭과 질병과의 인과확률이 50%를 초과한 경우에는 이를 방사선 피폭에 의한 업무상질병으로 인정한다. 다만, 다른 원인에 의해 발생하였다는 확실한 증거가 있는 경우에는 그러하지 아니하다.
   1) 간암(간병변이 있거나, B형 또는 C형 등 바이러스성 간염이 있는 경우는 제외한다)
   2) 갑상선암
   3) 난소암
   4) 뇌암
   5) 다발성골수종
   6) 대장암
   7) 방광암
   8) 비호지킨스림프종
   9) 식도암
   10) 신장암
   11) 여성유방암
   12) 위암
   13) 췌장암
   14) 타액선암
   15) 폐암
   16) 피부암
2. 제1항제15호의 폐암이 발생한 방사선작업종사자 등이 흡연력이 있다면 제5조에 따른 인과확률의 산출에서 흡연의 영향을 고려한다.

**제10조(제외되는 고형암)** 다음 각 호의 고형암은 방사선에 의한 업무상질병으로 인정하지 아니한다.

① 악성중피종

② 호지킨스림프종

③ 흑색종

### 제110조의2 (포상금의 지급)

1. 위원회는 이 법의 위반행위를 신고 또는 제보하고 이를 입증할 수 있는 증거자료를 제출함으로써 원자력안전에 기여한 자에 대하여 예산의 범위에서 포상금을 지급할 수 있다.

2. 제1항에 따른 포상금 지급의 기준·절차 등에 관하여 필요한 사항은 대통령령으로 정한다.

### 제110조의3 (책임의 감면 등)

1. 이 법의 위반행위를 신고함으로써 그와 관련된 자신의 범죄가 발견된 경우 그 신고자에 대하여 형을 감경 또는 면제할 수 있다.

2. 제1항은 공공기관의 징계처분에 관하여 이를 준용한다.

3. 이 법의 위반행위를 신고한 경우에는 다른 법령, 단체협약 또는 취업규칙 등의 관련 규정에도 불구하고 직무상 비밀준수의무를 위반하지 아니한 것으로 본다.

1-1. (과징금의 부과 및 납부)

① 위원회는 법 제17조제2항(법 제24조제2항, 법 제32조제2항, 법 제38조제2항 및 법 제66조제2항에서 준용하는 경우를 포함한다), 법 제48조제2항(법 제52조제7항에서 준용하는 경우를 포함한다) 및 법 제57조제2항(법 제81조제2항에서 준용하는 경우를 포함한다)에 따라 과징금을 부과하려면 그 위반행위의 내용과 과징금 금액 등을 명시하여 과징금을 낼 것을 과징금 부과 대상자에게 서면으로 통지하여야 한다.

② 제1항에 따라 통지를 받은 자는 통지받은 날부터 20일 이내에 위원회가 정하는 수납기관에 과징금을 내야 한다. 다만, 천재지변이나 그 밖의 부득이한 사유로 인하여 그 기한까지 과징금을 낼 수 없는 경우에는 그 사유가 없어진 날부터 7일 이내에 내야 한다.

③ 제2항에 따라 과징금을 받은 수납기관은 과징금을 낸 자에게 영수증을 발급하고 수납한 사실을 지체 없이 위원회에 통보하여야 한다.

1-2. (업무의 정지 또는 사용금지 처분기준과 과징금 부과기준)

건설허가의 취소, 사용 또는 소지허가의 취소등 및 생산·판매·사용 또는 이동사용 허가 등의 취소 등에 따른 업무의 정지 또는 사용금지 처분기준과 과징금 부과기준은 별표 11과 같다.

## 6. 업무의 정지 또는 사용금지 처분기준과 과징금 부과기준

[별표 11]

### 업무의 정지 또는 사용금지 처분기준과 과징금 부과기준(제175조 관련)

1. 일반기준

가. 위반행위의 횟수에 따른 행정처분기준은 최근 2년간 같은 위반행위를 한 경우에 적용한다. 이 경우 기준적용일은 최초의 행정처분일부터 같은 위반행위를 다시 적발한 날을 기준으로 한다.

나. 처분권자는 위반행위의 동기 · 내용 · 횟수 및 위반의 정도 등 다음에 해당하는 사유를 고려하여 제2호의 개별기준에 따른 업무정지 및 과징금의 2분의 1 범위에서 그 기간이나 금액을 가중하거나 감경할 수 있다. 다만, 가중하는 경우에도 법 제17조제1항, 법 제24조제1항, 법 제32조제1항, 법 제38조제1항, 법 제48조제1항, 법 제52조제6항, 법 제57조제1항, 법 제66조제1항 및 법 제81조제1항에 따른 기간 또는 법 제17조제2항(법 제24조제2항, 법 제32조제2항, 법 제38조제2항 및 법 제66조제2항에서 준용하는 경우를 포함한다), 법 제48조제2항(법 제52조제7항에서 준용하는 경우를 포함한다) 및 법 제57조제2항(법 제81조제2항에서 준용하는 경우를 포함한다)에 따른 금액을 초과할 수 없다.

1) 감경 사유

가) 위반행위가 고의나 중대한 과실이 아닌 사소한 부주의나 오류로 인한 것으로 인정되고, 신속히 사후 조치를 취한 경우

나) 위반행위의 내용 및 정도가 경미하여 국민건강 및 환경에 미치는 피해가 적다고 인정되는 경우

다) 해당 위반행위를 처음 한 경우로서, 2년 이상 관련 업무를 모범적으로 해 온 사실이 인정되는 경우

2) 가중 사유

가) 위반행위가 사소한 부주의나 오류가 아닌 고의나 중대한 과실에 따른 것으로 인정되는 경우

나) 위반의 내용 및 정도가 중대하여 국민건강 및 환경에 미치는 피해가 크다고 인정되는 경우

다) 위반행위의 기간, 위반횟수 등에 비추어 가중이 필요하다고 인정되는 경우

## 2. 개별기준

(1) 방사성동위원소 등의 생산허가를 받은 자

단위 : 만원

| 위반행위 | 1차 위반 | | 2차 위반 | | 3차 이상 위반 | |
|---|---|---|---|---|---|---|
| | 업무 정지 기간 | 과징금 금액 | 업무 정지 기간 | 과징금 금액 | 업무 정지 기간 | 과징금 금액 |
| 정당한 사유 없이 그 허가를 받은 날부터 1년 내에 그 허가받은 사용 또는 사업을 개시하지 않거나 1년 이상 계속 하여 중단한 경우 | 2개월 | 5000 | 4개월 | 1억 | 8개월 | 2억 |
| 방사성동위원소 등을 생산, 판매, 사용, 이동사용자가 변경허가를 받지 않고 허가받은 사항을 변경한 경우 | 3개월 | 7500 | 6개월 | 1억 5000 | 9개월 | 2억 2500 |
| 허가기준에 미달하게 된 경우 | 2개월 | 5000 | 4개월 | 1억 | 8개월 | 2억 |
| 허가사용자 또는 업무대행자가 명령을 위반한 경우 | 2개월 | 5000 | 4개월 | 1억 | 8개월 | 2억 |
| 허가사용자 및 신고사용자가 해당 시설의 수리·개선·이전 또는 생산·사용의 정지, 취급방법의 변경과 그 밖의 안전에 필요한 조치에 따른 명령을 위반한 경우 | 6개월 | 1억 5000 | 9개월 | 2억 2500 | 12개월 | 3억 |
| 방사선투과검사 작업의 중지명령을 위반한 경우 | 2개월 | 5000 | 4개월 | 1억 | 8개월 | 2억 |
| 누구든지 방사성폐기물을 해양에 투기(投棄)하는 방법으로 처분할 수 없음을 위반한 경우 | 2개월 | 5000 | 4개월 | 1억 | 8개월 | 2억 |
| 방사성폐기물의 처분은 대통령령으로 정하는 방법 및 절차와 방사성폐기물관리시설 등 건설·운영자에게 위탁하려는 자는 총리령으로 정하는 인도(引渡)기준에 적합하여야 한다를 위반한 경우 | 1개월 | 2500 | 2개월 | 5000 | 3개월 | 7500 |
| 방사성물질 등 또는 방사선발생장치의 소지 및 양도·양수 제한, 원자력이용시설의 취급 제한을 위반한 경우 | 2개월 | 5000 | 4개월 | 1억 | 8개월 | 2억 |
| 허가 및 지정조건을 위반한 경우 | 1개월 | 2500 | 2개월 | 5000 | 3개월 | 7500 |

(2) 방사성동위원소 등의 판매허가를 받은 자

단위 : 만원

| 위반행위 | 1차 위반 | | 2차 위반 | | 3차 이상 위반 | |
|---|---|---|---|---|---|---|
| | 업무 정지 기간 | 과징금 금액 | 업무 정지 기간 | 과징금 금액 | 업무 정지 기간 | 과징금 금액 |
| 정당한 사유 없이 그 허가를 받은 날부터 1년 내에 그 허가받은 사용 또는 사업을 개시하지 않거나 1년 이상 계속하여 중단한 경우 | 2개월 | 5000 | 4개월 | 1억 | 8개월 | 2억 |
| 방사성동위원소 등을 생산, 판매, 사용, 이동사용자가 변경허가를 받지 않고 허가받은 사항을 변경한 경우 | 3개월 | 7500 | 6개월 | 1억 5000 | 9개월 | 2억 2500 |
| 허가기준에 미달하게 된 경우 | 2개월 | 5000 | 4개월 | 1억 | 8개월 | 2억 |
| 허가사용자 또는 업무대행자가 명령을 위반한 경우 | 2개월 | 5000 | 4개월 | 1억 | 8개월 | 2억 |
| 허가사용자 및 신고사용자가 해당 시설의 수리·개선·이전 또는 생산·사용의 정지, 취급방법의 변경과 그 밖의 안전에 필요한 조치에 따른 명령을 위반한 경우 | 6개월 | 1억 5000 | 9개월 | 2억 2500 | 12개월 | 3억 |
| 방사선투과검사 작업의 중지명령을 위반한 경우 | 2개월 | 5000 | 4개월 | 1억 | 8개월 | 2억 |
| 누구든지 방사성폐기물을 해양에 투기(投棄)하는 방법으로 처분할 수 없음을 위반한 경우 | 2개월 | 5000 | 4개월 | 1억 | 8개월 | 2억 |
| 방사성폐기물의 처분은 대통령령으로 정하는 방법 및 절차와 방사성폐기물관리 시설등 건설·운영자에게 위탁하려는 자는 총리령으로 정하는 인도(引渡)기준에 적합하여야 한다를 위반한 경우 | 1개월 | 2500 | 2개월 | 5000 | 3개월 | 7500 |
| 방사성물질 등 또는 방사선발생장치의 소지 및 양도·양수 제한, 원자력이용시설의 취급제한을 위반한 경우 | 2개월 | 5000 | 4개월 | 1억 | 8개월 | 2억 |
| 허가 및 지정조건을 위반한 경우 | 1개월 | 2500 | 2개월 | 5000 | 3개월 | 7500 |

(3) 방사성동위원소 등의 사용허가를 받은 자

단위 : 만원

| 위반행위 | 1차 위반 | | 2차 위반 | | 3차 이상 위반 | |
|---|---|---|---|---|---|---|
| | 업무 정지 기간 | 과징금 금액 | 업무 정지 기간 | 과징금 금액 | 업무 정지 기간 | 과징금 금액 |
| 정당한 사유 없이 그 허가를 받은 날부터 1년 내에 그 허가받은 사용 또는 사업을 개시하지 않거나 1년 이상 계속하여 중단한 경우 | 2개월 | 4000 | 4개월 | 8000 | 8개월 | 1억 6000 |
| 방사성동위원소 등을 생산, 판매, 사용, 이동사용자가 변경허가를 받지 않고 허가받은 사항을 변경한 경우 | 3개월 | 6000 | 6개월 | 1억 2000 | 9개월 | 1억 8000 |
| 허가기준에 미달하게 된 경우 | 2개월 | 4000 | 4개월 | 8000 | 8개월 | 1억 6000 |
| 허가사용자 또는 업무대행자가 명령을 위반한 경우 | 2개월 | 4000 | 4개월 | 8000 | 8개월 | 1억 6000 |
| 허가사용자 및 신고사용자가 해당 시설의 수리·개선·이전 또는 생산·사용의 정지, 취급방법의 변경과 그 밖의 안전에 필요한 조치에 따른 명령을 위반한 경우 | 6개월 | 1억 2000 | 9개월 | 1억 8000 | 12개월 | 2억 4000 |
| 방사선투과검사 작업의 중지명령을 위반한 경우 | 2개월 | 4000 | 4개월 | 8000 | 8개월 | 1억 6000 |
| 누구든지 방사성폐기물을 해양에 투기(投棄)하는 방법으로 처분할 수 없음을 위반한 경우 | 2개월 | 4000 | 4개월 | 8000 | 8개월 | 1억 6000 |
| 방사성폐기물의 처분은 대통령령으로 정하는 방법 및 절차와 방사성폐기물관리시설 등 건설·운영자에게 위탁하려는 자는 총리령으로 정하는 인도(引渡)기준에 적합하여야 한다를 위반한 경우 | 1개월 | 2000 | 2개월 | 4000 | 3개월 | 6000 |
| 방사성물질 등 또는 방사선발생장치의 소지 및 양도·양수 제한, 원자력이용시설의 취급제한을 위반한 경우 | 2개월 | 4000 | 4개월 | 8000 | 8개월 | 1억 6000 |
| 허가 및 지정조건을 위반한 경우 | 1개월 | 2000 | 2개월 | 4000 | 3개월 | 6000 |

(4) 방사성동위원소 등의 이동사용허가를 받은 자

단위 : 만원

| 위반행위 | 1차 위반 | | 2차 위반 | | 3차 이상 위반 | |
|---|---|---|---|---|---|---|
| | 업무 정지 기간 | 과징금 금액 | 업무 정지 기간 | 과징금 금액 | 업무 정지 기간 | 과징금 금액 |
| 정당한 사유 없이 그 허가를 받은 날부터 1년 내에 그 허가받은 사용 또는 사업을 개시하지 않거나 1년 이상 계속하여 중단한 경우 | 2개월 | 8000 | 4개월 | 1억 6000 | 8개월 | 3억 2000 |
| 방사성동위원소 등을 생산, 판매, 사용, 이동사용자가 변경허가를 받지 않고 허가받은 사항을 변경한 경우 | 3개월 | 1억 2000 | 6개월 | 2억 4000 | 9개월 | 3억 6000 |
| 허가기준에 미달하게 된 경우 | 2개월 | 8000 | 4개월 | 1억 6000 | 8개월 | 3억 2000 |
| 허가사용자 또는 업무대행자가 명령을 위반한 경우 | 2개월 | 8000 | 4개월 | 1억 6000 | 8개월 | 3억 2000 |
| 허가사용자 및 신고사용자가 해당 시설의 수리·개선·이전 또는 생산·사용의 정지, 취급방법의 변경과 그 밖의 안전에 필요한 조치에 따른 명령을 위반한 경우 | 6개월 | 2억 4000 | 9개월 | 3억 6000 | 12개월 | 5억원 |
| 방사선투과검사 작업의 중지명령을 위반한 경우 | 2개월 | 8000 | 4개월 | 1억 6000 | 8개월 | 3억 2000 |
| 누구든지 방사성폐기물을 해양에 투기(投棄)하는 방법으로 처분할 수 없음을 위반한 경우 | 2개월 | 8000 | 4개월 | 1억 6000 | 8개월 | 3억 2000 |
| 방사성폐기물의 처분은 대통령령으로 정하는 방법 및 절차와 방사성폐기물관리시설 등 건설·운영자에게 위탁하려는 자는 총리령으로 정하는 인도(引渡)기준에 적합하여야 한다를 위반한 경우 | 1개월 | 4000 | 2개월 | 8000 | 3개월 | 1억 2000 |
| 방사성물질 등 또는 방사선발생장치의 소지 및 양도·양수 제한, 원자력이용시설의 취급제한을 위반한 경우 | 2개월 | 8000 | 4개월 | 1억 6000 | 8개월 | 3억 2000 |
| 허가 및 지정조건을 위반한 경우 | 1개월 | 4000 | 2개월 | 8000 | 3개월 | 1억 2000 |

(5) 방사성동위원소 등의 신고사용자

단위 : 만원

| 위반행위 | 1차 위반 | | 2차 위반 | | 3차 이상 위반 | |
|---|---|---|---|---|---|---|
| | 업무 정지 기간 | 과징금 금액 | 업무 정지 기간 | 과징금 금액 | 업무 정지 기간 | 과징금 금액 |
| 거짓이나 그 밖의 부정한 방법으로 신고한 경우 | 3개월 | 4500 | 6개월 | 9000 | 9개월 | 1억 3500 |
| 총리령으로 정하는 용도 또는 용량 이하의 밀봉 방사성동위원소, 방사선발생장치를 사용 또는 이동사용 하려는 자가 대통령령으로 정하는 바에 따라 위원회에 변경신고를 하지 않고 신고한 사항을 변경한 경우 | 2개월 | 3000 | 4개월 | 6000 | 8개월 | 1억 2000 |
| (결격사유)피성년후견인 또는 파산선고를 받고 복권되지 아니한 사람, 이 법을 위반하여 금고 이상의 형의 선고를 받고 그 형의 집행이 종료되거나 집행을 받지 아니하기로 확정된 후 2년이 경과되지 아니한 자나 형의 집행유예를 선고받고 그 집행유예기간 중에 있는 자나 임원 중에 제1호부터 제3호까지 중 어느 하나에 해당하는 사람이 있는 법인(다만, 법인의 대표자가 그 사유에 해당하게 된 경우 3개월 이내에 그 대표자를 바꾸어 선임한 경우에는 그러하지 않음) | 3개월 | 4500 | 6개월 | 9000 | 9개월 | 1억 3500 |
| 허가사용자 및 신고사용자가 해당 시설의 수리·개선·이전 또는 생산·사용의 정지, 취급방법의 변경과 그 밖의 안전에 필요한 조치에 따른 명령을 위반한 경우 | 3개월 | 4500 | 6개월 | 9000 | 9개월 | 1억 3500 |
| 누구든지 방사성폐기물을 해양에 투기(投棄)하는 방법으로 처분할 수 없음을 위반한 경우 | 2개월 | 3000 | 4개월 | 6000 | 8개월 | 1억 2000 |
| 방사성폐기물의 처분은 대통령령으로 정하는 방법 및 절차와 방사성폐기물관리시설 등 건설·운영자에게 위탁하려는 자는 총리령으로 정하는 인도(引渡)기준에 적합하여야 한다를 위반한 경우 | 1개월 | 1500 | 2개월 | 3000 | 3개월 | 4500 |
| 방사성물질등 또는 방사선발생장치의 소지 및 양도·양수 제한, 원자력이용시설의 취급제한를 위반한 경우 | 2개월 | 3000 | 4개월 | 6000 | 8개월 | 1억 2000 |
| 원자력관계사업자·판독업무자와 원자로 및 관계시설의 건설 또는 운영에 참여하는 사업자와 국제규제물자를 취급하거나 관련 연구를 수행하는 자로서 대통령령으로 정하는 자가 국제약속을 위반한 사항이나 그 업무에 관한 보고 또는 서류의 제출 보완 명령을 위반한 경우 | 2개월 | 3000 | 4개월 | 6000 | 8개월 | 1억 2000 |
| 교육 및 훈련을 위반한 경우 | 1개월 | 1500 | 2개월 | 3000 | 3개월 | 4500 |
| 허가 및 지정조건을 위반한 경우 | 1개월 | 4000 | 2개월 | 8000 | 3개월 | 1억 2000 |

(6) 업무대행자

단위 : 만원

| 위반행위 | 1차 위반 | | 2차 위반 | | 3차 이상 위반 | |
|---|---|---|---|---|---|---|
| | 업무 정지 기간 | 과징금 금액 | 업무 정지 기간 | 과징금 금액 | 업무 정지 기간 | 과징금 금액 |
| 업무대행자의 변경신고를 하지 않고 등록한 사항을 변경한 경우 | 2개월 | 5000 | 4개월 | 1억원 | 8개월 | 2억원 |
| 업무대행자 등록기준에 미달하게 된 경우 | 2개월 | 5000 | 4개월 | 1억원 | 8개월 | 2억원 |
| 허가사용자 또는 업무대행자가 명령을 위반한 경우 | 2개월 | 5000 | 4개월 | 1억원 | 8개월 | 2억원 |
| 방사선투과검사 작업의 중지명령을 위반한 경우 | 2개월 | 5000 | 4개월 | 1억원 | 8개월 | 2억원 |
| 누구든지 방사성폐기물을 해양에 투기(投棄)하는 방법으로 처분할 수 없음을 위반한 경우 | 2개월 | 5000 | 4개월 | 1억원 | 8개월 | 2억원 |
| 방사성폐기물의 처분은 대통령령으로 정하는 방법 및 절차와 방사성폐기물관리 시설 등 건설 · 운영자에게 위탁하려는 자는 총리령으로 정하는 인도(引渡)기준에 적합하여야 한다를 위반한 경우 | 1개월 | 2500 | 2개월 | 5000 | 3개월 | 7500 |
| 원자력관계사업자가 원자력이용시설의 사용정지, 방사성물질등의 이전 · 오염 제거와 그 밖의 방사선장해를 방지를 위한 필요한 조치의 명령을 위반한 경우 | 6개월 | 1억 5000 | 9개월 | 2억 2500 | 12개월 | 3억원 |
| 방사성물질등 또는 방사선발생장치의 소지 및 양도 · 양수 제한, 원자력이용시설의 취급제한를 위반한 경우 | 2개월 | 5000 | 4개월 | 1억원 | 8개월 | 2억원 |

(7) 폐기시설등건설·운영자

단위 : 만원

| 위반행위 | 1차 위반 | | 2차 위반 | | 3차 이상 위반 | |
|---|---|---|---|---|---|---|
| | 업무정지기간 | 과징금 금액 | 업무정지기간 | 과징금 금액 | 업무정지기간 | 과징금 금액 |
| 정당한 사유 없이 그 허가를 받은 날부터 2년 내에 그 허가받은 사업을 개시하지 않거나 1년 이상 계속하여 그 사업을 중단한 경우 | 2개월 | 8억원 | 4개월 | 16억원 | 8개월 | 32억원 |
| 허가받아야 할 사항을 허가받지 않고 변경한 경우 | 3개월 | 12억원 | 6개월 | 24억원 | 9개월 | 36억원 |
| 허가기준에 미달하게 된 경우 | 2개월 | 8억원 | 4개월 | 16억원 | 8개월 | 32억원 |
| 방사성폐기물관리시설등건설·운영자가 시정 또는 보완 명령을 위반한 경우 | 2개월 | 8억원 | 4개월 | 16억원 | 8개월 | 32억원 |
| 방사성폐기물관리시설등 건설·운영자가 해당 시설의 수리·개선·이전 또는 업무의 정지, 취급방법의 변경과 그 밖의 안전에 필요한 조치를 명령을 위반한 경우 | 6개월 | 24억원 | 9개월 | 36억원 | 12개월 | 50억원 |
| 방사성폐기물관리시설등 건설·운영자 및 그 종업원이 안전관리규정을 준수을 위반한 경우 | 2개월 | 8억원 | 4개월 | 16억원 | 8개월 | 32억원 |
| 사용개시 전에 위원회의 승인받는 사항 위반한 경우 | 1개월 | 4억원 | 2개월 | 8억원 | 3개월 | 12억원 |
| 허가 및 지정조건을 위반한 경우 | 1개월 | 4억원 | 2개월 | 8억원 | 3개월 | 12억원 |

(8) 판독업무자

단위 : 만원

| 위반행위 | 1차 위반 | | 2차 위반 | | 3차 이상 위반 | |
|---|---|---|---|---|---|---|
| | 업무정지기간 | 과징금 금액 | 업무정지기간 | 과징금 금액 | 업무정지기간 | 과징금 금액 |
| 정당한 사유없이 그 등록을 한 날부터 1년 내에 그 등록한 업무를 개시하지 않거나 1년 이상 계속하여 중단한 경우 | 2개월 | 7000 | 4개월 | 1억 4000 | 8개월 | 2억 8000 |
| 판독업무자가 등록한 사항을 변경하려는 경우 변경신고를 하지 않고 등록한 사항을 변경한 경우 | 2개월 | 7000 | 4개월 | 1억 4000 | 8개월 | 2억 8000 |
| 등록기준에 미달하게 된 경우 | 1개월 | 3500 | 2개월 | 7000 | 3개월 | 1억 500 |
| 판독업무자가 등록기준에 미달되어 그 시정 또는 보완을 명령을 위반한 경우 | 2개월 | 7000 | 4개월 | 1억 4000 | 8개월 | 2억 8000 |

## 제 111조의 2 (원자력안전관리부담금 등)

1. 위원회는 권한의 위탁 업무를 원활하게 수행하기 위하여 이 법에 따른 허가 · 지정 · 승인 · 등록 또는 교육훈련을 신청한 자, 해당 원자력관계사업자 또는 판독업무자(이하 "원자력관계사업자등"이라 한다)에게 원자력안전관리부담금(이하 "부담금"이라 한다)을 부과 · 징수할 수 있다.

2. 부담금의 규모, 산정기준은 원자력관계사업자등이 발생시키는 원자력안전관리 수요, 관련시설의 방호 및 방사능 방재 수요를 고려하여 대통령령으로 정한다.

3. 그 밖에 부담금의 납부방법 및 납부시기 등에 관한 사항은 대통령령으로 정한다.

4. 위원회는 부담금 규모, 산정기준, 납부방법 및 납부시기 등에 관하여 필요한 사항을 변경하고자 할 때에는 관계 중앙행정기관의 장과 협의하여야 한다.

## 제112조 (수수료)

이 법에 따라 허가 · 지정 · 승인 · 면허 · 등록 · 검사를 신청하는 자는 총리령으로 정하는 바에 따라 수수료를 납부하여야 한다. 다만, 위원회는 국가, 지방자치단체, 「초 · 중등교육법」 및 「고등교육법」에 따른 학교, 그 밖에 다른 법령에 따라 설립된 학교와 이 법 또는 다른 법률에 따라 정부가 출연금을 지급하는 기관으로서 대통령령으로 정하는 기관에는 수수료의 납부를 면제할 수 있다.

1. (수수료)

   법 제112조 단서에서 "대통령령으로 정하는 기관"이란 한국원자력안전기술원, 한국원자력연구원, 한국원자력통제기술원 및 안전재단을 말한다.

1.1. (수수료)

1) 법 제112조 본문에 따라 납부하여야 하는 수수료는 수입인지 또는 정보통신망을 이용한 전자화폐 · 전자결제 등의 방법으로 납부하며, 그 금액은 별표 8과 같다. 다만, 위원회가 그 권한을 위탁한 경우의 납부방법은 수탁기관이 정한다.

2) 위원회는 법 제87조제1항에 따라 면허시험에 응시한 자가 다음 각 호의 어느 하나에 해당하는 경우에는 이미 납부한 응시수수료를 환급하여 줄 수 있다.

① 응시수수료를 과오납한 경우
② 접수마감일부터 10일 이내에 취소하는 경우
③ 시험시행기관의 귀책사유로 시험에 응하지 못한 경우

### 1. 법 제53조에 따른 방사성동위원 등의 생산·사용·이동사용 및 판매허가

(단위: 원)

| 항목 | 수수료 |
|---|---|
| 가. 방사성동위원소의 생산·사용·이동사용허가신청 | 10,000 |
| 나. 방사선발생장치의 생산·사용·이동사용허가신청 | 10,000 |
| 다. 방사성동위원소의 판매허가신청 | 10,000 |
| 라. 방사선발생장치의 판매허가신청 | 10,000 |
| 마. 방사성동위원소의 생산·사용·이동사용변경허가신청 | 5,000 |
| 바. 방사선발생장치의 생산·사용·이동사용변경허가신청 | 5,000 |
| 사. 방사성동위원소의 판매변경허가신청 | 5,000 |
| 아. 방사선발생장치의 판매변경허가신청 | 5,000 |

### 2. 법 제63조에 따른 폐기시설 등의 건설·운영허가

(단위: 원)

| 항목 | 수수료 |
|---|---|
| 가. 폐기시설등의 건설·운영 허가신청 | 100,000 |
| 나. 폐기시설등의 건설·운영 변경허가신청 | 20,000 |

### 3. 법 제78조의 규정에 판독업무자의 등록

(단위: 원)

| 항목 | 수수료 |
|---|---|
| 가. 폐기시설등의 건설·운영 허가신청 | 100,000 |
| 나. 폐기시설등의 건설·운영 변경허가신청 | 20,000 |

### 4. 법 제87조에 따른 원자력관련 면허

(단위: 원)

| 항목 | 수수료 |
|---|---|
| 가. 면허시험에 응시하는 경우 | |
| 1) 원자로조종감독자면허 | 20,000 |
| 2) 원자로조종사면허 | 15,000 |
| 3) 핵연료물질취급감독자면허 | 20,000 |
| 4) 핵연료물질취급자면허 | 15,000 |
| 5) 방사성동위원소취급자일반면허 | 15,000 |
| 6) 방사성동위원소취급자특수면허 | 20,000 |
| 7) 방사선취급감독자면허 | 20,000 |
| 나. 면허증 발급을 신청하는 경우 | 5,000 |
| 다. 면허증 재발급(정정·갱신 등)을 신청하는 경우 | 2,500 |

## 5. 법 제54조에 따른 업무대행자의 등록

(단위: 원)

| 항목 | 수수료 |
| --- | --- |
| 가. 업무대행자의 등록신청 | 10,000 |
| 나. 업무대행자의 변경등록신고(신청인의 성명 및 주소 변경은 제외함) | 5,000 |

## 6. 법 제100조에 따른 특정기술주제보고서의 승인

(단위: 원)

| 항목 | 수수료 |
| --- | --- |
| 법 제 100조에 따른 특정기술주제보고서의 승인신청 | 20,000 |

# 제11장 벌칙

## 1. 벌칙

### 제113조 (벌칙)

1. 원자로를 파괴하여 사람의 생명 · 신체 또는 재산을 해치거나 그 밖에 공공의 안전을 문란하게 한 사람은 사형 · 무기 또는 3년 이상의 유기징역에 처한다.

2. 전쟁 · 천재지변 또는 이에 준하는 비상사태에서 제1항의 죄를 범한 사람은 사형 또는 무기징역에 처한다.

3. 제1항 및 제2항의 미수범은 처벌한다.

4. 제1항 또는 제2항의 죄를 범할 목적으로 예비 · 음모 또는 선동한 자는 3년 이상의 유기징역에 처한다.

### 제114조 (벌칙)

1. 방사성물질등과 원자로 및 관계시설, 핵연료주기시설, 방사선발생장치를 부당하게 조작하여 사람의 생명 또는 신체에 위험을 가한 사람은 1년 이상 10년 이하의 징역에 처한다.

2. 제1항의 죄를 범하여 사람을 사망하게 한 사람은 3년 이상의 유기징역에 처한다.

### 제115조 (벌칙)

제108조(비밀누설금지)를 위반한 사람은 10년 이하의 징역에 처한다.

### 제116조 (벌칙)

다음 각 호의 어느 하나에 해당하는 자는 3년 이하의 징역 또는 3천만원 이하의 벌금에 처하거나 이를 병과(竝科)할 수 있다.

① 제10조제1항 전단 · 제20조제1항 전단 · 제30조제1항 전단 · 제30조의2제1항 전단 · 제35조제1항 전단 및 제2항 전단 · 제45조제1항 전단 · 제53조제1항 전단 · 제54조제1항 · 제63조제1항 전단 또는 제78조제1항을 위반하여 허가 · 등록 또는 지정을 받지 아니하고 사용 · 소지 · 사업 등 각 해당 조에 규정된 행위를 한 자

② 제27조(제34조에서 준용하는 경우를 포함한다) · 제41조 · 제50조제2항 · 제68조제2항 또는 제92조제2항에 따른 명령을 위반한 자

③ 제17조제1항 · 제24조제1항 · 제32조 · 제38조제1항 · 제48조 · 제57조제1항 · 제59조의2제3항 · 제66조제1항 또는 제81조제1항에 따른 사업 또는 업무의 정지명령을 위반하여 사업 또는 업무를 계속한 자

④ 제105조의2제3항을 위반하여 직무상 알게 된 개인정보 또는 비밀을 타인에게 누설하거나 직무상 목적 외의 목적으로 사용한 자

### 제117조 (벌칙)

음 각 호의 어느 하나에 해당하는 자는 1년 이하의 징역 또는 1천만원 이하의 벌금에 처하거나 이를 병과할 수 있다.

① 제10조제1항 후단 · 제20조제1항 후단 · 제30조제1항 후단 · 제30조의2제1항 후단 · 제35조제1항 후단 및 제2항 후단 · 제45조제1항 후단 · 제53조제1항 후단 또는 제63조제1항 후단을 위반하여 변경허가를 받지 아니하고 허가받은 사항을 변경하거나 승인을 받지 아니하고 지정받은 사항을 변경한 자

② 제10조제4항(제69조에서 준용하는 경우를 포함한다) · 제15조제1항 전단(제29조 · 제34조 · 제44조 · 제51조 및 제69조에서 준용하는 경우를 포함한다) · 제26조제6항(제34조에서 준용하는 경우를 포함한다) · 제28조제1항 전단(제34조에서 준용하는 경우를 포함한다) · 제42조제1항 전단 · 제60조제1항 전단 · 제68조의3제1항 전단 · 제68조의4제1항 전단 · 제76조제1항 전단 또는 제111조제5항 전단을 위반하여 승인을 받지 아니한 자

③ 제16조제1항(제34조에서 준용하는 경우를 포함한다) · 제22조제1항(제34조에서 준용하는 경우를 포함한다) · 제37조제1항 · 제47조제1항 · 제56조제1항 · 제65조제1항 · 제75조제1항 · 제77조제1항 또는 제80조제1항을 위반하여 검사받아야 할 사항을 검사받지 아니하거나 제98조제2항 및 제4항에 따른 검사를 거부 · 방해 또는 기피하거나 거짓의 진술을 한 자

④ 제89조제2항에 따른 제한명령을 위반하여 출입하거나 거주한 자 또는 같은 조 제5항을 위반한 자

⑤ 제31조제3항 · 제52조제3항 · 제59조제2항 · 제59조의2제2항 또는 제98조제1항 및 제3항(보고·검사등)에 따른 명령을 위반한 자

⑥ 제70조제1항 및 제2항 · 제77조제2항 · 제84조제1항 본문 · 제94조 · 제96조 또는 제97조도난등 신고)를 위반한 자

⑦ 제15조의3(제29조 및 제34조에서 준용하는 경우를 포함한다) · 제15조의4제2항 · 제74조제2항 · 제92조제1항 · 제92조의2 · 제98조제1항 또는 제104조제1항(방사선환경조사 · 환경영향평가)을 위반하여 보고를 하지 아니하거나 거짓의 보고를 한 자

### 제118조 (벌칙)

다음 각 호의 어느 하나에 해당하는 자는 300만원 이하의 벌금에 처한다.

① 제15조의4제3항 · 제16조제2항(제34조에서 준용하는 경우를 포함한다) · 제22조제2항(제34조에서 준용하는 경우를 포함한다) · 제23조제2항(제34조제1항에서 준용하는 경우를 포함한다) · 제28조제7항(제34조 및 제44조에서 준용하는 경우를 포함한다) · 제37조제2항 · 제47조제2항 · 제56조제2항 · 제65조제2항 · 제75조제2항 또는 제104조제3항(환경보전)에 따른 명령을 위반한 자

② 제23조제1항(제34조제1항에서 준용하는 경우를 포함한다) · 제26조(제34조에서 준용하는 경우를 포함한다) · 제40조제1항 · 제88조제2항 또는 제102조(종업원에 대한 보호)를 위반한 자

③ 제15조제1항 후단(제29조 · 제34조 · 제44조 · 제51조 및 제69조에서 준용하는 경우를 포함한다) 또는 제28조제1항 후단(제34조에서 준용하는 경우를 포함한다)을 위반하여 (변경승인)을 받지 아니하고 승인받은 사항을 변경한 자

④ 제99조제1항의 (허가 또는 지정 조건)을 위반한 자

⑤ 제59조의2제6항(방사선작업종사자의 실제 일일작업량 보고)을 위반하여 보고를 하지 아니하거나 거짓으로 보고한 자

⑥ 제99조제1항의 허가 또는 지정 조건을 위반한 자

## 2. 과태료

### 제119조 (과태료)

1) 다음 각 호의 어느 하나에 해당하는 자에게는 3천만원 이하의 과태료를 부과한다.

① 제10조제1항 단서 · 제15조제1항 단서(제29조 · 제34조 · 제44조 · 제51조 및 제69조에서 준용하는 경우를 포함한다) · 제15조의2(제29조 및 제34조에서 준용하는 경우를 포함한다) · 제19조제3항(제29조 · 제34조 · 제44조 · 제51조 · 제62조 · 제69조 및 제83조에서 준용하는 경우를 포함한다) · 제20조제1항 단서 · 제28조제1항 단서(제34조에서 준용하는 경우를 포함한다) · 제30조제1항 단서 · 제30조의2제1항 단서 · 제31조제1항 · 제33조 · 제35조제1항 단서

및 제2항 단서 · 제42조제1항 단서 · 제43조(제51조 · 제62조 · 제69조 및 제83조에서 준용하는 경우를 포함한다) · 제45조제1항 단서 · 제52조제1항 · 제53조제1항 단서 및 제2항 · 제53조의2제1항 및 제3항 · 제54조제2항 · 제60조제1항 단서 · 제63조제1항 단서 · 제71조 · 제76조제1항 단서 · 제78조제2항 또는 제95조제1항을 위반하여 신고를 하지 아니하거나 거짓의 신고를 한 자

② 제40조제2항 · 제50조제1항 및 제3항 · 제52조제2항 · 제53조의2제4항 및 제5항 · 제59조제1항 및 제3항 · 제59조의2제7항 · 제61조 · 제68조제2항 · 제70조제3항 및 제4항 · 제72조 · 제73조 · 제74조제1항 · 제91조 또는 제106조제1항을 위반한 자

③ 제18조(제34조에서 준용하는 경우를 포함한다) · 제25조(제34조에서 준용하는 경우를 포함한다) · 제39조 · 제49조 · 제52조제4항 · 제58조 · 제67조 또는 제82조를 위반하여 기록하지 아니하거나 거짓으로 기록한 자

④ 제80조제2항에 따른 명령을 위반한 자

⑤ 제28조제1항 후단(제34조에서 준용하는 경우를 포함한다) · 제42조제1항 후단 · 제60조제1항 후단 · 제76조제1항 후단 또는 제111조제5항 후단을 위반하여 변경승인을 받지 아니하고 승인받은 사항을 변경한 자

⑥ 제15조의2에 따른 성능검증과 관련된 서류를 위조 · 조작한 자

⑦ 제53조의2제6항을 위반하여 대리자를 지정하지 아니한 자

⑧ 제106조제3항을 위반하여 교육을 받게 하지 아니한 자

2) 제1항에 따른 과태료는 대통령령으로 정하는 바에 따라 위원회가 부과 · 징수한다.

**1. 영 제178조(과태료 부과기준 등)**

법 제119조제2항에 따른 과태료의 부과기준은 별표 12와 같다.

## 과태료의 부과기준(제178조 관련)

### 1. 일반기준

가. 위반행위의 횟수에 따른 과태료의 가중된 부과기준은 최근 2년간 같은 위반행위로 과태료 부과처분을 받은 경우에 적용한다. 이 경우 기간의 계산은 위반행위에 대하여 과태료 부과처분을 받은 날과 그 처분 후 다시 같은 위반행위를 하여 적발된 날을 기준으로 한다.

나. 가목에 따라 가중된 부과처분을 하는 경우 가중처분의 적용 차수는 그 위반행위 전 부과처분 차수(가목에 따른 기간 내에 과태료 부과처분이 둘 이상 있었던 경우에는 높은 차수를 말한다)의 다음 차수로 한다.

다. 위원회는 다음의 어느 하나에 해당하는 경우에는 제2호의 개별기준에 따른 과태료 금액의 2

분의 1 범위에서 그 금액을 줄일 수 있다. 다만, 과태료를 체납하고 있는 위반행위자의 경우에는 그렇지 않다.

1) 위반행위자가 「질서위반행위규제법 시행령」 제2조의2제1항 각 호의 어느 하나에 해당하는 경우
2) 위반행위가 사소한 부주의나 오류로 인한 것으로 인정되는 경우
3) 위반행위자가 법 위반상태를 시정하거나 해소하기 위하여 노력한 것이 인정되는 경우
4) 그 밖에 위반행위의 정도, 위반행위의 동기와 그 결과 등을 고려하여 그 금액을 줄일 필요가 있다고 인정되는 경우

라. 위원회는 다음의 어느 하나에 해당하는 경우에는 제2호에 따른 과태료 금액의 2분의 1 범위에서 그 금액을 늘릴 수 있다. 다만, 법 제119조제1항에 따른 과태료 금액의 상한을 넘을 수 없다.

1) 위반의 내용 · 정도가 중대하여 공중에 미치는 피해가 크다고 인정되는 경우
2) 해당 위반행위보다 중대한 위반행위를 은폐 · 조작하기 위하여 위반행위가 발생한 경우
3) 법 위반상태의 기간이 6개월 이상인 경우
4) 그 밖에 위반행위의 정도, 위반행위의 동기와 그 결과 등을 고려하여 그 금액을 늘릴 필요가 있다고 인정되는 경우

## 2. 개별기준

(단위: 만원)

| 위반행위 | 근거 법조문 | 과태료 금액 | | |
|---|---|---|---|---|
| | | 1차 위반 | 2차 위반 | 3차 이상 위반 |
| 가. 법 제10조제1항 단서를 위반하여 신고를 하지 않거나 거짓으로 신고한 경우 | 법 제119조제1항제1호 | 500 | 1,000 | 2,000 |
| 나. 법 제15조제1항 단서를 위반하여 신고를 하지 않거나 거짓으로 신고한 경우 | 법 제119조제1항제1호 | 300 | 450 | 900 |
| 다. 법 제15조의2를 위반하여 신고를 하지 않거나 거짓으로 신고한 경우 | 법 제119조제1항제1호 | 600 | 1,200 | 3,000 |
| 라. 법 제15조의2에 따른 성능검증과 관련된 서류를 위조 · 조작한 경우 | 법 제119조제1항제6호 | 600 | 1,200 | 3,000 |
| 마. 법 제18조를 위반하여 기록하지 않거나 거짓으로 기록한 경우 | 법 제119조제1항제3호 | 400 | 800 | 1,600 |
| 바. 법 제19조제3항을 위반하여 신고를 하지 않거나 거짓으로 신고한 경우 | 법 제119조제1항제1호 | 500 | 1,000 | 2,000 |
| 사. 법 제20조제1항 단서를 위반하여 신고를 하지 않거나 거짓으로 신고한 경우 | 법 제119조제1항제1호 | 500 | 1,000 | 2,000 |
| 아. 법 제25조를 위반하여 기록하지 않거나 거짓으로 기록한 경우 | 법 제119조제1항제3호 | 400 | 800 | 1,600 |

| | | | | |
|---|---|---|---|---|
| 자. 법 제28조제1항 후단을 위반하여 변경승인을 받지 않고 승인받은 사항을 변경한 경우 | 법 제119조제1항제5호 | 500 | 1,000 | 2,000 |
| 차. 법 제28조제1항 단서를 위반하여 신고를 하지 않거나 거짓으로 신고한 경우 | 법 제119조제1항제1호 | 500 | 1,000 | 2,000 |
| 카. 법 제29조에 따라 준용되는 제15조제1항 단서를 위반하여 신고를 하지 않거나 거짓으로 신고한 경우 | 법 제119조제1항제1호 | 300 | 450 | 900 |
| 타. 법 제29조에 따라 준용되는 제15조의2를 위반하여 신고를 하지 않거나 거짓으로 신고한 경우 | 법 제119조제1항제1호 | 600 | 1,200 | 3,000 |
| 파. 법 제29조에 따라 준용되는 제19조제3항을 위반하여 신고를 하지 않거나 거짓으로 신고한 경우 | 법 제119조제1항제1호 | 500 | 1,000 | 2,000 |
| 하. 법 제30조제1항 단서를 위반하여 신고를 하지 않거나 거짓으로 신고한 경우 | 법 제119조제1항제1호 | 500 | 1,000 | 2,000 |
| 거. 법 제30조의2제1항 단서를 위반하여 신고를 하지 않거나 거짓으로 신고한 경우 | 법 제119조제1항제1호 | 600 | 1,200 | 3,000 |
| 너. 법 제31조제1항을 위반하여 신고를 하지 않거나 거짓으로 신고한 경우 | 법 제119조제1항제1호 | 500 | 1,000 | 2,000 |
| 더. 법 제33조를 위반하여 신고를 하지 않거나 거짓으로 신고한 경우 | 법 제119조제1항제1호 | 500 | 1,000 | 2,000 |
| 러. 법 제34조에 따라 준용되는 제15조제1항 단서를 위반하여 신고를 하지 않거나 거짓으로 신고한 경우 | 법 제119조제1항제1호 | 300 | 450 | 900 |
| 머. 법 제34조에 따라 준용되는 제15조의2를 위반하여 신고를 하지 않거나 거짓으로 신고한 경우 | 법 제119조제1항제1호 | 600 | 1,200 | 3,000 |
| 버. 법 제34조에 따라 준용되는 제18조를 위반하여 기록하지 않거나 거짓으로 기록한 경우 | 법 제119조제1항제3호 | 400 | 800 | 1,600 |
| 서. 법 제34조에 따라 준용되는 제19조제3항을 위반하여 신고를 하지 않거나 거짓으로 신고한 경우 | 법 제119조제1항제1호 | 500 | 1,000 | 2,000 |
| 어. 법 제34조에 따라 준용되는 제25조를 위반하여 기록하지 않거나 거짓으로 기록한 경우 | 법 제119조제1항제3호 | 400 | 800 | 1,600 |
| 저. 법 제34조에 따라 준용되는 제28조제1항 후단을 위반하여 변경승인을 받지 않고 승인받은 사항을 변경한 경우 | 법 제119조제1항제5호 | 500 | 1,000 | 2,000 |
| 처. 법 제34조에 따라 준용되는 제28조제1항 단서를 위반하여 신고를 하지 않거나 거짓으로 신고한 경우 | 법 제119조제1항제1호 | 500 | 1,000 | 2,000 |

| | | | | |
|---|---|---|---|---|
| 커. 법 제35조제1항 단서 또는 제2항 단서를 위반하여 신고를 하지 않거나 거짓으로 신고한 경우 | 법 제119조제1항제1호 | 500 | 1,000 | 2,000 |
| 터. 법 제39조를 위반하여 기록하지 않거나 거짓으로 기록한 경우 | 법 제119조제1항제3호 | 400 | 800 | 1,600 |
| 퍼. 법 제40조제2항을 위반한 경우 | 법 제119조제1항제2호 | 400 | 800 | 1,600 |
| 허. 법 제42조제1항 후단을 위반하여 변경승인을 받지 않고 승인받은 사항을 변경한 경우 | 법 제119조제1항제5호 | 400 | 800 | 1,600 |
| 고. 법 제42조제1항 단서를 위반하여 신고를 하지 않거나 거짓으로 신고한 경우 | 법 제119조제1항제1호 | 400 | 800 | 1,600 |
| 노. 법 제43조를 위반하여 신고를 하지 않거나 거짓으로 신고한 경우 | 법 제119조제1항제1호 | 200 | 300 | 600 |
| 도. 법 제44조에 따라 준용되는 제15조제1항 단서를 위반하여 신고를 하지 않거나 거짓으로 신고한 경우 | 법 제119조제1항제1호 | 300 | 450 | 900 |
| 로. 법 제44조에 따라 준용되는 제19조제3항을 위반하여 신고를 하지 않거나 거짓으로 신고한 경우 | 법 제119조제1항제1호 | 500 | 1,000 | 2,000 |
| 모. 법 제45조제1항 단서를 위반하여 신고를 하지 않거나 거짓으로 신고한 경우 | 법 제119조제1항제1호 | 200 | 300 | 600 |
| 보. 법 제49조를 위반하여 기록하지 않거나 거짓으로 기록한 경우 | 법 제119조제1항제3호 | 200 | 300 | 600 |
| 소. 법 제50조제1항 또는 제3항을 위반한 경우 | 법 제119조제1항제2호 | 200 | 300 | 600 |
| 오. 법 제51조에 따라 준용되는 제15조제1항 단서를 위반하여 신고를 하지 않거나 거짓으로 신고한 경우 | 법 제119조제1항제1호 | 300 | 450 | 900 |
| 조. 법 제51조에 따라 준용되는 제19조제3항을 위반하여 신고를 하지 않거나 거짓으로 신고한 경우 | 법 제119조제1항제1호 | 200 | 300 | 600 |
| 초. 법 제51조에 따라 준용되는 제43조를 위반하여 신고를 하지 않거나 거짓으로 신고한 경우 | 법 제119조제1항제1호 | 200 | 300 | 600 |
| 코. 법 제52조제1항을 위반하여 신고를 하지 않거나 거짓으로 신고한 경우 | 법 제119조제1항제1호 | 300 | 450 | 900 |
| 토. 법 제52조제2항을 위반한 경우 | 법 제119조제1항제2호 | 200 | 300 | 600 |
| 포. 법 제52조제4항을 위반하여 기록하지 않거나 거짓으로 기록한 경우 | 법 제119조제1항제3호 | 200 | 300 | 600 |

| | | | | |
|---|---|---|---|---|
| 호. 법 제53조제1항 단서 또는 제2항을 위반하여 신고를 하지 않거나 거짓으로 신고한 경우 | 법 제119조제1항제1호 | 300 | 450 | 900 |
| 구. 법 제53조의2제1항을 위반하여 신고를 하지 않거나 거짓으로 신고한 경우 | 법 제119조제1항제1호 | 300 | 450 | 900 |
| 누. 법 제53조의2제3항을 위반하여 신고를 하지 않거나 거짓으로 신고한 경우 | 법 제119조제1항제1호 | 200 | 300 | 600 |
| 두. 법 제53조의2제4항을 위반한 경우 | 법 제119조제1항제2호 | 200 | 300 | 600 |
| 루. 법 제53조의2제5항을 위반한 경우 | 법 제119조제1항제2호 | 200 | 300 | 600 |
| 무. 법 제53조의2제6항을 위반하여 대리자를 지정하지 않은 경우 | 법 제119조제1항제7호 | 200 | 300 | 600 |
| 부. 법 제54조제2항을 위반하여 신고를 하지 않거나 거짓으로 신고한 경우 | 법 제119조제1항제1호 | 200 | 300 | 600 |
| 수. 법 제58조를 위반하여 기록하지 않거나 거짓으로 기록한 경우 | 법 제119조제1항제3호 | 200 | 300 | 600 |
| 우. 법 제59조제1항 또는 제3항을 위반한 경우 | 법 제119조제1항제2호 | 300 | 450 | 900 |
| 주. 법 제59조의2제7항을 위반한 경우 | 법 제119조제1항제2호 | 400 | 800 | 1,600 |
| 추. 법 제60조제1항 후단을 위반하여 변경승인을 받지 않고 승인받은 사항을 변경한 경우 | 법 제119조제1항제5호 | 300 | 450 | 900 |
| 쿠. 법 제60조제1항 단서를 위반하여 신고를 하지 않거나 거짓으로 신고한 경우 | 법 제119조제1항제1호 | 200 | 300 | 600 |
| 투. 법 제61조를 위반한 경우 | 법 제119조제1항제2호 | 300 | 450 | 900 |
| 푸. 법 제62조에 따라 준용되는 제19조제3항을 위반하여 신고를 하지 않거나 거짓으로 신고한 경우 | 법 제119조제1항제1호 | 300 | 450 | 900 |
| 후. 법 제62조에 따라 준용되는 제43조를 위반하여 신고를 하지 않거나 거짓으로 신고한 경우 | 법 제119조제1항제1호 | 200 | 300 | 600 |
| 그. 법 제63조제1항 단서를 위반하여 신고를 하지 않거나 거짓으로 신고한 경우 | 법 제119조제1항제1호 | 300 | 450 | 900 |
| 느. 법 제67조를 위반하여 기록하지 않거나 거짓으로 기록한 경우 | 법 제119조제1항제3호 | 300 | 450 | 900 |
| 드. 법 제68조제1항 또는 제3항을 위반한 경우 | 법 제119조제1항제2호 | 300 | 450 | 900 |
| 르. 법 제69조에 따라 준용되는 제15조제1항 단서를 위반하여 신고를 하지 않거나 거짓으로 신고한 경우 | 법 제119조제1항제1호 | 300 | 450 | 900 |

| | | | | |
|---|---|---|---|---|
| 므. 법 제69조에 따라 준용되는 제19조제3항을 위반하여 신고를 하지 않거나 거짓으로 신고한 경우 | 법 제119조제1항제1호 | 300 | 450 | 900 |
| 브. 법 제69조에 따라 준용되는 제43조를 위반하여 신고를 하지 않거나 거짓으로 신고한 경우 | 법 제119조제1항제1호 | 200 | 300 | 600 |
| 스. 법 제70조제3항 또는 제4항을 위반한 경우 | 법 제119조제1항제2호 | 300 | 450 | 900 |
| 으. 법 제71조를 위반하여 신고를 하지 않거나 거짓으로 신고한 경우 | 법 제119조제1항제1호 | 300 | 450 | 900 |
| 즈. 법 제72조를 위반한 경우 | 법 제119조제1항제2호 | 300 | 450 | 900 |
| 츠. 법 제73조를 위반한 경우 | 법 제119조제1항제2호 | 200 | 300 | 600 |
| 크. 법 제74조제1항을 위반한 경우 | 법 제119조제1항제2호 | 300 | 450 | 900 |
| 트. 법 제76조제1항 후단을 위반하여 변경승인을 받지 않고 승인받은 사항을 변경한 경우 | 법 제119조제1항제5호 | 300 | 450 | 900 |
| 프 법 제76조제1항 단서를 위반하여 신고를 하지 않거나 거짓으로 신고한 경우 | 법 제119조제1항제1호 | 200 | 300 | 600 |
| 흐. 법 제78조제2항을 위반하여 신고를 하지 않거나 거짓으로 신고한 경우 | 법 제119조제1항제1호 | 300 | 450 | 900 |
| 기. 법 제80조제2항에 따른 명령을 위반한 경우 | 법 제119조제1항제4호 | 300 | 450 | 900 |
| 니. 법 제82조를 위반하여 기록하지 않거나 거짓으로 기록한 경우 | 법 제119조제1항제3호 | 200 | 300 | 600 |
| 디. 법 제83조에 따라 준용되는 제19조제3항을 위반하여 신고를 하지 않거나 거짓으로 신고한 경우 | 법 제119조제1항제1호 | 200 | 300 | 600 |
| 리. 법 제83조에 따라 준용되는 제43조를 위반하여 신고를 하지 않거나 거짓으로 신고한 경우 | 법 제119조제1항제1호 | 200 | 300 | 600 |
| 미. 법 제91조를 위반한 경우 | 법 제119조제1항제2호 | 400 | 800 | 1,600 |
| 비. 법 제95조제1항을 위반하여 신고를 하지 않거나 거짓으로 신고한 경우 | 법 제119조제1항제1호 | 300 | 450 | 900 |
| 시. 법 제106조제1항을 위반한 경우 | 법 제119조제1항제2호 | 200 | 300 | 600 |
| 이. 법 제106조제3항을 위반하여 교육을 받게 하지 않은 경우 | 법 제119조제1항제8호 | 200 | 300 | 600 |
| 지. 법 제111조제5항 후단을 위반하여 변경승인을 받지 않고 승인받은 사항을 변경한 경우 | 법 제119조제1항제5호 | 200 | 300 | 600 |

### 제120조 (양벌규정)

1. 법인의 대표자나 법인 또는 개인의 대리인, 사용인, 그 밖의 종업원이 그 법인 또는 개인의 업무에 관하여 제113조부터 제115조까지의 어느 하나에 해당하는 위반행위를 하면 그 행위자를 벌하는 외에 그 법인 또는 개인을 1억원 이하의 벌금에 처한다. 다만, 법인 또는 개인이 그 위반행위를 방지하기 위하여 해당 업무에 관하여 상당한 주의와 감독을 게을리하지 아니한 경우에는 그러하지 아니하다.

2. 법인의 대표자나 법인 또는 개인의 대리인, 사용인, 그 밖의 종업원이 그 법인 또는 개인의 업무에 관하여 제116조부터 제118조까지의 어느 하나에 해당하는 위반행위를 하면 그 행위자를 벌하는 외에 그 법인 또는 개인에게도 해당 조문의 벌금형을 과(科)한다. 다만, 법인 또는 개인이 그 위반행위를 방지하기 위하여 해당 업무에 관하여 상당한 주의와 감독을 게을리하지 아니한 경우에는 그러하지 아니하다.

### 제121조 (벌칙적용에서의 공무원 의제)

다음 각 호의 어느 하나에 해당하는 자는 「형법」과 그 밖의 법률에 따른 벌칙의 적용에 있어서는 이를 공무원으로 본다.

① 성능검증기관에서 성능검증업무를 하는 자

② 성능검증관리기관에서 성능검증관리업무에 종사하는 자

③ 제111조에 따라 위탁한 업무에 종사하는 기관 또는 관계 전문기관의 임원 및 직원

## 3. 방사능 방재대책

## 제3장 방사능 방재대책

### 제1절 방사능재난 관리 및 대응체제

**제17조(방사선비상의 종류)** ① 원자력시설등의 방사선비상의 종류는 사고의 정도와 상황에 따라 백색비상, 청색비상 및 적색비상으로 구분한다.

② 제1항의 방사선비상의 종류에 대한 기준, 각 종류별 대응 절차 및 그 밖에 필요한 사항은 대통령령으로 정한다.

**제19조(방사선비상의 종류에 대한 기준 등)** 법 제17조제2항의 규정에 의한 방사선비상의 종류에 대한 기준 및 각 종류별 대응절차는 별표 26과 같다.

■ 원자력시설 등의 방호 및 방사능 방재 대책법 시행령 [별표 26]

## 방사선비상의 종류에 대한 기준 및 방사선비상별 대응절차(제19조관련)

1. 방사선비상의 종류에 대한 기준

| 구분 | 기준 |
|---|---|
| 백색비상 | 방사성물질의 밀봉상태의 손상 또는 원자력시설의 안전상태 유지를 위한 전원공급기능에 손상이 발생하거나 발생할 우려가 있는 등의 사고로서 방사성물질의 누출로 인한 방사선영향이 원자력시설의 건물 내에 국한될 것으로 예상되는 비상사태 |
| 청색비상 | 백색비상에서 안전상태로의 복구기능의 저하로 원자력시설의 주요 안전기능에 손상이 발생하거나 발생할 우려가 있는 등의 사고로서 방사성물질의 누출로 인한 방사선영향이 원자력시설 부지 내에 국한될 것으로 예상되는 비상사태 |
| 적색비상 | 노심의 손상 또는 용융 등으로 원자력시설의 최후방벽에 손상이 발생하거나 발생할 우려가 있는 사고로서 방사성물질의 누출로 인한 방사선영향이 원자력시설 부지 밖으로 미칠 것으로 예상되는 비상사태 |

2. 방사선비상별 대응절차

| 구분 | 대응절차(대응조치) | | |
|---|---|---|---|
| | 백색비상 | 청색비상 | 적색비상 |
| 원자력사업자 | 1. 법 제21조제1항제1호의 규정에 의한 원자력안전위원회 등에의 보고<br>2. 법 제21조제1항제3호의 규정에 의한 방사능비상에 관한 정보의 공개<br>3. 법 제21조제1항제4호의 규정에 의한 방사선사고확대 방지를 위한 응급조치 및 응급조치요원 등의 방사선 피폭을 저감하기 위하여 필요한 방사선방호조치<br>4. 법 제35조제1항제5호의 규정에 의한 비상대응시설의 운영 | 1. 백색비상란 제1호 내지 제4호에 규정되어 있는 대응조치<br>2. 법 제20조제1항의 규정에 의한 원자력사업자의 방사선비상계획에 따른 원자력사업자 비상대책본부의 설치·운영<br>3. 법 제21조제1항제5호의 규정에 의한 방재요원의 파견, 기술적 사항의 자문, 방사선측정장비 등의 대여 등 지원<br>4. 제24조의 규정에 의한 원자력시설 부지 내에서 방사능비상으로부터 방사능에 오염되거나 방사선에 피폭된 자와 원자력사업자의 종업원 중 방사능에 오염되거나 방사선에 피폭된 자에 대한 응급조치 | 청색비상란 제1호 내지 제4호에 규정되어 있는 대응조치 |

| | | | |
|---|---|---|---|
| 원자력<br>사업자 | 5. 제24조의 규정에 의한 원자력시설 건물 내에서 방사능비상으로부터 방사능에 오염되거나 방사선에 피폭된 자와 원자력사업자의 종업원 중 방사능에 오염되거나 방사선에 피폭된 자에 대한 응급조치 | | |
| 원자력안전<br>위원회 | 법 제21조제1항제1호의 규정에 의한 보고를 받은 경우에 국가방사능방재계획에 따라 이를 관련기관에 통보 | 1. 법 제21조제1항제1호의 규정에 의한 보고를 받은 경우에 국가방사능방재계획에 따라 이를 관련기관에 통보<br>2. 방사선비상의 사고 정도와 그 상황이 방사능재난의 선포기준에 해당하여 법 제23조제1항의 규정에 의하여 방사능재난 발생을 선포한 경우<br>가. 국가방사능방재계획에 의하여 이를 관련기관에 통보<br>나. 국무총리를 거쳐 대통령에게 방사능재난상황의 개요 등을 보고<br>다. 시·도지사 및 시장·군수·구청장으로 하여금 방사선영향을 받을 우려가 있는 지역안의 주민에게 방사능재난의 발생상황을 알리게 하고 필요한 대응을 하게 함<br>라. 법 제25조제1항의 규정에 의한 중앙본부부의 설치·운영<br>마. 법 제28조제2항의 규정에 의한 현장방사능방재지휘센터의 장의 지명<br>바. 법 제28조의 규정에 의한 현장방사능방재지휘센터의 장에 대한 지휘<br>사. 법 제32조의 규정에 의한 방사능방호기술지원본부 및 방사선비상의료지원본부의 장에 대한 지휘 | 청색비상란 제1호 및 제2호에 규정되어 있는 대응조치 |
| 현장방사능<br>방재지휘센<br>터의 장 | | 1. 현장방사능방재지휘센터의 운영<br>2. 법 제28조제3항의 규정에 의한 연합정보센터의 설치·운영<br>3. 법 제29조제1항 각호에 규정되어 있는 권한의 행사 | 청색비상란 제1호 내지 제3호에 규정되어 있는 대응조치 |

| 방사선비상계획구역의 전부 또는 일부를 관할하는 시·도지사 및 시장·군수·구청장 | 법 제27조제1항의 규정에 의한 지역본부의 설치·운영 | 1. 법 제27조제1항의 규정에 의한 지역본부의 설치·운영<br>2. 방사선비상의 사고 정도와 그 상황이 방사능재난의 선포기준에 해당하여 법 제23조제1항의 규정에 의하여 방사능재난발생을 선포한 경우에 현장방사능방재지휘센터의 장이 법 제29조제1항 제3호·제4호 및 제7호의 사항을 결정한 경우 이의 시행 | 청색비상란 제1호 및 제2호에 규정되어 있는 대응조치 |
|---|---|---|---|

**제22조(방사능사고의 신고 등)** ① 누구든지 원자력시설 외의 장소에서 방사성물질 운반차량 · 선박 등의 화재 · 사고 또는 방사성물질이나 방사성물질로 의심되는 물질을 발견하였을 때에는 지체 없이 원자력안전위원회, 지방자치단체, 소방관서, 경찰관서 또는 인근 군부대 등에 신고하여야 한다.

② 제1항에 따라 신고를 받은 원자력안전위원회 외의 기관장은 지체 없이 이를 원자력안전위원회에 보고하여야 한다.

③ 제1항에 따른 신고 또는 제2항에 따른 보고를 한 경우에는 「재난 및 안전관리기본법」 제19조에 따른 신고 또는 통보를 각각 마친 것으로 본다.

**제22조의2(긴급조치)** ① 원자력안전위원회는 방사능사고 및 방사능오염확산 또는 그 가능성으로부터 국민의 생명과 건강 또는 환경을 보호하기 위하여 긴급한 조치가 필요하다고 인정하는 경우에는 방사능오염원의 제거, 방사능오염의 확산방지 등을 위하여 필요한 조치를 취할 수 있다.

② 원자력안전위원회는 중앙행정기관, 지정기관 및 관련 법인 · 개인에게 제1항에 따른 긴급조치를 위하여 필요한 사항을 요청하거나 명할 수 있다.

③ 제2항에 따라 원자력안전위원회로부터 요청 또는 요구를 받은 자는 특별한 사유가 없으면 이에 따라야 한다.

④ 제1항에 따른 긴급조치를 수행하는 자는 그 권한을 나타내는 증표를 지니고 이를 관계인에게 보여주어야 한다.

⑤ 원자력안전위원회는 제1항에 따른 긴급조치를 수행하는 자의 업무를 필요한 범위로 한정하여 함부로 타인의 권리를 제한하거나 정당한 업무를 방해하여서는 아니 된다.

**제23조(방사능재난의 선포 및 보고)** ① 원자력안전위원회는 다음 각 호의 어느 하나에 해당하는 방사능재난이 발생하였을 때에는 지체 없이 방사능재난이 발생한 것을 선포하여야 한다.

1. 측정 또는 평가한 피폭방사선량이 대통령령으로 정하는 기준 이상인 경우
2. 측정한 공간방사선량률 또는 오염도가 대통령령으로 정하는 기준 이상인 경우
3. 그 밖에 원자력안전위원회가 방사능재난의 발생을 선포할 필요가 있다고 인정하는 경우

② 원자력안전위원회는 제1항에 따른 방사능재난의 발생을 선포한 경우에는 지체 없이 국무총리를 거쳐 대통령에게 다음 각 호의 사항을 보고하여야 한다.

1. 방사능재난 상황의 개요
2. 방사능재난 긴급대응조치를 하여야 하는 구역
3. 방사능재난에 대한 긴급대응 조치사항

**영 제25조(방사능재난 발생의 선포기준)** ①법 제23조제1항제1호에서 “대통령령이 정하는 기준 이상인 경우”라 함은 원자력시설 부지 경계에서 측정 또는 평가한 피폭방사선량이 다음 각 호의 어느 하나에 해당하는 경우를 말한다.

1. 전신선량을 기준으로 시간당 10 밀리시버트 이상인 경우
2. 갑상선선량을 기준으로 시간당 50 밀리시버트 이상인 경우

② 법 제23조제1항제2호에서 “대통령령이 정하는 기준 이상인 경우”라 함은 원자력시설 부지 경계에서 측정한 공간방사선량률이 시간당 1 렌트겐 이상인 경우 또는 오염도가 시간당 1 렌트겐 이상에 상당하는 경우를 말한다.

**제28조(현장방사능방재지휘센터의 설치)** ① 원자력안전위원회는 방사능재난등의 신속한 지휘 및 상황 관리, 재난정보의 수집과 통보를 위하여 발전용 원자로나 그 밖에 대통령령으로 정하는 원자력시설이 있는 인접 지역에 현장방사능방재지휘센터(이하 “현장지휘센터”라 한다)를 설치하여야 한다.

② 현장지휘센터의 장은 원자력안전위원회 소속 공무원 중에서 원자력안전위원회가 지명하며, 현장지휘센터에는 대통령령으로 정하는 중앙행정기관, 지방자치단체 및 지정기관의 공무원 또는 임직원(이하 “관계관”이라 한다)을 파견한다.

③ 현장지휘센터에는 방사능재난등에 대한 정확하고 통일된 정보를 제공하기 위하여 연합정보센터를 설치 · 운영한다. 다만, 현장지휘센터가 운영되기 전까지는 시 · 군 · 구 방사능방재대책본부에 연합정보센터를 설치 · 운영한다.

④ 제1항에 따른 현장지휘센터와 제3항에 따른 연합정보센터의 구성 · 운영 등에 필요한 사항은 대통령령으로 정한다.

**영 30조(현장지휘센터의 구성 및 운영 등)** ①법 제28조제1항에서 "그 밖에 대통령령으로 정하는 원자력시설"이라 함은 다음 각호의 시설을 말한다.

1. 법 제2조제1항제2호의 규정에 의한 연구용원자로중 열출력 2메가와트 이상인 연구용원자로 및 그 관계시설
2. 법 제2조제1항제2호의 규정에 의한 방사성폐기물의 저장 · 처리 · 처분시설중 사용후핵연료 저장 · 처리시설 및 그 부속시설

② 법 제28조제2항에서 "대통령령으로 정하는 중앙행정기관과 지방자치단체 및 지정기관"이라 함은 다음 각 호의 기관을 말한다.

1. 교육부
2. 과학기술정보통신부
3. 국방부
4. 행정안전부
5. 문화체육관광부
6. 산업통상자원부
7. 보건복지부
8. 여성가족부
9. 국토교통부
10. 해양수산부
11. 식품의약품안전처
12. 소방청
13. 원자력안전위원회
14. 방사선비상계획구역의 전부 또는 일부를 관할구역으로 하는 시 · 도
15. 방사선비상계획구역의 전부 또는 일부를 관할구역으로 하는 시 · 군 · 구
16. 지정기관

③ 법 제28조제1항의 규정에 의한 현장방사능방재지휘센터(이하 "현장지휘센터"라 한다)의 장은 방사능재난등의 신속한 지휘 및 상황관리, 재난정보의 신속한 수집과 통보를 위하여 기능별로 실무반을 설치 · 운영할 수 있다.

**제29조(현장지휘센터의 장의 권한)** ① 현장지휘센터의 장은 방사능재난등의 수습에 관하여 다음 각 호의 권한을 가진다.

1. 방사능재난등에 관하여 제27조에 따른 시 · 군 · 구 방사능방재대책본부의 장에 대한 지휘
2. 제28조제2항에 따라 중앙행정기관, 지방자치단체 및 지정기관에서 파견된 관계관에 대한 임무 부여

3. 대피, 소개(疏開), 음식물 섭취 제한, 갑상샘 방호 약품 배포 등 긴급 주민 보호 조치의 결정
4. 방사능재난등이 발생한 지역의 식료품과 음료품, 농 · 축 · 수산물의 반출 또는 소비 통제 등의 결정
5. 「재난 및 안전관리기본법」 제40조부터 제42조까지의 규정에 따른 권한사항에 대한 결정
6. 「재난 및 안전관리기본법」 제51조제4항에 따른 회전익항공기의 운항 결정
7. 「재난 및 안전관리기본법」 제52조에 따른 방사능재난 현장에서의 긴급구조통제단의 긴급구조활동에 필요한 방사선방호조치

② 제28조제2항에 따라 현장지휘센터에 파견되어 방재활동을 하는 관계관은 제1항에 따른 현장지휘센터의 장의 지휘에 따른다. 다만, 방사능재난 현장에서 긴급구조활동을 하는 사람은 「재난 및 안전관리기본법」 제52조에 따라 현장지휘를 하는 각급 통제단장의 지휘에 따라야 한다.

③ 제1항제3호 · 제4호 및 제7호의 조치에 대한 기술기준과 현장지휘에 관한 세부사항은 총리령으로 정한다.

**규칙 제15조(긴급 주민보호조치의 결정기준 등)** ① 법 제29조제1항제3호에 따른 대피 · 소개(疏開) · 음식물섭취제한 · 갑상선방호약품배포 등 긴급 주민보호조치의 결정기준은 별표 4와 같다.

## 긴급 주민보호조치의 결정기준(제15조제1항 관련)

1. 대피 · 소개 및 갑상선방호약품배포 등의 결정기준

| 긴급 주민보호조치 | 결정기준 |
|---|---|
| 대피 | 10 mSv |
| 소개 | 50 mSv |
| 갑상선방호약품배포 | 100 mGy |
| 일시이주 | 30 mSv/처음 1개월,<br>10 mSv/그 다음 1개월 |
| 영구정착 | 1S v/평생 |

비고
1) 결정기준은 유효선량(인체 각 조직간 선량분포에 따른 위험정도를 하나의 양으로 나타내기 위하여 각 조직의 등가선량에 해당조직의 가중치를 곱하여 이를 모든 조직에 대해 합산한 양을 말한다)을 기준으로 한다.
2) 대피는 2일을 초과할 수 없다.
3) 소개는 1주일을 초과할 수 없다.
4) 1개월은 30일을 기준으로 한다.
5) 평생은 70년을 기준으로 한다.

2. 음식물 섭취제한 기준

| 구분 | | | 육류 · 어류 · 곡물 (Bq/㎏) | 야채 · 과일 (Bq/㎏) | 물 · 우유 (Bq/l) | 유아식품 (Bq/㎏) |
|---|---|---|---|---|---|---|
| 방사성핵종 | 1군 | Cs-134, Cs-137, Ru-103, Ru-106, Sr-89 | 2,000 | 1,000 | 200 | 100 |
| | 2군 | I-131, Sr-90 | 1,000 | 500 | 100 | 10 |
| | 3군 | U-235, U-238 | 100 | 100 | 20 | 10 |
| | 4군 | Am-241, Pu-238, Pu-239, Pu-240, Pu-242 | 10 | 10 | 10 | 1 |
| | 5군 | H-3 | | | 100 kBq/l | |

② 법 제29조제1항제4호에 따른 방사선비상 및 방사능재난(이하 "방사능재난등"이라 한다)이 발생한 지역의 식료품과 음료품, 농 · 축 · 수산물의 반출 또는 소비 통제 등의 결정기준은 별표 5와 같다.

## 식료품과 음료품, 농 · 축 · 수산물의 반출 또는 소비 통제 등의 결정기준
(제15조제2항 관련)

1. 반출 또는 소비 통제의 결정기준

| 구 분 | | | 식료품과 음료품 | | | 농 · 축 · 수산물 (Bq/kg) |
|---|---|---|---|---|---|---|
| | | | 야채 · 과일 (Bq/kg) | 물 · 우유 (Bq/ℓ) | 유아 식품 (Bq/kg) | |
| 방사성핵종 | 1군 | Cs-134, Cs-137, Ru-103, Ru-106, Sr-89 | 1,000 | 200 | 100 | 2,000 |
| | 2군 | I-131, Sr-90 | 500 | 100 | 10 | 1,000 |
| | 3군 | U-235, U-238 | 100 | 20 | 10 | 100 |
| | 4군 | Am-241, Pu-238, Pu-239, Pu-240, Pu-242 | 10 | 10 | 1 | 10 |
| | 5군 | H-3 | 100 kBq/ℓ | | | |

2. 반출 또는 소비 통제의 방법
   가. 식료품
      1) 오염된 식료품은 폐기할 것
      2) 오염된 식료품의 판매 및 가공처리를 방지할 것
      3) 오염되지 않은 식료품과의 혼합을 방지할 것
   나. 음료품
      오염된 식수원은 봉쇄 조치할 것
   다. 오염지역의 방목된 젖소로부터 나오는 우유
      1) 남아 있는 방사능농도가 결정기준 미만일 경우에는 치즈 등 다른 식품으로 가공하여 보관할 것
      2) 남아 있는 방사능농도가 결정기준 이상일 경우에는 폐기할 것
   라. 농·축산물 및 가축 사료
      1) 반감기가 짧은 핵종으로 오염된 경우 오염된 농·축산물은 일시 저장하고 확인한 후 사용할 것
      2) 반감기가 긴 핵종으로 오염된 경우에는 폐기할 것

③ 법 제29조제1항제7호에 따른 방사능재난 현장에서의 긴급구조통제단의 긴급구조활동에 필요한 방사선방호조치에 관하여는 제14조제2항을 준용한다. 이 경우 "응급조치요원 등"은 "긴급구조통제단의 긴급구조요원"으로 본다.

[별표 6]

## 핵종별 규제면제 관련 수량 및 농도

| 원자번호<br>제1란 | 핵종<br>제2란 | 최소수량 (Bq)<br>제3란 | 최소농도 (Bq/g)<br>제4란 | 원자번호<br>제1란 | 핵종<br>제2란 | 최소수량 (Bq)<br>제3란 | 최소농도 번호 (Bq/g)<br>제4란 |
|---|---|---|---|---|---|---|---|
| 1 | H-3 | $1 \times 10^9$ | $1 \times 10^6$ | 25 | Mn-54 | $1 \times 10^6$ | $1 \times 10^1$ |
| 4 | Be-7 | $1 \times 10^7$ | $1 \times 10^3$ | 25 | Mn-56 | $1 \times 10^5$ | $1 \times 10^1$ |
| 6 | C-14 | $1 \times 10^7$ | $1 \times 10^4$ | 26 | Fe-52 | $1 \times 10^6$ | $1 \times 10^1$ |
| 8 | O-15 | $1 \times 10^9$ | $1 \times 10^2$ | 26 | Fe-55 | $1 \times 10^6$ | $1 \times 10^4$ |
| 9 | F-18 | $1 \times 10^6$ | $1 \times 10^1$ | 26 | Fe-59 | $1 \times 10^6$ | $1 \times 10^1$ |
| 11 | Na-22 | $1 \times 10^6$ | $1 \times 10^1$ | 27 | Co-55 | $1 \times 10^6$ | $1 \times 10^1$ |

| 11 | Na-24 | $1 \times 10^{5}$ | $1 \times 10^{1}$ | 27 | Co-56 | $1 \times 10^{5}$ | $1 \times 10^{1}$ |
|---|---|---|---|---|---|---|---|
| 14 | Si-31 | $1 \times 10^{6}$ | $1 \times 10^{3}$ | 27 | Co-57 | $1 \times 10^{6}$ | $1 \times 10^{2}$ |
| 15 | P-32 | $1 \times 10^{5}$ | $1 \times 10^{3}$ | 27 | Co-58 | $1 \times 10^{6}$ | $1 \times 10^{1}$ |
| 15 | P-33 | $1 \times 10^{8}$ | $1 \times 10^{5}$ | 27 | Co-58m | $1 \times 10^{7}$ | $1 \times 10^{4}$ |
| 16 | S-35 | $1 \times 10^{8}$ | $1 \times 10^{5}$ | 27 | Co-60 | $1 \times 10^{5}$ | $1 \times 10^{1}$ |
| 17 | Cl-36 | $1 \times 10^{6}$ | $1 \times 10^{4}$ | 27 | Co-60m | $1 \times 10^{6}$ | $1 \times 10^{3}$ |
| 17 | Cl-38 | $1 \times 10^{5}$ | $1 \times 10^{1}$ | 27 | Co-61 | $1 \times 10^{6}$ | $1 \times 10^{2}$ |
| 18 | Ar-37 | $1 \times 10^{8}$ | $1 \times 10^{6}$ | 27 | Co-62m | $1 \times 10^{5}$ | $1 \times 10^{1}$ |
| 18 | Ar-41 | $1 \times 10^{9}$ | $1 \times 10^{2}$ | 28 | Ni-59 | $1 \times 10^{8}$ | $1 \times 10^{4}$ |
| 19 | K-40 | $1 \times 10^{6}$ | $1 \times 10^{2}$ | 28 | Ni-63 | $1 \times 10^{8}$ | $1 \times 10^{5}$ |
| 19 | K-42 | $1 \times 10^{6}$ | $1 \times 10^{2}$ | 28 | Ni-65 | $1 \times 10^{6}$ | $1 \times 10^{2}$ |
| 19 | K-43 | $1 \times 10^{6}$ | $1 \times 10^{1}$ | 29 | Cu-64 | $1 \times 10^{6}$ | $1 \times 10^{2}$ |
| 20 | Ca-45 | $1 \times 10^{7}$ | $1 \times 10^{4}$ | 30 | Zn-65 | $1 \times 10^{6}$ | $1 \times 10^{1}$ |
| 20 | Ca-47 | $1 \times 10^{6}$ | $1 \times 10^{1}$ | 30 | Zn-69 | $1 \times 10^{6}$ | $1 \times 10^{4}$ |
| 21 | Sc-46 | $1 \times 10^{6}$ | $1 \times 10^{1}$ | 30 | Zn-69m | $1 \times 10^{6}$ | $1 \times 10^{2}$ |
| 21 | Sc-47 | $1 \times 10^{6}$ | $1 \times 10^{2}$ | 31 | Ga-72 | $1 \times 10^{5}$ | 1 × 102 |
| 21 | Sc-48 | $1 \times 10^{5}$ | $1 \times 10^{1}$ | 32 | Ge-71 | $1 \times 10^{8}$ | $1 \times 10^{4}$ |
| 23 | V-48 | $1 \times 10^{5}$ | $1 \times 10^{1}$ | 33 | As-73 | $1 \times 10^{7}$ | $1 \times 10^{3}$ |
| 24 | Cr-51 | $1 \times 10^{7}$ | $1 \times 10^{3}$ | 33 | As-74 | $1 \times 10^{6}$ | $1 \times 10^{1}$ |
| 25 | Mn-51 | $1 \times 10^{5}$ | $1 \times 10^{1}$ | 33 | As-76 | $1 \times 10^{5}$ | $1 \times 10^{2}$ |
| 25 | Mn-52 | $1 \times 10^{5}$ | $1 \times 10^{1}$ | 33 | As-77 | $1 \times 10^{6}$ | $1 \times 10^{3}$ |
| 25 | Mn-52m | $1 \times 10^{5}$ | $1 \times 10^{1}$ | 34 | Se-75 | $1 \times 10^{6}$ | $1 \times 10^{2}$ |
| 25 | Mn-53 | $1 \times 10^{9}$ | $1 \times 10^{4}$ | 35 | Br-82 | $1 \times 10^{6}$ | $1 \times 10^{1}$ |
| 36 | Kr-74 | $1 \times 10^{9}$ | $1 \times 10^{2}$ | 42 | Mo-90 | $1 \times 10^{6}$ | $1 \times 10^{1}$ |
| 36 | Kr-76 | $1 \times 10^{9}$ | $1 \times 10^{2}$ | 42 | Mo-93 | $1 \times 10^{8}$ | $1 \times 10^{3}$ |
| 36 | Kr-77 | $1 \times 10^{9}$ | $1 \times 10^{2}$ | 42 | Mo-99 | $1 \times 10^{6}$ | $1 \times 10^{2}$ |
| 36 | Kr-79 | $1 \times 10^{5}$ | $1 \times 10^{3}$ | 42 | Mo-101 | $1 \times 10^{6}$ | $1 \times 10^{1}$ |
| 36 | Kr-81 | $1 \times 10^{7}$ | $1 \times 10^{4}$ | 43 | Tc-96 | $1 \times 10^{6}$ | $1 \times 10^{1}$ |
| 36 | Kr-83m | $1 \times 10^{1}$ | $1 \times 10^{5}$ | 43 | Tc-96m | $1 \times 10^{7}$ | $1 \times 10^{3}$ |
| 36 | Kr-85 | $1 \times 10^{4}$ | $1 \times 10^{5}$ | 43 | Tc-97 | $1 \times 10^{8}$ | $1 \times 10^{3}$ |
| 36 | Kr-85m | $1 \times 10^{1}$ | $1 \times 10^{3}$ | 43 | Tc-97m | $1 \times 10^{7}$ | $1 \times 10^{3}$ |
| 36 | Kr-87 | $1 \times 10^{9}$ | $1 \times 10^{2}$ | 43 | Tc-99 | $1 \times 10^{7}$ | $1 \times 10^{4}$ |
| 36 | Kr-88 | $1 \times 10^{9}$ | $1 \times 10^{2}$ | 43 | Tc-99m | $1 \times 10^{7}$ | $1 \times 10^{2}$ |
| 37 | Rb-86 | $1 \times 10^{5}$ | $1 \times 10^{2}$ | 44 | Ru-97 | $1 \times 10^{7}$ | $1 \times 10^{2}$ |

| | | | | | | | |
|---|---|---|---|---|---|---|---|
| 38 | Sr-85 | $1 \times 10^{6}$ | $1 \times 10^{2}$ | 44 | Ru-103 | $1 \times 10^{6}$ | $1 \times 10^{2}$ |
| 38 | Sr-85 | $1 \times 10^{7}$ | $1 \times 10^{2}$ | 44 | Ru-105 | $1 \times 10^{6}$ | $1 \times 10^{1}$ |
| 38 | Sr-87 | $1 \times 10^{6}$ | $1 \times 10^{2}$ | 44 | Ru-106[1] | $1 \times 10^{5}$ | $1 \times 10^{2}$ |
| 38 | Sr-89 | $1 \times 10^{6}$ | $1 \times 10^{3}$ | 45 | Rh-103m | $1 \times 10^{8}$ | $1 \times 10^{4}$ |
| 38 | Sr-90[1] | $1 \times 10^{4}$ | $1 \times 10^{2}$ | 45 | Rh-105 | $1 \times 10^{7}$ | $1 \times 10^{2}$ |
| 38 | Sr-91 | $1 \times 10^{5}$ | $1 \times 10^{1}$ | 46 | Pd-103 | $1 \times 10^{8}$ | $1 \times 10^{3}$ |
| 38 | Sr-92 | $1 \times 10^{6}$ | $1 \times 10^{1}$ | 46 | Pd-109 | $1 \times 10^{6}$ | $1 \times 10^{3}$ |
| 39 | Y-88 | $1 \times 10^{6}$ | $1 \times 10^{1}$ | 47 | Ag-105 | $1 \times 10^{6}$ | $1 \times 10^{2}$ |
| 39 | Y-90 | $1 \times 10^{5}$ | $1 \times 10^{3}$ | 47 | Ag-110m | $1 \times 10^{6}$ | $1 \times 10^{1}$ |
| 39 | Y-91 | $1 \times 10^{6}$ | $1 \times 10^{3}$ | 47 | Ag-111 | $1 \times 10^{6}$ | $1 \times 10^{3}$ |
| 39 | Y-91m | $1 \times 10^{6}$ | $1 \times 10^{2}$ | 48 | Cd-109 | $1 \times 10^{6}$ | $1 \times 10^{4}$ |
| 39 | Y-92 | $1 \times 10^{5}$ | $1 \times 10^{2}$ | 48 | Cd-115 | $1 \times 10^{6}$ | $1 \times 10^{2}$ |
| 39 | Y-93 | $1 \times 10^{5}$ | $1 \times 10^{2}$ | 48 | Cd-115m | $1 \times 10^{6}$ | $1 \times 10^{3}$ |
| 40 | Zr-93[1] | $1 \times 10^{7}$ | $1 \times 10^{3}$ | 49 | In-111 | $1 \times 10^{6}$ | $1 \times 10^{2}$ |
| 40 | Zr-95 | $1 \times 10^{6}$ | $1 \times 10^{1}$ | 49 | In-113m | $1 \times 10^{6}$ | $1 \times 10^{2}$ |
| 40 | Zr-97[1] | $1 \times 10^{5}$ | $1 \times 10^{1}$ | 49 | In-114m | $1 \times 10^{6}$ | $1 \times 10^{2}$ |
| 41 | Nb-93m | $1 \times 10^{7}$ | $1 \times 10^{4}$ | 49 | In-115m | $1 \times 10^{6}$ | $1 \times 10^{2}$ |
| 41 | Nb-94 | $1 \times 10^{6}$ | $1 \times 10^{1}$ | 50 | Sn-113 | $1 \times 10^{7}$ | $1 \times 10^{3}$ |
| 41 | Nb-95 | $1 \times 10^{6}$ | $1 \times 10^{1}$ | 50 | Sn-125 | $1 \times 10^{5}$ | $1 \times 10^{2}$ |
| 41 | Nb-97 | $1 \times 10^{6}$ | $1 \times 10^{1}$ | 51 | Sb-122 | $1 \times 10^{4}$ | $1 \times 10^{2}$ |
| 41 | Nb-98 | $1 \times 10^{5}$ | $1 \times 10^{1}$ | 51 | Sb-124 | $1 \times 10^{6}$ | 1 × 101 |
| 51 | Sb-125 | $1 \times 10^{6}$ | $1 \times 10^{2}$ | 55 | Cs-136 | $1 \times 10^{5}$ | $1 \times 10^{1}$ |
| 52 | Te-123m | $1 \times 10^{7}$ | $1 \times 10^{2}$ | 55 | Cs-137[1] | $1 \times 10^{4}$ | $1 \times 10^{1}$ |
| 52 | Te-125m | $1 \times 10^{7}$ | $1 \times 10^{3}$ | 55 | Cs-138 | $1 \times 10^{4}$ | $1 \times 10^{1}$ |
| 52 | Te-127 | $1 \times 10^{6}$ | $1 \times 10^{3}$ | 56 | Ba-131 | $1 \times 10^{6}$ | $1 \times 10^{2}$ |
| 52 | Te-127m | $1 \times 10^{7}$ | $1 \times 10^{3}$ | 56 | Ba-133 | $1 \times 10^{6}$ | $1 \times 10^{2}$ |
| 52 | Te-129 | $1 \times 10^{6}$ | $1 \times 10^{2}$ | 56 | Ba-140[1] | $1 \times 10^{5}$ | $1 \times 10^{1}$ |
| 52 | Te-129m | $1 \times 10^{6}$ | $1 \times 10^{3}$ | 57 | La-140 | $1 \times 10^{5}$ | $1 \times 10^{1}$ |
| 52 | Te-131 | 1 × 105 | $1 \times 10^{2}$ | 58 | Ce-139 | $1 \times 10^{6}$ | $1 \times 10^{2}$ |
| 52 | Te-131m | $1 \times 10^{6}$ | $1 \times 10^{1}$ | 58 | Ce-141 | $1 \times 10^{7}$ | $1 \times 10^{2}$ |
| 52 | Te-132 | $1 \times 10^{7}$ | $1 \times 10^{2}$ | 58 | Ce-143 | $1 \times 10^{6}$ | $1 \times 10^{2}$ |
| 52 | Te-133 | $1 \times 10^{5}$ | $1 \times 10^{1}$ | 58 | Ce-144[1] | $1 \times 10^{5}$ | $1 \times 10^{2}$ |
| 52 | Te-133m | $1 \times 10^{5}$ | $1 \times 10^{1}$ | 59 | Pr-142 | $1 \times 10^{5}$ | $1 \times 10^{2}$ |
| 52 | Te-134 | $1 \times 10^{6}$ | $1 \times 10^{1}$ | 59 | Pr-143 | $1 \times 10^{6}$ | $1 \times 10^{4}$ |

| 53 | I-123 | $1 \times 10^{7}$ | $1 \times 10^{2}$ | 60 | Nd-147 | $1 \times 10^{6}$ | $1 \times 10^{2}$ |
|---|---|---|---|---|---|---|---|
| 53 | I-125 | $1 \times 10^{6}$ | $1 \times 10^{3}$ | 60 | Nd-149 | $1 \times 10^{6}$ | $1 \times 10^{2}$ |
| 53 | I-126 | $1 \times 10^{6}$ | $1 \times 10^{2}$ | 61 | Pm-147 | 1 × 107 | $1 \times 10^{4}$ |
| 53 | I-129 | $1 \times 10^{5}$ | $1 \times 10^{2}$ | 61 | Pm-149 | $1 \times 10^{6}$ | $1 \times 10^{3}$ |
| 53 | I-130 | $1 \times 10^{6}$ | $1 \times 10^{1}$ | 62 | Sm-151 | $1 \times 10^{8}$ | $1 \times 10^{4}$ |
| 53 | I-131 | $1 \times 10^{6}$ | $1 \times 10^{2}$ | 62 | Sm-153 | $1 \times 10^{6}$ | $1 \times 10^{2}$ |
| 53 | I-132 | $1 \times 10^{5}$ | $1 \times 10^{1}$ | 63 | Eu-152 | $1 \times 10^{6}$ | $1 \times 10^{1}$ |
| 53 | I-133 | $1 \times 10^{6}$ | $1 \times 10^{1}$ | 63 | Eu-152m | $1 \times 10^{6}$ | $1 \times 10^{2}$ |
| 53 | I-134 | $1 \times 10^{5}$ | $1 \times 10^{1}$ | 63 | Eu-154 | $1 \times 10^{6}$ | $1 \times 10^{1}$ |
| 53 | I-135 | $1 \times 10^{6}$ | $1 \times 10^{1}$ | 63 | Eu-155 | $1 \times 10^{7}$ | $1 \times 10^{2}$ |
| 54 | Xe-131m | $1 \times 10^{4}$ | $1 \times 10^{4}$ | 64 | Gd-153 | $1 \times 10^{7}$ | $1 \times 10^{2}$ |
| 54 | Xe-133 | $1 \times 10^{4}$ | $1 \times 10^{3}$ | 64 | Gd-159 | $1 \times 10^{6}$ | $1 \times 10^{3}$ |
| 54 | Xe-135 | $1 \times 10^{1}$ | $1 \times 10^{3}$ | 65 | Tb-160 | $1 \times 10^{6}$ | $1 \times 10^{1}$ |
| 55 | Cs-129 | $1 \times 10^{5}$ | $1 \times 10^{2}$ | 66 | Dy-165 | $1 \times 10^{6}$ | $1 \times 10^{3}$ |
| 55 | Cs-131 | $1 \times 10^{6}$ | $1 \times 10^{3}$ | 66 | Dy-166 | $1 \times 10^{6}$ | $1 \times 10^{3}$ |
| 55 | Cs-132 | $1 \times 10^{5}$ | 1 × 101 | 67 | Ho-166 | $1 \times 10^{5}$ | $1 \times 10^{3}$ |
| 55 | Cs-134m | $1 \times 10^{5}$ | $1 \times 10^{3}$ | 68 | Er-169 | $1 \times 10^{7}$ | $1 \times 10^{4}$ |
| 55 | Cs-134 | $1 \times 10^{4}$ | $1 \times 10^{1}$ | 68 | Er-171 | $1 \times 10^{6}$ | $1 \times 10^{2}$ |
| 55 | Cs-135 | $1 \times 10^{7}$ | $1 \times 10^{4}$ | 69 | Tm-170 | $1 \times 10^{6}$ | $1 \times 10^{3}$ |
| 69 | Tm-171 | $1 \times 10^{8}$ | $1 \times 10^{4}$ | 82 | Pb-212[1] | $1 \times 10^{5}$ | $1 \times 10^{1}$ |
| 70 | Yb-175 | $1 \times 10^{7}$ | $1 \times 10^{3}$ | 83 | Bi-206 | $1 \times 10^{5}$ | $1 \times 10^{1}$ |
| 71 | Lu-177 | $1 \times 10^{7}$ | $1 \times 10^{3}$ | 83 | Bi-207 | $1 \times 10^{6}$ | $1 \times 10^{1}$ |
| 72 | Hf-181 | $1 \times 10^{6}$ | $1 \times 10^{1}$ | 83 | Bi-210 | $1 \times 10^{6}$ | $1 \times 10^{3}$ |
| 73 | Ta-182 | $1 \times 10^{4}$ | $1 \times 10^{1}$ | 83 | Bi-212[1] | $1 \times 10^{5}$ | $1 \times 10^{1}$ |
| 74 | W-181 | $1 \times 10^{7}$ | $1 \times 10^{3}$ | 84 | Po-203 | $1 \times 10^{6}$ | $1 \times 10^{1}$ |
| 74 | W-185 | $1 \times 10^{7}$ | $1 \times 10^{4}$ | 84 | Po-205 | $1 \times 10^{6}$ | $1 \times 10^{1}$ |
| 74 | W-187 | $1 \times 10^{6}$ | $1 \times 10^{2}$ | 84 | Po-207 | $1 \times 10^{6}$ | $1 \times 10^{1}$ |
| 75 | Re-186 | $1 \times 10^{6}$ | $1 \times 10^{3}$ | 84 | Po-210 | $1 \times 10^{4}$ | $1 \times 10^{1}$ |
| 75 | Re-188 | $1 \times 10^{5}$ | $1 \times 10^{2}$ | 85 | At-211 | $1 \times 10^{7}$ | $1 \times 10^{3}$ |
| 76 | Os-185 | $1 \times 10^{6}$ | $1 \times 10^{1}$ | 86 | Rn-220[1] | $1 \times 10^{7}$ | $1 \times 10^{4}$ |
| 76 | Os-191 | $1 \times 10^{7}$ | $1 \times 10^{2}$ | 86 | Rn-222[1] | $1 \times 10^{8}$ | $1 \times 10^{1}$ |
| 76 | Os-191m | $1 \times 10^{7}$ | $1 \times 10^{3}$ | 88 | Ra-223[1] | $1 \times 10^{5}$ | $1 \times 10^{2}$ |
| 76 | Os-193 | $1 \times 10^{6}$ | $1 \times 10^{2}$ | 88 | Ra-224[1] | $1 \times 10^{5}$ | $1 \times 10^{1}$ |
| 77 | Ir-190 | $1 \times 10^{6}$ | $1 \times 10^{1}$ | 88 | Ra-225 | $1 \times 10^{5}$ | $1 \times 10^{2}$ |

| 77 | Ir-192 | $1 \times 10^{4}$ | $1 \times 10^{1}$ | 88 | Ra-2261 | $1 \times 10^{4}$ | $1 \times 10^{1}$ |
|---|---|---|---|---|---|---|---|
| 77 | Ir-194 | $1 \times 10^{5}$ | $1 \times 10^{2}$ | 88 | Ra-227 | $1 \times 10^{6}$ | $1 \times 10^{2}$ |
| 78 | Pt-191 | $1 \times 10^{6}$ | $1 \times 10^{2}$ | 88 | Ra-228[1] | $1 \times 10^{5}$ | $1 \times 10^{1}$ |
| 78 | Pt-193m | $1 \times 10^{7}$ | $1 \times 10^{3}$ | 89 | Ac-228 | $1 \times 10^{6}$ | $1 \times 10^{1}$ |
| 78 | Pt-197 | $1 \times 10^{6}$ | $1 \times 10^{3}$ | 90 | Th-226[1] | $1 \times 10^{7}$ | $1 \times 10^{3}$ |
| 78 | Pt-197m | $1 \times 10^{6}$ | $1 \times 10^{2}$ | 90 | Th-227 | $1 \times 10^{4}$ | $1 \times 10^{1}$ |
| 79 | Au-198 | $1 \times 10^{6}$ | $1 \times 10^{2}$ | 90 | Th-228[1] | $1 \times 10^{4}$ | $1 \times 10^{0}$ |
| 79 | Au-199 | $1 \times 10^{6}$ | $1 \times 10^{2}$ | 90 | Th-229[1] | $1 \times 10^{3}$ | $1 \times 10^{0}$ |
| 80 | Hg-197 | $1 \times 10^{7}$ | $1 \times 10^{2}$ | 90 | Th-230 | $1 \times 10^{4}$ | $1 \times 10^{0}$ |
| 80 | Hg-197m | $1 \times 10^{6}$ | $1 \times 10^{2}$ | 90 | Th-231 | $1 \times 10^{7}$ | $1 \times 10^{3}$ |
| 80 | Hg-203 | $1 \times 10^{5}$ | $1 \times 10^{2}$ | 90 | Th-nat | $1 \times 10^{3}$ | $1 \times 10^{0}$ |
| 81 | Tl-200 | $1 \times 10^{6}$ | $1 \times 10^{1}$ |  | (Th-232 포함) |  |  |
| 81 | Tl-201 | $1 \times 10^{6}$ | $1 \times 10^{2}$ | 90 | Th-234[1] | $1 \times 10^{5}$ | $1 \times 10^{3}$ |
| 81 | Tl-202 | $1 \times 10^{6}$ | $1 \times 10^{2}$ | 91 | Pa-230 | $1 \times 10^{6}$ | $1 \times 10^{1}$ |
| 81 | Tl-204 | 1 × 104 | $1 \times 10^{4}$ | 91 | Pa-231 | $1 \times 10^{3}$ | $1 \times 10^{0}$ |
| 82 | Pb-203 | $1 \times 10^{6}$ | $1 \times 10^{2}$ | 91 | Pa-233 | $1 \times 10^{7}$ | $1 \times 10^{2}$ |
| 82 | Pb-210[1] | $1 \times 10^{4}$ | $1 \times 10^{1}$ | 92 | U-230[1] | $1 \times 10^{5}$ | $1 \times 10^{1}$ |
| 92 | U-231 | $1 \times 10^{7}$ | $1 \times 10^{2}$ | 95 | Am-241 | $1 \times 10^{4}$ | $1 \times 10^{0}$ |
| 92 | U-232[1] | $1 \times 10^{3}$ | $1 \times 10^{0}$ | 95 | Am-242 | $1 \times 10^{6}$ | $1 \times 10^{3}$ |
| 92 | U-233 | $1 \times 10^{4}$ | $1 \times 10^{1}$ | 95 | Am-242m[1] | $1 \times 10^{4}$ | $1 \times 10^{0}$ |
| 92 | U-234 | $1 \times 10^{4}$ | $1 \times 10^{1}$ | 95 | Am-243[1] | $1 \times 10^{3}$ | $1 \times 10^{0}$ |
| 92 | U-235[1] | $1 \times 10^{4}$ | $1 \times 10^{1}$ | 96 | Cm-242 | $1 \times 10^{5}$ | $1 \times 10^{2}$ |
| 92 | U-236 | $1 \times 10^{4}$ | $1 \times 10^{1}$ | 96 | Cm-243 | $1 \times 10^{4}$ | $1 \times 10^{0}$ |
| 92 | U-237 | $1 \times 10^{6}$ | $1 \times 10^{2}$ | 96 | Cm-244 | $1 \times 10^{4}$ | 1 × 101 |
| 92 | U-238[1] | $1 \times 10^{4}$ | $1 \times 10^{1}$ | 96 | Cm-245 | $1 \times 10^{3}$ | $1 \times 10^{0}$ |
| 92 | U-nat | $1 \times 10^{3}$ | $1 \times 10^{0}$ | 96 | Cm-24[6] | $1 \times 10^{3}$ | $1 \times 10^{0}$ |
| 92 | U-239 | $1 \times 10^{6}$ | $1 \times 10^{2}$ | 96 | Cm-247 | $1 \times 10^{4}$ | $1 \times 10^{0}$ |
| 92 | U-240 | $1 \times 10^{7}$ | $1 \times 10^{3}$ | 96 | Cm-248 | $1 \times 10^{3}$ | $1 \times 10^{0}$ |
| 92 | U-240[1] | $1 \times 10^{6}$ | $1 \times 10^{1}$ | 97 | Bk-249 | $1 \times 10^{6}$ | $1 \times 10^{3}$ |
| 93 | Np-237[1] | $1 \times 10^{3}$ | $1 \times 10^{0}$ | 98 | Cf-24[6] | $1 \times 10^{6}$ | $1 \times 10^{3}$ |
| 93 | Np-239 | $1 \times 10^{7}$ | $1 \times 10^{2}$ | 98 | Cf-248 | $1 \times 10^{4}$ | $1 \times 10^{1}$ |
| 93 | Np-240 | $1 \times 10^{6}$ | $1 \times 10^{1}$ | 98 | Cf-249 | $1 \times 10^{3}$ | $1 \times 10^{0}$ |
| 94 | Pu-234 | 1 × 107 | $1 \times 10^{2}$ | 98 | Cf-250 | $1 \times 10^{4}$ | $1 \times 10^{1}$ |
| 94 | Pu-235 | $1 \times 10^{7}$ | $1 \times 10^{2}$ | 98 | Cf-251 | $1 \times 10^{3}$ | $1 \times 10^{0}$ |

| | | | | | | | |
|---|---|---|---|---|---|---|---|
| 94 | Pu-236 | $1 \times 10^4$ | $1 \times 10^1$ | 98 | Cf-252 | $1 \times 10^4$ | $1 \times 10^1$ |
| 94 | Pu-237 | $1 \times 10^7$ | $1 \times 10^3$ | 98 | Cf-253 | $1 \times 10^5$ | $1 \times 10^2$ |
| 94 | Pu-238 | $1 \times 10^4$ | $1 \times 10^0$ | 98 | Cf-254 | $1 \times 10^3$ | $1 \times 10^0$ |
| 94 | Pu-239 | $1 \times 10^4$ | $1 \times 10^0$ | 99 | Es-253 | $1 \times 10^5$ | $1 \times 10^2$ |
| 94 | Pu-240 | $1 \times 10^3$ | $1 \times 10^0$ | 99 | Es-254 | $1 \times 10^4$ | $1 \times 10^1$ |
| 94 | Pu-241 | $1 \times 10^5$ | $1 \times 10^2$ | 99 | Es-254m | $1 \times 10^6$ | $1 \times 10^2$ |
| 94 | Pu-242 | $1 \times 10^4$ | $1 \times 10^0$ | 100 | Fm-254 | $1 \times 10^7$ | $1 \times 10^4$ |
| 94 | Pu-243 | $1 \times 10^7$ | $1 \times 10^3$ | 100 | Fm-255 | $1 \times 10^6$ | $1 \times 10^3$ |
| 94 | Pu-244 | $1 \times 10^4$ | $1 \times 10^0$ | | | | |

[별표 5]

## 방사성핵종별 자체처분 허용농도(제2조제2호 및 제3조제1항 관련)

| 방사성핵종 | 허용농도 (Bq/g) |
|---|---|
| I-129 | 0.01 |
| Na-22, Sc-46, Mn-54, Co-56, Co-60, Zn-65, Nb-94, Ru-106, Ag-110m, Sb-125, Cs-134, Cs-137, Eu-152, Eu-154, Ta-182, Bi-207, Th-229, U-232, Pu-238, Pu-239, Pu-240, Pu-242, Pu-244, Am-241, Am-242m, Am-243, Cm-245, Cm-246, Cm-247, Cm-248, Cf-249, Cf-251, Es-254 | 0.1 |
| C-14, Na-24, Cl-36, Sc-48, V-48, Mn-52, Fe-59, Co-57, Co-58, Se-75, Br-82, Sr-85, Sr-90, Zr-95, Nb-95, Tc-96, Tc-99, Ru-103, Ag-105, Cd-109, Sn-113, Sb-124, Te-123m, Te-132, Cs-136, Ba-140, La-140, Ce-139, Eu-155, Tb-160, Hf-181, Os-185, Ir-190, Ir-192, Tl-204, Bi-206, U-233, Np-237, Pu-236, Cm-243, Cm-244, Cf-248, Cf-250, Cf-252, Cf-254 | 1 |
| Be-7, F-18, Cl-38, K-43, Ca-47, Mn-51, Mn-52m, Mn-56, Fe-52, Co-55, Co-62m, Ni-65, Zn-69m, Ga-72, As-74, As-76, Sr-91, Sr-92, Zr-93, Zr-97, Nb-93m, Nb-97, Nb-98, Mo-90, Mo-93, Mo-99, Mo-101, Tc-97, Ru-97, Ru-105, Cd-115, In-111, In-114m, Sn-125, Sb-122, Te-127m, Te-129m, Te-131m, Te-133, Te-133m, Te-134, I-126, I-130, I-131, I-132, I-133, I-134, I-135, Cs-129, Cs-132, Cs-138, Ba-131, Ce-143, Ce-144, Gd-153, W-181, W-187, Pt-191, Au-198, Hg-203, Tl-200, Tl-202, Pb-203, Po-203, Po-205, Po-207, Ra-225, Pa-230, Pa-233, U-230b, U-236, Np-240, Pu-241, Cm-242, Es-254m | 10 |

| | |
|---|---|
| H-3, S-35, K-42, Ca-45, Sc-47, Cr-51, Mn-53, Co-61, Ni-59, Ni-63, Cu-64, Rb-86, Sr-85m, Sr-87m, Y-91, Y-91m, Y-92, Y-93, Tc-97m, Tc-99m, Rh-105, Pd-109, Ag-111, Cd-115m, In-113m, In-115m, Te-129, Te-131, I-123, I-125,Cs-135, Ce-141, Pr-142, Nd-147, Nd-149, Sm-153, Eu-152m, Gd-159, Dy-166, Ho-166, Er-171, Tm-170, Yb-175, Lu-177, Re-188, Os-191, Os-193, Ir-194, Pt-197m, Au-199, Hg-197, Hg-197m, Tl-201, Ra-227, U-231, U-237, U-239, U-240, Np-239, Pu-234, Pu-235, Pu-237, Bk-249, Cf-253, Es-253, Fm-255 | 100 |
| Si-31, P-32, P-33, Fe-55, Co-60m, Zn-69, As-73, As-77, Sr-89, Y-90, Tc-96m, Pd-103, Te-125m, Te-127, Cs-131, Cs-134m, Pr-143, Pm-147, Pm-149, Sm-151, Dy-165, Er-169, Tm-171, W-185, Re-186, Os-191m, Pt-193m, Pt-197, At-211, Th-226, Pu-243, Am-242, Cf-246 | 1,000 |
| Co-58m, Ge-71, Rh-103m, Fm-254 | 10,000 |

주1) 다수의 방사성핵종이 혼합되어 있는 경우에는 다음과 같이 한다.

$$\sum_i \frac{C_i}{C_{L,i}} < 1$$

Ci : 방사성핵종 i의 방사능농도(Bq/g)

CL,i : 별표1에 주어진 방사성핵종 i의 자체처분 허용농도(Bq/g)

주2) 별표1에 수록되지 않은 알파선을 방출하지 아니하는 방사성핵종의 경우 자체처분 허용농도로서 0.1 Bq/g을 적용할 수 있다.

주3) 다음 목록에 제시된 모핵종과 그 모핵종의 붕괴로 생성되는 자핵종이 함께 존재하는 경우, 모핵종에 대해서만 허용농도를 적용한다.

| 모핵종 | 자핵종 |
|---|---|
| Fe-52 | Mn-52m |
| Zn-69m | Zn-69 |
| Sr-90 | Y-90 |
| Sr-91 | Y-91m |
| Zr-95 | Nb-95 |

| | |
|---|---|
| Zr-97 | Nb-97m, Nb-97 |
| Nb-97 | Nb-97m |
| Mo-99 | Tc-99m |
| Mo-101 | Tc-101 |
| Ru-103 | Rh-103m |
| Ru-105 | Rh-105m |
| Ru-106 | Rh-106 |
| Pd-103 | Rh-103m |
| Pd-109 | Ag-109m |
| Ag-110m | Ag-110 |
| Cd-109 | Ag-109m |
| Cd-115 | In-115m |
| Cd-115m | In-115m |
| In-114m | In-114 |
| Sn-113 | In-113m |
| Sb-125 | Te-125m |
| Te-127m | Te-127 |
| Te-129m | Te-129 |
| Te-131m | Te-131 |
| Te132 | I-132 |
| Cs-137 | Ba-137m |
| Ce-144 | Pr-144, Pr-144m |
| U-232 | Th-228, Ra-224, Rn-220, Po-216, Pb-212, Bi-212, Tl-208 |
| U-240 | Np-240m, Np-240 |
| Np237 | Pa-233 |
| Pu-244 | U-240, Np-240m, Np-240 |
| Am-242m | Np-238 |
| Am-243 | Np-239 |
| Cm-247 | Pu-243 |
| Es-254 | Bk-250 |
| Es-254m | Fm-254 |

[별표 16]

## 저준위방사성폐기물의 방사능 농도 제한치(제3조제2항제1호 및 제2호 관련)

| 방사성 핵종 | 방사능 농도 (Bq/g) |
|---|---|
| H - 3 | 1.11E + 6 |
| C - 14 | 2.22E + 5 |
| Co - 60 | 3.70E +7 |
| Ni - 59 | 7.40E + 4 |
| Ni - 63 | 1.11E + 7 |
| Sr - 90 | 7.40E + 4 |
| Nb - 94 | 1.11E +2 |
| Tc - 99 | 1.11E + 3 |
| I -1 29 | 3.70E + 1 |
| Cs - 137 | 1.11E + 6 |
| 전알파 | 3.70E + 3 |

[별표 17]

## L형 운반물의 방사능 제한값(제91조제1항·제118조 및 제128조관련)

| 내용물의 물리적 상태 | 기구 또는 품목 | | 방사성물질 |
|---|---|---|---|
| | 품목 제한값 | 운반물 제한값 | 운반물 제한값 |
| 1란 | 2란 | 3란 | 4란 |
| 고체 : 특수형방사성물질<br>특수형 이외의 것 | $10^{-2}A_1$<br>$10^{-2}A_2$ | $A_1$<br>$A_2$ | $10^{-3}A_1$<br>$10^{-3}A_2$ |
| 액 체 | $10^{-3}A_2$ | $10^{-1}A_2$ | $10^{-4}A_2$ |
| 기체 : 삼중수소<br>특수형방사성물질<br>특수형 이외의 것 | $2\times10^{-2}A_2$<br>$10^{-3}A_1$<br>$10^{-3}A_2$ | $2\times10^{-1}A_2$<br>$10^{-2}A_1$<br>$10^{-2}A_2$ | $2\times10^{-2}A_2$<br>$10^{-3}A_1$<br>$10^{-3}A_2$ |

[별표 18]

## IP형 운반물에 대한 선박 운반수단의 방사능 제한값
(제91조제2항·제116조제2항 및 제117조제2항관련)

| 물질의 특성 | 해양 | 내수로 |
|---|---|---|
| 제1종 저준위 비방사능물질 | 제한값 없음 | 제한값 없음 |
| 제2종 및 제3종 저준위 비방사능물질 (비가연성 고체) | 제한값 없음 | $100A_2$ |
| 제2종 및 제3종 저준위 비방사능물질 (가연성 고체, 액체 및 기체) | $100A_2$ | $10A_2$ |
| 표면오염물체 | $100A_2$ | $10A_2$ |

■ 원자력안전법 시행규칙 [별표 20]

## 판독성능검사의 범주 및 합격기준(제114조제1항 관련)

| 성능검사범주 | 조사범위 | 성능합격기준 | | | | | |
|---|---|---|---|---|---|---|---|
| | | Hp(10) | | | Hp(0.07) | | |
| | | L | $\|B\|$ | S | $L$ | $\|B\|$ | S |
| Ⅰ. 고선량, 저에너지 광자 M150 | 0.1-2 Sv | 0.3 | - | - | - | - | - |
| Ⅱ. 고선량, 고에너지 광자$^{137}$Cs의 γ선 | 0.1-1 Sv | 0.3 | - | - | - | - | - |
| Ⅲ. 저에너지 광자1) M30, M60, M100, M150, H150 | 0.3-100 mSv | 0.5 | 0.35 | 0.35 | 0.5 | 0.35 | 0.35 |
| Ⅳ. 고에너지 광자$^{137}$Cs의 γ선 | 0.3-100 mSv | 0.5 | 0.35 | 0.35 | - | - | - |
| Ⅴ. 베타, $^{90}$Sr/$^{90}$Y, $^{204}$Tl | 1.5-100 mSv | - | - | - | 0.5 | 0.35 | 0.35 |
| Ⅵ. 광자 혼합 방사선장 Ⅲ 및 Ⅳ항의 혼합 | 0.5-50 mSv | 0.5 | 0.35 | 0.35 | 0.5 | 0.35 | 0.35 |
| Ⅶ. 베타 - 광자 혼합 방사선장 Ⅳ 및 Ⅴ항의 혼합 | 2-50 mSv | 0.5 | 0.35 | 0.35 | 0.5 | 0.35 | 0.35 |
| Ⅷ. 중성자 - 광자 혼합 방사선장2) | 1.5-50 mSv | 0.5 | 0.35 | 0.35 | - | - | - |

주) 1. M30, M60, M100, M150, H150 및 $^{137}$Cs의 특성 및 선량환산인자는 부표와 같음
2. 두께 0.051 cm Cd에 둘러싸인 반경 15 cm 구형의 $D_2O$에 의하여 감속된 $^{252}$Cf 핵분열 중성자와 $^{137}$Cs의 γ선과의 혼합 방사선장

[별표 27]

## 불명확한 핵종 또는 혼합물에 대한 A1 및 A2 값

| 방사성 내용물 | $A_1$ (TBq) | $A_2$ (TBq) | 면제물질에 대한 방사능 농도(Bq/g) | 면제운반물에 대한 방사능 제한치(Bq) |
|---|---|---|---|---|
| 베타감마 방출핵종만 존재할 경우 | 0.1 | 0.02 | $1 \times 10^{1}$ | $1 \times 10^{4}$ |
| 알파 방출핵종만 존재할 경우 | 0.2 | $9 \times 10^{-5}$ | $1 \times 10^{-1}$ | $1 \times 10^{3}$ |
| 핵종이 확인되지 않는 경우 | 0.001 | $9 \times 10^{-5}$ | $1 \times 10^{-1}$ | $1 \times 10^{3}$ |

【저자소개】
김기복 한서대학교 교수
김종일 전북대학교 교수

# W+ 2021 원자력안전법령

2021년 9월 1일 초판 인쇄
2021년 9월 6일 인쇄 발행

저 자 김기복 · 김종일
발 행 인 송기수
발 행 처 위즈덤플
편 집 처 위즈덤플
인 쇄 처 대명프린트
신고번호 제 2015-000009 호
I S B N 979-11-89342-39-5(93360)

주 소 서울 은평구 증산로 15길 69 2층
전 화 02-976-7898
팩 스 02-6468-7898
홈페이지 gsintervision.co.kr
E-Mail gsinter7@gmail.com

정 가 22,000원